Fritz Mayer-Lindenberg

Konstruktion digitaler Systeme

Fritz Mayer-Lindenberg

Konstruktion digitaler Systeme

Eine kurze Einführung
in die Informatik

Die Deutsche Bibliothek – CIP-Einheitsaufnahme

Mayer-Lindenberg, Fritz:
Konstruktion digitaler Systeme: eine kurze Einführung in die Informatik/
Fritz Meyer-Lindenberg. – Braunschweig: Vieweg, 1998
  (Vieweg-Lehrbuch)

ISBN-13:978-3-528-05593-6   e-ISBN-13:978-3-322-86841-1
DOI: 10.1007/978-3-322-86841-1

Vorwort

Die vorliegende Einführung in die Informatik ist nach einer an der Technischen Universität Hamburg-Harburg gehaltenen Vorlesung für Studenten der Elektrotechnik im zweiten und dritten Semester entstanden. Hieraus ergeben sich einige Besonderheiten. Es wird bereits eine Vertrautheit mit den mathematischen Grundbegriffen, insbesondere was Mengen, natürliche und reelle Zahlen und Vektorräume angeht, vorausgesetzt, wie sie aber auch schon bei manchem Abiturienten vorhanden sein mag. Diese Grundbegriffe werden zwar verschiedentlich in ihrem Bezug zur Informatik diskutiert, aber nicht systematisch eingeführt. Solche mathematischen Sachverhalte, die nicht zum Stoff einführender Vorlesungen in die Analysis und die lineare Algebra gerechnet werden können, werden dagegen hergeleitet, wenn davon ein tieferes Verständnis zu erwarten ist. Desgleichen findet der Leser keine Einführung in die Programmierung vor, wenngleich auch verschiedene Typen von Programmiersprachen gegenübergestellt werden. Hierfür sind Grundkenntnisse einer Programmiersprache wie C von Nutzen, welche an der TUHH ebenfalls im ersten Semester erworben werden. Für das Selbststudium sollte dieser Text daher durch Einführungen in die (höhere) Mathematik und in die Programmierung ergänzt werden.

Die Informatik ist eine recht junge Wissenschaft, in der darum Schulen und Lehrmeinungen noch nicht lange etabliert sind, und für manchen mag der Eindruck entstehen, daß hier eine Diversität von Methoden aus verschiedenen Bereichen vor dem Hintergrund einer rasanten Technologieentwicklung angewandt wird. Demgegenüber ist es ein besonderes Anliegen dieser kurzen Einführung in die Informatik, diese unter einem verbindenden Leitgedanken als kohärente Disziplin darzustellen. Dieser verbindende Gedanke ist der des Konstruierens aus Bausteinen, und als zentraler Gegenstand der Informatik wird das systematische Konstruieren digitaler Systeme zum Rechnen, Steuern und zur Datenverwaltung angesehen. Bereits im ersten Kapitel wird der Begriff des Algorithmus eingeführt. Die Darstellung verzichtet dabei auf die Diskussion von theoretischen Rechnermodellen wie der Turing-Maschine zur Definition der Berechenbarkeit. Stattdessen wird, ohne eine über die übliche mathematische Notation hinausgehende Formalisierung, die Konstruktion rekursiver Funktionen behandelt. Der Algorithmusbegriff wird danach sowohl auf die Konstruktion von „Hardware" als auch die von „Software" spezialisiert, die lediglich verschiedene Techniken verwenden, Bausteine zu kombinieren. Er dient auch als roter Faden bei der Beurteilung der Ausdrucksmöglichkeiten der verschiedenen Typen von Programmiersprachen für Hard- und Software. Hierbei wird auch die Sichtweise, daß die Maschine Funktionen berechnet, auf die Erfüllung von Relationen mit möglicherweise mehreren Lösungen erweitert. Der kundige Leser wird bemerken, daß überall, wo in der Literatur alternative Ansätze zu finden sind, schon beim Algorithmenbegriff, aber auch bei der Definition von Automaten, Prozessen, Petri-Netzen u.a.m. jeweils ein spezieller gewählt wird, der sich in den didaktischen Aufbau einordnet. Die Literaturhinweise versuchen, dies zu kompensieren. Ein Blick in die Inhaltsübersicht zeigt, daß zwar viele Teilbereiche berührt werden, Algorithmen, Verifikation, Datentypen, Codierungsarten, Mikroprozessoren, Compiler, Programmiersprachen. Andere wichtige Bereiche bleiben jedoch unberührt, und die Darstellung behält stets einführenden Charakter. Sie hat ihren Zweck erreicht, wenn der Leser Lust bekommt, sein Studium mit weiterer Literatur zu vertiefen.

Mein besonderer Dank gilt Frau A. Bojarski für das Eingeben dieses Textes in LaTeX und meinen verehrten Kollegen H. Burkhardt und K.-H. Zimmermann für anregende Diskussionen und die kritische Lektüre des Manuskriptes.

F. Mayer-Lindenberg

Inhaltsverzeichnis

Vorwort 1

Abbildungsverzeichnis   **6**

Definitionen   **9**

1   Grundbegriffe der Informatik   **10**
   1.1   Mengen, Relationen, Funktionen und Computer 10
      1.1.1   Teilmengen und Aussagen 10
      1.1.2   Kartesische Produkte, Relationen, Graphen 11
      1.1.3   Funktionen 13
      1.1.4   Abstrakte, universelle Maschinen 16
   1.2   Schleifenfreie Algorithmen und Boolesche Funktionen 17
      1.2.1   Konstruktion von Funktionen 17
      1.2.2   Schleifenfreie Algorithmen 20
      1.2.3   Boolesche Funktionen 23
      1.2.4   Codierung von Daten und reale Maschinen 26
      1.2.5   Boolesche Algebren 30
      1.2.6   Vereinfachung von Booleschen Algorithmen 32
   1.3   Algorithmen, Berechenbarkeit, Komplexität 37
      1.3.1   Rekursion 37
      1.3.2   Berechenbare Funktionen 40
      1.3.3   Verifikation von Algorithmen 44
      1.3.4   Operativ definierte Mengen 47
   Zusammenfassung 50
   Übungsaufgaben zu Kapitel 1 50

2   Arithmetik und spezielle Funktionen   **52**
   2.1   Zahlen und ihre Codierung 52
      2.1.1   Polyadische Codes 52
      2.1.2   Polyadische Arithmetik 54
      2.1.3   Rechnen mit endlicher Wortlänge 56
      2.1.4   Abgeleitete Codierungsarten 58
      2.1.5   Fließkommaarithmetik 61
      2.1.6   Codierung durch simultane Reste 62
      2.1.7   Reelle Zahlen 64
   2.2   Spezielle Funktionen 66
      2.2.1   Polynomfunktionen 66
      2.2.2   Approximation reeller Funktionen 70
      2.2.3   Operationen auf Funktionen 73
      2.2.4   Algorithmen für Permutationen 74

Zusammenfassung 77
Übungsaufgaben zu Kapitel 2 77

3 Rechenmaschinen mit Speicher   **80**
3.1 Aufgabe und Funktionsweise von Speichern 80
3.2 Endliche Automaten 82
3.3 Programmierbare Universalrechner 87
3.4 Ausführung rekursiver Algorithmen 91
3.5 Das Halteproblem 93
3.6 Harvard-Architektur und von–Neumann–Rechner 96
3.7 Mikroprozessoren 98
    3.7.1 CPU und Speicher 98
    3.7.2 Ein– und Ausgabeschnittstellen 102
    3.7.3 Der Transputer T 225 105
Zusammenfassung 109
Übungsaufgaben zu Kapitel 3 109

4 Grundzüge der Programmierung   **113**
4.1 Das Zeitverhalten von Programmen 113
    4.1.1 Befehls-Schedules 113
    4.1.2 Parallele Programmierung 115
    4.1.3 Parallele Verarbeitungsprozesse auf einem Rechner 118
    4.1.4 Interrupts und Kontextwechsel 119
    4.1.5 Modellierung durch Petri–Netze 121
    4.1.6 Gegenseitiger Ausschluß 125
4.2 Die Verwendung des Speichers 127
    4.2.1 Speicheradressierung 127
    4.2.2 Wiederverwendung von Speicherzellen 128
    4.2.3 Anordnung von Codes im Speicher 129
    4.2.4 Abstrakte Datentypen: Beispiele und Implementierungen . . 132
    4.2.5 Universelle Datentypen 136
    4.2.6 Objekte, Funktionen, Prozesse 138
Zusammenfassung 139
Übungsaufgaben zu Kapitel 4 140

5 Spezielle Algorithmen   **143**
5.1 Asymptotische Komplexität 143
5.2 Algorithmen auf Zahlen 145
    5.2.1 Schnelle Multiplikation 145
    5.2.2 Faktorisierung 146
    5.2.3 Ein Verschlüsselungsverfahren 146
5.3 Eine Vektortransformation 148
5.4 Suchalgorithmen 150
    5.4.1 Implementierungen des Mengentyps 150
    5.4.2 Lineare Suche 151

5.4.3 Das Hash-Verfahren 151

5.4.4 Binäre Suche 153

5.4.5 Suchen in Bäumen 154

5.4.6 Höhenbalancierte Bäume 155

5.5 Einfügen in einen Datensatz 156

5.5.1 Einfügen von Arrays 156

5.5.2 Einfügen in Bäume 156

5.6 Sortieralgorithmen 158

5.6.1 Bubble Sort 159

5.6.2 Merge Sort 159

5.7 Dynamische Programmierung 160

5.8 Backtracking im Zustandsgraph 162

Zusammenfassung 165

Übungsaufgaben zu Kapitel 5 166

6 Programmiersprachen   **168**

6.1 Programmiersprachen als Hilfsmittel 168

6.2 Abstraktion im Assembler 170

6.3 Interpreter und Compiler 172

6.4 Imperative Sprachen 174

6.4.1 Codierungsystem, Zuweisungen und Schedules 174

6.4.2 Verwendung abstrakter Datentypen 179

6.4.3 Nicht-sequenzielle Programmstrukturen 183

6.5 Funktionale Programmierung 188

6.6 Probleme mit vielfachen Lösungen 194

6.6.1 Mehrwertige Funktionen und Relationen 194

6.6.2 Logische Programmierung 196

6.7 Rechner mit verschaltbaren Logikelementen 200

6.7.1 Konfigurierbare Digitalschaltungen 201

6.7.2 Programmieraspekte 202

6.7.3 Sprachen zur Hardwarebeschreibung 203

Zusammenfassung 207

Übungsaufgaben zu Kapitel 6 207

A Arbeitstechnik in Softwareprojekten   **211**

A.1 Arbeitsschritte zur Realisierung eines digitalen Systems 211

A.2 Ein Beispiel 214

A.3 Qualitätsmerkmale 216

A.4 Designmethoden 217

A.5 Dokumentation 222

A.6 Programmtest 224

Zusammenfassung 226

Literaturverzeichnis   **227**

Sachwortverzeichnis   **229**

Abbildungsverzeichnis

1.1 Kartesisches Produkt 12
1.2 Darstellung einer Relation 12
1.3 Graph mit Schlinge, gerichteten und ungerichteten Kanten 13
1.4 Die Relation *inv* 15
1.5 Maschine mit Ein- und Ausgabe 16
1.6 Abstrakte Maschine 16
1.7 Maschine für $diag_2$ 16
1.8 Universelle Maschine 17
1.9 Reihenschaltung 18
1.10 Parallelschaltung 18
1.11 Selektion 20
1.12 Schaltung der Komplexität 4 21
1.13 Gatterfunktionen 23
1.14 Konstruktion der Selektorfunktion 24
1.15 Komponentenzerlegung 24
1.16 Algorithmus für f 25
1.17 Selektion aus der Wertetabelle 26
1.18 Codierung durch physikalische Größen 29
1.19 Die Paritätsfunktion 36
1.20 Konstruktion von f 39
1.21 Maschine für f_i 41

2.1 Die Menge F der Fließkommawerte ($b = 2, t = 2$) 62
2.2 Approximation einer Funktion f durch eine Treppenfunktion h . . . 72
2.3 Verringerung der Unordung 76

3.1 Zeitverhalten einer realen Maschine 80
3.2 Zeitabhängige Ein- und Ausgaben 81
3.3 Verbindung durch die Zeit 81
3.4 Das D-Flipflop 81
3.5 Zeitverhalten des D-Flipflops 82
3.6 Addierschaltung für n-stellige Binärzahlen 83
3.7 Serieller Addierer 83
3.8 Ein- und Ausgaben am seriellen Addierer 84
3.9 Endlicher Automat 84
3.10 Zustandsgraph eines endlichen Automaten 85
3.11 Zustandsgraph des seriellen Addierers 85
3.12 Multiplexer 86
3.13 n-bit-Speicher 86
3.14 n-bit-Schieberegister 86
3.15 Adressierbarer Speicher 87

3.16 Universalrechnerarchitektur als variables Netzwerk 88
3.17 Algorithmus mit universeller Funktion 88
3.18 Mehrfachverwendung einer Universalmaschine 89
3.19 Universalrechner mit symbolisierten Schreib- und Lesepositionen . . 89
3.20 Rekursiver Aufruf einer Programmkopie 91
3.21 Speicherbelegung der Stackmaschine 92
3.22 Analyseprogramm a für Programme p 94
3.23 Der Harvard-Rechner 97
3.24 Teilschaltungen und Register der CPU 97
3.25 Der von-Neumann-Rechner 98
3.26 Ein- und Ausgänge eines statischen RAM-Bausteins 100
3.27 Ein- und Ausgänge eines Mikroprozessors 101
3.28 Paralleles Eingabeport 103
3.29 Paralleles Ausgabeport 103
3.30 Synchrone serielle Datenübertragung 104
3.31 Asynchrone serielle Datenübertragung 104
3.32 Aufbau eines Mikroprozessorsystems 105
3.33 Register des Transputers 106
3.34 Asynchrone Datenübertragung über die Transputerschnittstelle . . . 108
3.35 Quittierungssendung 109
3.36 4–bit–Harvard–Rechner 111

4.1 Ein Algorithmus 114
4.2 Einführung von Speicherzellen 114
4.3 Gekoppelte Rechner 115
4.4 MIMD–Parallelrechner 116
4.5 Aufteilung der Operationsmenge 117
4.6 Prozessor-Pipeline 118
4.7 Unabhängige Prozesse 118
4.8 Universalrechner mit Interrupteingang 119
4.9 Verteilung der Rechenzeit 120
4.10 Prozeßwarteliste 121
4.11 Teiloperation mit Ein- und Ausgangszellen 122
4.12 Transition mit Ein- und Ausgangsstellen 122
4.13 Sequenziell aktivierbare Transitionen 124
4.14 Parallel aktivierbare Transitionen 124
4.15 Modellierung der Pipeline 125
4.16 Gegenseitiger Ausschluß 125
4.17 Verwaltung eines Betriebsmittels mit einer Semaphore 126
4.18 Betriebsmittelverwaltung mit möglichem Deadlock 127
4.19 Anordnung der Argumente und Resultate eines Funktionsaufrufes . . 128
4.20 Mehrfach verwendete Stelle 129
4.21 Verstreute Anordnung von Codes im Speicher 130
4.22 Fortlaufend gespeicherter Mehrwort-Code 130
4.23 Fortlaufend gespeicherter Produktcode 131

4.24 Lineares Array 131
4.25 Pointervariable 132
4.26 Verkettete Records 132
4.27 Stackimplementierung als lineares Array 134
4.28 Stackimplementierung als Liste 135
4.29 Binärer Baum als Zustandsdiagramm und als verkettete Struktur . . 137
4.30 Elementarer Prozeß 139
4.31 Hierarchische Verfeinerung von Transitionen 139
4.32 Hierarchische Verfeinerung von Stellen 139

5.1 Das FFT-Butterfly 150
5.2 Die Hash-Datenstruktur im Speicher 152
5.3 Teilarray bei der binären Suche 153
5.4 Vollbesetzter Baum 155
5.5 Rebalancierung 1. Fall 158
5.6 Rebalancierung 2. Fall 158
5.7 Die Merge-Operation 160
5.8 Merge-Sort 160
5.9 Der Rekursionsbaum H_x 161
5.10 Approximation der Sinusfunktion 163
5.11 Das 8–Damen–Problem 164

6.1 Interpretation 172
6.2 Compilation 173
6.3 Symboltabelle 174
6.4 Kommunizierende Prozesse 185
6.5 Synchronisation in OCCAM und ADA 187
6.6 Eingebetteter Universalrechner mit FPGA 202
6.7 Universelle Rechnerarchitektur 202
6.8 Die Entity gte 205
6.9 Rückgekoppeltes Schieberegister 210

A.1 Prozeßstruktur des Geräuschprozessors 214
A.2 Hardware des Geräuschprozessors 215
A.3 Pipeline von Einlesen und Verarbeitung 216
A.4 Hierarchische Strukturierung 218
A.5 Strukturierte Analyse 219
A.6 Flußdiagramme 220
A.7 Struktogramme 221
A.8 Debug-Prozeß 224

Definitionen

Sequenzielle Komposition 17
Parallele Komposition 18
Fallunterscheidung 19
Formaler schleifenfreier Algorithmus 20
Schleifenfreier Algorithmus 21
Schleifenfreie Berechenbarkeit 21
Komplexität 22
Codierung 26
Binärform einer Funktion 27
Boolesche Algebra 31
Isomorphie von Booleschen Algebren 32
Rekursiver Algorithmus 40
Berechenbare Funktion 40

Gruppe 57
Kommutativer Ring, Körper 58
K–Algebra 66
Polynome 66
Grad eines Polynoms 67
Gleichmäßige Approximation 70
Homomorphismus 74

Petri–Netz 123
Belegung 123
Aktivierbarkeit 123
Sequenzielle und parallele Aktivierbarkeit 124
Objekt 133
Prozeß 138

$O(\lambda)$ 143
Die Eigenschaft P 144
Die Eigenschaft NP 145
Eulersche Funktion 146

1 Grundbegriffe der Informatik

Zentrale Gegenstände dieser Einführung in die Informatik sind die Konstruktion elektronischer Rechenmaschinen und ihre Programmierung, bei der komplexe Berechnungen aus Teilschritten zusammengesetzt werden. Deren gemeinsame Grundlage ist die Technik der Konstruktion eines komplexen Ganzen aus Bausteinen. Bevor wir dies im Detail für „Hardware" und „Software" ausführen, definieren wir in diesem Kapitel die Konzepte der Konstruktion aus Bausteinen (Algorithmen), der Konstruierbarkeit (Berechenbarkeit) und des erforderlichen Aufwandes (Komplexität). Um präzise, aber ohne unnötige Formalisierungen definieren zu können, bedienen wir uns der als geläufig vorausgesetzten mathematischen „Umgangssprache" der Mengen und Funktionen. Die mathematischen Grundlagen findet man etwa in [MA93] und [DP88]. Wir rekapitulieren im folgenden Abschnitt 1.1 die für das Weitere benötigten mengentheoretischen Begriffe und führen dabei auch die verwendete Notation ein.

1.1 Mengen, Relationen, Funktionen und Computer

1.1.1 Teilmengen und Aussagen

Mengen sind nach Cantor (1845-1918) die Zusammenfassung von abstrakten oder konkreten Objekten unserer Anschauung zu einem Ganzen. Ist M eine Menge und m ein Objekt unserer Anschauung, so muß entweder $m \in M$ oder $m \notin M$ gelten. Auch fordern wir, daß die Elemente einer Menge unterscheidbar sind. Für $p, q \in M$ gilt entweder $p = q$ oder $p \neq q$. Mengen können aufzählend oder durch eine Charakterisierung ihrer Elemente definiert werden oder das Ergebnis mengentheoretischer Konstruktionen, z.B. Vereinigungen zuvor definierter Mengen sein. Bei einer aufzählenden Definition ist die Reihenfolge der Elemente ohne Belang. Zwei Mengen sind gleich, wenn sie dieselben Elemente enthalten. Die Anzahl der Elemente einer Menge M (ihre Mächtigkeit) wird mit $\#M$ bezeichnet. Sie kann endlich oder unendlich sein. Bei den unendlichen Mengen wird zwischen abzählbaren, bei denen sich die Elemente als Folge aufzählen lassen, und überabzählbaren unterschieden. Die Menge der rationalen Zahlen ist abzählbar, die der reellen Zahlen dagegen überabzählbar.

Eine Menge N ist Teilmenge von M ($N \subset M$), wenn jedes Element von N auch Element von M ist. $P(M)$ bezeichnet die Menge aller Teilmengen von M. Ist M endlich, so gilt $\#P(M) = 2^{\#M}$. $P(M)$ wird auch die Potenzmenge von M genannt.

Die Teilmengen einer Menge M entsprechen Eigenschaften (Aussagen), die für die Elemente von M definiert sind. Ist N eine Teilmenge, so schreiben wir $N(x)$ für die Aussage $x \in N$. Ist andererseits eine Aussage a gegeben, die für jedes Element von M gemacht werden kann, so wird diese auch durch die Teilmenge $\{m \in M \mid a(m)\}$ beschrieben. Die leere Teilmenge $\emptyset$ entspricht der stets falschen, M der stets wahren Aussage. Einer einelementigen Teilmenge $\{m\}$ entspricht die Aussage $x = m$. Auf Teilmengen sind die bekannten Operationen Durchschnitt, Vereinigung usw. definiert, während auf Aussagen die Operationen UND, ODER usw. angewandt werden können. Die Mengenoperationen entsprechen den logischen Verknüpfungen der zugehörigen Aussagen gemäß folgender Übersicht:

Teilmengen		Aussagen ($\forall x \in M$)	
$N_1 \cap N_2$	Durchschnitt	$N_1(x) \wedge N_2(x)$	UND
$N_1 \cup N_2$	Vereinigung	$N_1(x) \vee N_2(x)$	ODER
$\overline{N}$	Komplement in M	$\neg N(x)$	NICHT
$N_1 \subset N_2$	Enthaltensein	$N_1(x) \rightarrow N_2(x)$	Implikation
$N_1 = N_2$	Gleichheit	$N_1(x) \leftrightarrow N_2(x)$	Äquivalenz

1.1.2 Kartesische Produkte, Relationen, Graphen

Sind $M_1, \ldots, M_n$ Mengen, so ist ihr kartesisches Produkt definiert als die Menge

$$M_1 \times \ldots \times M_n = \{(m_1, \ldots, m_n) \mid m_1 \in M_1, \ldots, m_n \in M_n\}$$

der geordneten n-Tupel. n-Tupel verschiedener Längen n oder mit unterschiedlicher Reihenfolge ihrer Komponenten werden unterschieden.

Beispiel 1.1 *Es ist* $\{1,4\} = \{4,1\} = \{1,1,4\}$, *aber* $(1,4) \neq (4,1) \neq (1,1,4)$.

Für $M_1 = \ldots = M_n = M$ schreiben wir statt $M_1 \times \ldots \times M_n$ auch M^n. M^0 enthält ein Element, nämlich das 0-Tupel (). $M^* = \bigcup_0^\infty M^n$ ist die Menge der endlichen Folgen von Elementen von M.

Sind M_1 und M_2 Mengen reeller Zahlen, so läßt sich $M_1 \times M_2$ als Menge von Punkten der Ebene $\mathbb{R}^2$ veranschaulichen (Bild 1.1). Sind M_1 und M_2 endlich, so hat $M_1 \times M_2$ die Mächtigkeit $\#M_1 \cdot \#M_2$. Man beachte, daß für Mengen M, N, J die kartesischen Produkte

$$(M \times N) \times J, \quad M \times (N \times J), \quad M \times N \times J$$

verschieden sind. Sie lassen sich (durch Weglassen von Klammern) jedoch „identifizieren", insbesondere M^{n+m} mit $M^n \times M^m$.

Eine Teilmenge $R \subset M_1 \times \ldots \times M_n$ wird n-stellige Relation genannt. Nach 1.1.1 kann man sie als Aussage über n-Tupel verstehen. Wir schreiben $R(m_1, \ldots, m_n)$

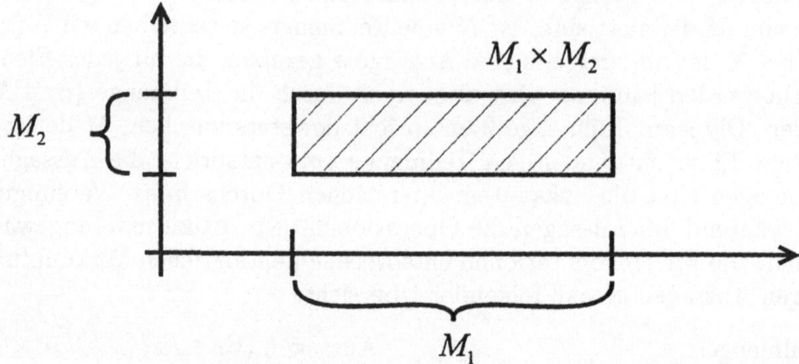

Bild 1.1   Kartesisches Produkt

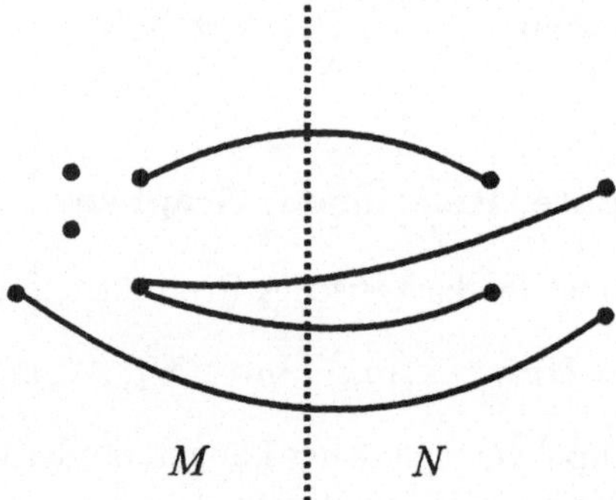

Bild 1.2   Darstellung einer Relation

für die Aussage $(m_1, \ldots, m_n) \in R$. Sind M und N endliche Mengen, so können wir eine Relation $R \subset M \times N$ graphisch darstellen, indem M und N als Punktmengen gezeichnet und Punkte $m \in M$ und $n \in N$ durch eine Linie verbunden werden, wenn $R(m, n)$ gilt (Bild 1.2). Ist $M = N$, so verwenden wir eine Darstellung, bei der die Elemente von M nur einmal gezeichnet, die Paare der Relation jedoch durch Pfeile verbunden werden, um die erste und zweite Komponente zu unterscheiden. Eine ungerichtete Linie zwischen zwei Punkten m, n wird gezeichnet, wenn $R(m, n)$ und auch $R(n, m)$ gilt. Eine solche Darstellung wird Graph genannt (Bild 1.3). Die Punkte und Linien eines Graphen werden auch als „Knoten" und „Kanten" bezeichnet. R ist die Kantenmenge des Graphen. Zwischen zwei Knoten gibt es höchstens eine Kante. Graphen stellen also zweistellige Relationen auf einer Menge dar und werden begrifflich von diesen hier nicht weiter unterschieden.

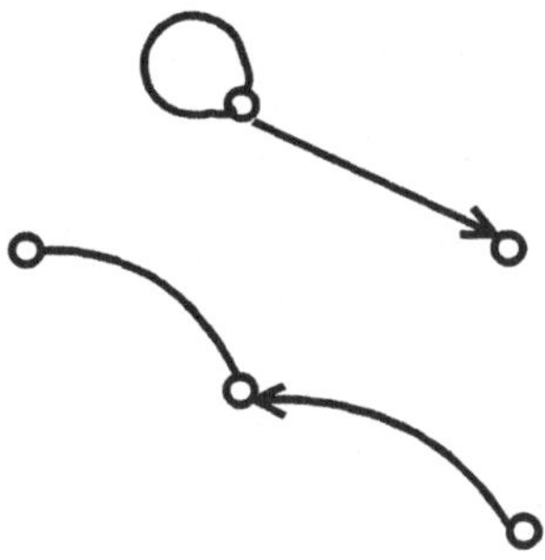

Bild 1.3   Graph mit Schlinge, gerichteten und ungerichteten Kanten

Mögliche Eigenschaften zweistelliger Relationen $R \subset M^2$ sind (vgl. [MA93])

Reflexivität:	$\forall x \in M$	$R(x,x)$
Antireflexivität:	$\forall x \in M$	$\neg R(x,x)$
Symmetrie:	$\forall x, y \in M$	$R(x,y) \leftrightarrow R(y,x)$
Transitivität:	$\forall x, y, z \in M$	$R(x,y) \wedge R(y,z) \to R(x,z)$

Sie lassen sich leicht aus den Graphen der Relationen ablesen (ein antireflexiver Graph z.B. enthält keine „Schlingen"). Die für jede Menge M geforderte Gleichheitsrelation ist die Diagonale $\{(x,x) \mid x \in M\} \subset M \times M$. Sie ist reflexiv, symmetrisch und transitiv. Eine reflexive, symmetrische und transitive Relation wird als Äquivalenzrelation bezeichnet.

1.1.3 Funktionen

Eine Funktion oder Abbildung ist eine Relation $f \subset M \times N$ mit der besonderen Eigenschaft, daß

$$\forall m \in M, \; n_1, n_2 \in N \qquad f(m, n_1) \wedge f(m, n_2) \quad \to \quad n_1 = n_2.$$

Mit jedem Punkt von M steht also höchstens ein Punkt von N in Relation. Wir verwenden für Funktionen f auch, wie üblich, die Schreibweise

$$
\begin{aligned}
f: \quad & M \quad \to \quad N \qquad && \text{und} \\
& m \quad \mapsto \quad n \qquad && \text{falls } (m,n) \in f \quad ,
\end{aligned}
$$

sowie $f(m)$ für das Element n mit $(m,n) \in f$. Wegen der eindeutigen Zuordnung von $f(m)$ zu m verwendet man für Funktionen auch den Begriff Abbildungen.

Das Paar (M, N) wird als der Typ von f bezeichnet. Der Definitionsbereich und der Bildbereich von f sind die Teilmengen

$$D(f) \;=\; \{m \in M \mid \exists n \in N, (m,n) \in f\}$$
$$B(f) \;=\; \{n \in N \mid \exists m \in M, (m,n) \in f\}$$

von M bzw. N. Eine Funktion $f : M \to N$ heißt total, falls $D(f) = M$, und surjektiv, falls $B(f) = N$. f heißt injektiv, falls auch die „gespiegelte" Relation

$$f^{-1} = \{(n,m) \in N \times M \mid (m,n) \in f\}$$

eine Funktion ist, also die Eigenschaft

$$\forall n \in N, m_1, m_2 \in M \quad f(m_1,n) \wedge f(m_2,n) \to m_1 = m_2$$

gilt. f^{-1} wird Umkehrung von f genannt, denn für $x \in D(f)$ gilt

$$f^{-1}(f(x)) = x.$$

Die Eigenschaften Funktion/Injektivität bzw. Surjektivität/Totalität unterscheiden sich offenbar nur dadurch, welche der beiden Komponenten des Paares (m,n) als „Eingabeposition" verstanden wird.

Eine Funktion f heißt bijektiv, wenn sie injektiv und zudem total und surjektiv ist. Bijektive Funktionen/Abbildungen werden häufig verwendet, ihren Definitions- und ihren Bildbereich durch die umkehrbar eindeutige Zuordnung ihrer Elemente zu „identifizieren". Zum Beispiel läßt sich jede Menge M durch die Zuordnung von $m \mapsto \{m\}$ mit der Menge der einelementigen Mengen in $P(M)$ identifizieren.

Für gegebene Mengen M und N bezeichnen wir im folgenden mit $\mathcal{F}(M,N)$ die Menge aller Funktionen vom Typ (M,N) und mit $\mathcal{F}_t(M,N)$ die Menge aller totalen Funktionen vom Typ (M,N).

Beispiel 1.2 *Die Relation* $inv = \{(x,y) \mid x,y \in \mathbb{R}, x \cdot y = 1\} \subset \mathbb{R}^2$ *ist eine Funktion, und* $D(inv) = B(inv) = \{x \in \mathbb{R} \mid x \neq 0\}$. *Für* $x \in D(inv)$ *ist* $inv(x) = x^{-1}$. *Als Punktmenge der Ebene ist* inv *der „Plot" dieser Abbildung (Bild 1.4). inv ist injektiv, und* $inv = inv^{-1}$.

Jede Aussage a auf einer Menge M läßt sich auch als eine totale Funktion auffassen, die jedem Element von M einen Wert aus einer zweielementigen Menge zuordnet, z.B. der Menge $B = \{0,1\}$, den wir hier als „falsch" bzw. „wahr" interpretieren. Ist $N \subset M$ eine Teilmenge, so ist die zugehörige, auch als charakteristische Funktion von N bezeichnete Aussagefunktion, gegeben durch

$$\mathcal{X}_N(m) = \left\{ \begin{array}{ll} 1 & \text{für } m \in N \\ 0 & \text{für } m \notin N. \end{array} \right.$$

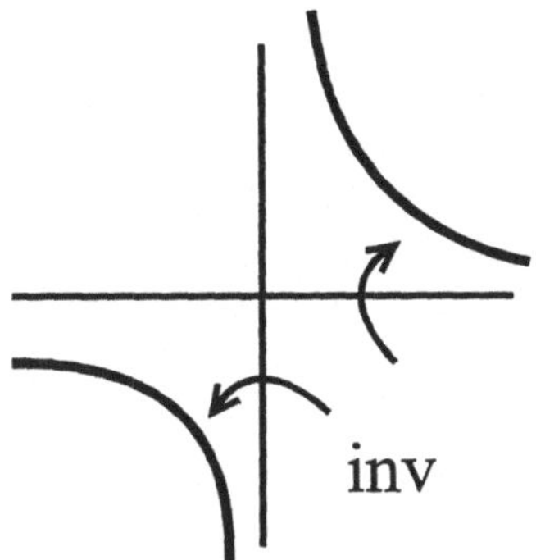

Bild 1.4 Die Relation *inv*

Auch n–Tupel $(m_0, \ldots, m_{n-1}) \in M^n$ können wir als Funktionen interpretieren, die einem Index $i \in I_n = \{0, \ldots, n-1\}$ den Wert $m_i \in M$ zuordnen. Das n–Tupel ist die Wertefolge der zugehörigen Funktion.

Häufig werden Hilfsfunktionen (sogenannte Datenverteilungsfunktionen) benötigt, die auf einem n-Tupel $(m_0, \ldots, m_{n-1})$ lediglich eine Umordnung, Verkürzung oder auch Duplizierung von Elementen zu einem neuen Tupel vornehmen. Für eine beliebige Abbildung

$$\sigma : I_m \quad \rightarrow \quad I_n$$

ist

$$\sigma_M : \quad M^n \quad \rightarrow \quad M^m$$
$$(m_1, \ldots, m_n) \quad \mapsto \quad (m_{\sigma(1)}, \ldots, m_{\sigma(m)})$$

eine solche Datenverteilungsfunktion.

Spezialfälle sind die identische Abbildung, die Projektionen p_j auf die Faktoren eines kartesischen Produktes $M_1 \times \ldots \times M_k$, definiert durch

$$p_j(m_1, \ldots, m_k) = m_j \quad ,$$

oder die Diagonalabbildungen

$$diag_r : \quad M \quad \rightarrow \quad M^r$$
$$x \quad \mapsto \quad (x, x, \ldots, x) \quad .$$

1.1.4 Abstrakte, universelle Maschinen

Wenn wir einem Computer einen Eingabedatensatz m aus einer Menge M von möglichen Eingaben vorlegen, so erwarten wir, daß er hieraus eindeutig ein Ergebnis n aus einer Menge N von möglichen Ausgaben berechnet, welches nur von m abhängt (Bild 1.5). Wir können diese Abhängigkeit als Funktion $f : M \to N$ beschreiben, die Übertragungsfunktion der Maschine.

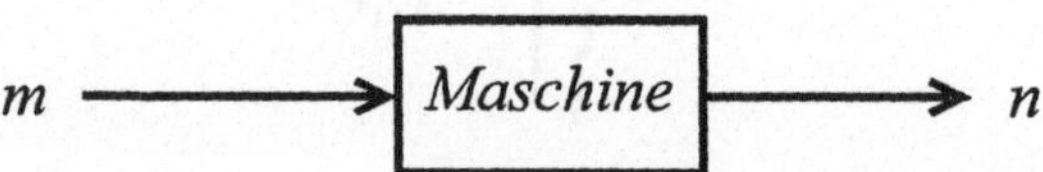

Bild 1.5 Maschine mit Ein- und Ausgabe

Ist andererseits eine Funktion $f : M \to N$ vorgegeben, so können wir sie als abstrakte Maschine auffassen und als solche darstellen (Bild 1.6).

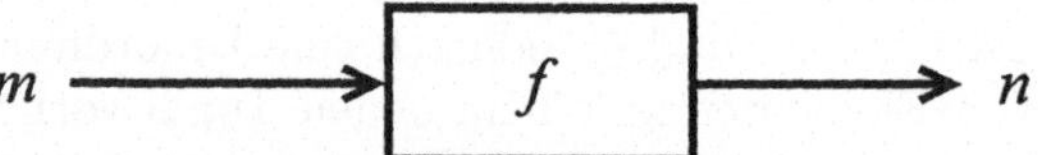

Bild 1.6 Abstrakte Maschine

Datenverteilungsfunktionen können wir als Maschinen durch direkte Verbindung der Ein- und Ausgangspunkte symbolisieren (ähnlich ihrer graphischen Darstellung als Relation, s. Bild 1.7).

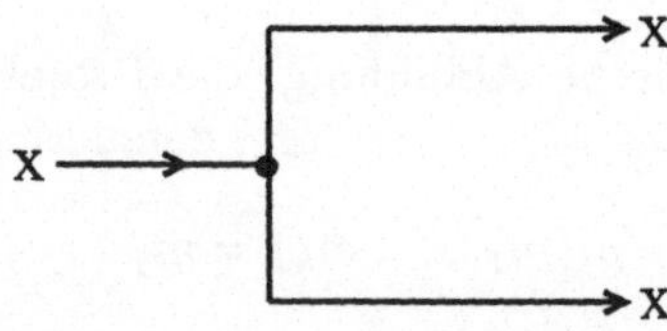

Bild 1.7 Maschine für $diag_2$

Die Beschreibung der Arbeitsweise von Maschinen durch Funktionen drückt aus, daß sie in deterministischer Weise zu den vorgelegten Eingabedaten eine wohldefinierte Ausgabe erzeugen sollen. Dies schließt nicht den Fall aus, daß die Ausgaben selbst ganze Mengen von „Individuallösungen" wären.

Von unseren Rechnern sind wir es gewohnt, daß sie nicht nur eine, sondern eine
Vielzahl von Funktionen berechnen können, d.h. universell einsetzbar sind, indem
man sie entsprechend programmiert. Wir können das Programm als weitere Eingabe
an die universelle Maschine auffassen (Bild 1.8). Die Übertragungsfunktion einer
universellen Maschine hängt somit von zwei Variablen ab:

$$f: \quad M \times P \to N \quad .$$

Jede Funktion auf einem kartesischen Produkt $M \times P$ legt eine Familie von Funktionen auf M fest. Für jedes Element $p \in P$ erhält man nämlich die Funktion

$$\begin{aligned} f_p: \quad & M \to N \\ & m \mapsto f(m,p) \quad . \end{aligned}$$

Umgekehrt läßt sich eine gegebene Familie $\{f_p \mid p \in P\}$ von Funktionen auf M zu
einer „universellen" Funktion f auf $M \times P$ zusammenfassen, indem man setzt

$$f(m,p) = f_p(m).$$

Bild 1.8 Universelle Maschine

1.2 Schleifenfreie Algorithmen und Boolesche Funktionen

1.2.1 Konstruktion von Funktionen

Wir stellen nun Mechanismen bereit, Funktionen bzw. abstrakte Maschinen aus
Bausteinen zu konstruieren, und nähern uns damit der wichtigen Fragestellung, ob
und wie eine gegebene Funktion durch eine Maschine realisiert werden kann.

Definition 1.1 *Sequenzielle Komposition*

*Aus zwei Funktionen $f \in \mathcal{F}(M, N)$ und $g \in \mathcal{F}(N, P)$ können wir die zusammenge-
setzte Funktion*

$$g \circ f \in \mathcal{F}(M, P)$$

konstruieren. Sie hat den Definitionsbereich

$$D(g \circ f) = \{x \in M \mid x \in D(f) \text{ und } f(x) \in D(g)\}$$

und ist darauf definiert durch

$$(g \circ f)(x) = g(f(x)).$$

Der sequenziellen Komposition entspricht die Reihenschaltung der dazugehörigen
Maschinen (Bild 1.9).

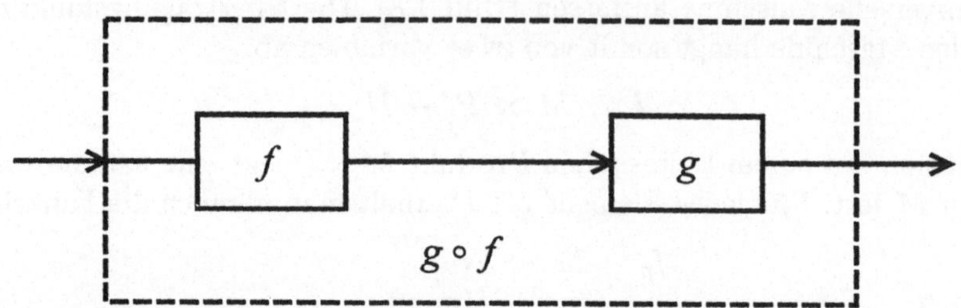

Bild 1.9 Reihenschaltung

Definition 1.2 *Parallele Komposition*

Zu Funktionen $f \in \mathcal{F}(M, N)$ und $g \in \mathcal{F}(P, Q)$ definieren wir ihre parallele Komposition

$$f \times g \in \mathcal{F}(M \times P, N \times Q) \qquad .$$

Sie hat den Definitionsbereich

$$D(f \times g) = D(f) \times D(g)$$

und ist darauf definiert durch

$$f \times g\,(m, p) = (f(m), f(p))$$

d. h., f und g operieren unabhängig auf den beiden Komponenten des Paares.

Die Darstellung als Maschine ist die Parallelschaltung (Bild 1.10).

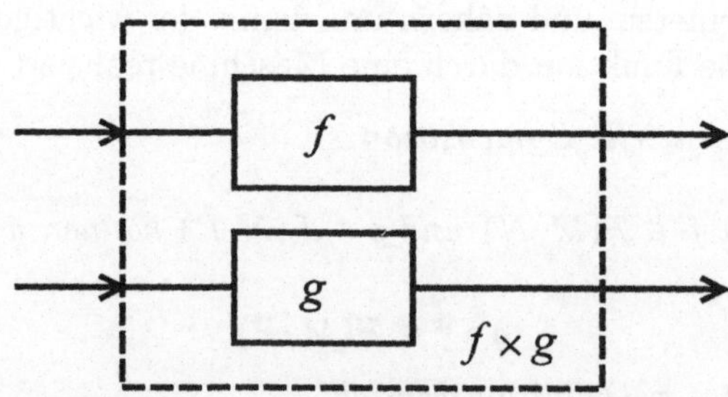

Bild 1.10 Parallelschaltung

Definition 1.3 *Fallunterscheidung*

Sind a eine Aussagefunktion auf M und A die zugehörige Teilmenge von M, so definieren wir zu gegebenen

$$f, g \in \mathcal{F}(M, N)$$

eine Funktion

$$f \sqcup_a g \in \mathcal{F}(M, N) \qquad .$$

Sie hat den Definitionsbereich

$$D(f \sqcup_a g) = (D(f) \cap A) \cup (D(g) \cap \overline{A})$$

und ist darauf definiert durch

$$f \sqcup_a g(m) = \left\{ \begin{array}{ll} f(m) & \text{falls} \quad a(m) \\ g(m) & \text{falls} \quad \neg a(m) \end{array} \right. \qquad .$$

Dieser Verzweigungskonstruktor läßt sich für totale Funktionen f, g auch aus den bereits erklärten parallelen und sequenziellen Konstruktoren und einer Selektorfunktion sel_N ableiten, was uns auch eine „Schaltung" für ihn liefert (Bild 1.11).

Sei

$$sel_N \colon N \times N \times B \to N$$

definiert durch

$$sel_N(n_0, n_1, b) = \left\{ \begin{array}{ll} n_0 & \text{für} \quad b = 0 \\ n_1 & \text{für} \quad b = 1 \end{array} \right. \qquad .$$

Dann gilt

$$f \sqcup_a g = sel_N \circ (f \times g \times a) \circ diag_3 .$$

Wenn wir nicht–totale Funktionen so erweitern, daß sie außerhalb ihres Definitionsbereiches einen speziellen Wert ϵ mit der Bedeutung „undefiniert" annehmen, stellt die Selektorschaltung die Verzweigung auch für nicht–totale Funktionen $f \cdot g$ dar.

Je nach dem Ergebnis von a wird das Resultat von f oder g verworfen. Es ist daher denkbar, abhängig von a diejenige Maschine f oder g, deren Resultat nicht benötigt wird, „abgeschaltet" zu lassen. Dies ist üblich, wenn die Teilfunktionen in zeitlicher Folge durch „Programme" berechnet werden (s. Kap. 3). Die Selektion wird dann durch Überspringen des nicht benötigten Programmes realisiert.

Obige Konstruktoren können nun miteinander und mit speziellen Funktionen kombiniert werden, um weitere Konstruktoren zu erhalten, die aus Funktionsbausteinen neue Funktionen produzieren.

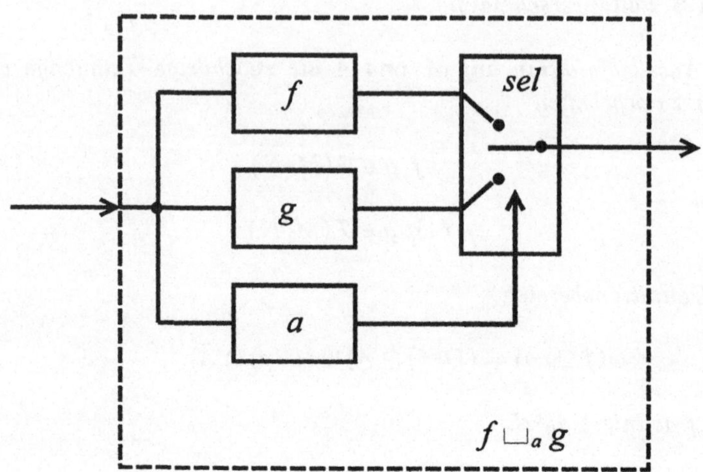

Bild 1.11 Selektion

Beispiel 1.3 *Sei $+$: $\mathbb{Z} \times \mathbb{Z} \to \mathbb{Z}$ die ganzzahlige Additionsoperation. Man definiert einen Konstruktor*

$$+ : \mathcal{F}(M, \mathbb{Z}) \times \mathcal{F}(M, \mathbb{Z}) \to \mathcal{F}(M, \mathbb{Z})$$

durch

$$f_1 + f_2 = + \circ (f_1 \times f_2) \circ diag_2 \, .$$

Es gilt also

$$(f_1 + f_2)(m) = f_1(m) + f_2(m).$$

In entsprechender Weise können wir auch die UND- *und* ODER-*Verknüpfungen von Aussagefunktionen als Konstruktoren definieren.*

1.2.2 Schleifenfreie Algorithmen

Die Verwendung der oben eingeführten Konstruktoren in komplexen Kombinationen, um aus gegebenen Funktionen neue zu konstruieren, führt uns auf einen einfachen Algorithmenbegriff.

Definition 1.4 *Formaler schleifenfreier Algorithmus*

Ein formaler schleifenfreier Algorithmus ist ein zusammengesetzter Ausdruck aus den Konstruktoren $\circ$, $\times$ und $\sqcup$, paarweise verschiedenen Platzhaltern für Funktionen und Datenverteilungsfunktionen.

Beispiel 1.4

$$C(X,Y,Z,U) = X \circ (Y \times (Z \circ U)) \circ diag_2 \quad \textit{(vgl. Bild 1.12)},$$
$$C(X,Y,A,Z) = ((X \times Y) \circ diag_2) \sqcup_A Z$$

sind formale schleifenfreie Algorithmen mit Platzhaltern X, Y, Z, U, A.

Jeder formale schleifenfreie Algorithmus entspricht einer Verschaltungsstruktur von Maschinen, wobei deren Übertragungsfunktionen noch nicht spezifiziert werden. Die Bezeichnung „schleifenfrei" bezieht sich darauf, daß keine Rückführungen von den Ausgängen auf die Eingänge einer Teilschaltung vorkommen (Schleifen).

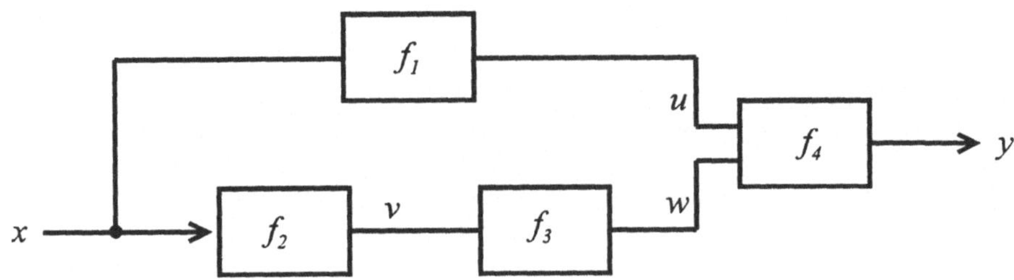

Bild 1.12 Schaltung der Komplexität 4

Die Platzhalter in einem formalen Algorithmus C können durch Funktionen belegt werden, die allerdings mit den vorkommenden Konstruktoren kompatible Definitions- und Bildbereiche haben müssen. Der resultierende Ausdruck $C(f_1, \ldots, f_n)$ ist dann selbst eine Funktion. Ein formaler Algorithmus kann damit selbst als eine Funktion verstanden werden, die jedem geeigneten n-Tupel von Funktionen eine neue, zusammengesetzte Funktion zuordnet. Die Definition dieser Zuordnung hängt allerdings nicht von den Definitions- und Bildbereichen der komponierten Funktionen ab (ist „generisch").

Definition 1.5 *Schleifenfreier Algorithmus*

Ein schleifenfreier Algorithmus für eine Funktion f ist gegeben durch einen formalen schleifenfreien Algorithmus C und Funktionen $f_1, \ldots, f_n$ derart, daß

$$f = C(f_1, \ldots, f_n) \qquad .$$

Die entsprechende Darstellung als Schaltung wird auch als Datenflußdiagramm bezeichnet (Bild 1.12). Wir führen einen Begriff für diejenigen Funktionen ein, die sich aus einer vorgegebenen Menge $\mathcal{F}_o = \{g_1, \ldots, g_m\}$ von Funktionsbausteinen konstruieren lassen.

Definition 1.6 *Schleifenfreie Berechenbarkeit*

Eine Funktion f heißt schleifenfrei berechenbar aus $\mathcal{F}_o$, wenn es für sie einen schleifenfreien Algorithmus $C(f_1, \ldots, f_n)$ gibt, in dem alle $f_i \in \mathcal{F}_o$ sind.

Eine gegebene, schleifenfrei berechenbare Funktion kann verschiedene, mehr oder
weniger aufwendige solche Algorithmen haben.

Definition 1.7 *Komplexität*

Die Komplexität eines schleifenfreien Algorithmus ist die Anzahl der darin auftre-
tenden f_i, wobei mehrfach eingesetzte Funktionen auch mehrfach gezählt werden.
Die Komplexität einer schleifenfrei aus $\mathcal{F}_o$ berechenbaren Funktion f wird als das
Minimum der Komplexitäten ihrer Algorithmen definiert.

Die Datenverteilungsfunktionen in dem zugrundeliegenden formalen Algorithmus
gehen nach dieser Definition nicht in die Komplexität ein. Eine genauere Kostenbe-
rechnung für einen Algorithmus könnte die einzelnen Funktionen $g_i \in \mathcal{F}_o$ individuell
bewerten. Häufig genügt jedoch das hier definierte, grobe Komplexitätsmaß. Im
Hinblick auf das Überspringen von Programmzweigen werden wir es jedoch in der
Weise verfeinern, daß nur die Operationen im wirklich selektierten Zweig gezählt
werden. Die Komplexität wird dann allerdings datenabhängig.

Der obige Algorithmenbegriff beschreibt das Zusammenwirken von Funktionsbausteinen, ohne dabei die von den Funktionen verarbeiteten Daten zu benennen. Wir
führen noch eine alternative Formulierung ein, die explizit auf die Daten (Parameter
und Resultate von Funktionen) verweist. Sie löst die algorithmische Konstruktion in
eine (ungeordnete) Menge von „Anweisungen" auf, die jeweils einem Funktionsbau-
stein mit seinen Ein- und Ausgaben entsprechen, und steht dadurch herkömmlichen
Programmiersprachen nahe. Hierzu werden die Resultate jedes Funktionsbausteins
sowie die Eingaben des Algorithmus durch paarweise verschiedene Symbole benannt
und jeder Baustein S mit den Ein- und Ausgaben p und q durch die Anweisung

$$q \;=\; S\,(p)$$

ersetzt. Für das Beispiel in Bild 1.12 ergibt sich die Anweisungsmenge

$$
\begin{aligned}
u &= f_1(x)\\
v &= f_2(y)\\
w &= f_3(v)\\
y &= f_4(u,w).
\end{aligned}
$$

Die Funktionsargumente in den Anweisungen spiegeln die Verschaltung der Funktionen im Algorithmus wider. Die Schreibreihenfolge der Anweisungen ist dabei
ohne Belang und drückt insbesondere *nicht* aus, daß die Anweisungen in einer entsprechenden zeitlichen Folge ausgeführt werden müßten. Die Anweisungsform hat
den Vorteil, daß Datenverteilungsfunktionen wie Diagonalabbildungen einfach durch
mehrfache Verwendung einer Eingabe (hier x) oder eines Funktionsresultates ausgedrückt werden können. Die Verzweigung

$$f \sqcup_a g$$

ersetzen wir durch bedingte Anweisungen

$$\begin{aligned} \text{Falls} \quad & a(x) \quad : \quad y \;=\; f(x) \\ \text{Falls} \quad & \neg a(x) \quad : \quad y \;=\; g(x). \end{aligned}$$

Abhängig von $a(x)$ wird dabei y eindeutig als $f(x)$ oder als $g(x)$ definiert.

1.2.3 Boolesche Funktionen

In diesem Abschnitt untersuchen wir nun für einen konkreten, sehr einfachen Satz $\mathcal{F}_0$ von Grundfunktionen, welche Funktionen im Sinne von Definition 1.6 aus diesen berechenbar sind. Sei $B = \{0,1\}$. Die Operationen (Funktionen) $\wedge, \vee$ (UND, ODER) vom Typ (B^2, B) und $'-'$ (NICHT) vom Typ (B,B) werden durch folgende Wertetabellen definiert.

x	y	$x \wedge y$	$x \vee y$		x	$\bar{x}$
0	0	0	0		0	1
0	1	0	1		1	0
1	0	0	1			
1	1	1	1			

Diese sogenannten Gatterfunktionen werden durch spezielle Maschinensymbole dargestellt (s. Bild 1.13). Hierdurch erübrigt sich eine Beschriftung mit den zugehörigen Funktionsnamen.

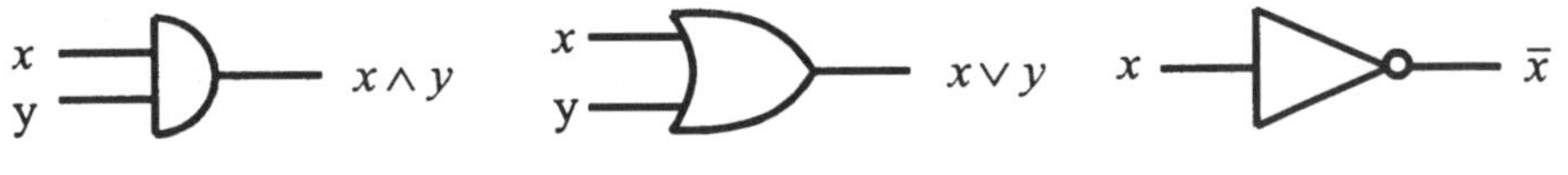

$x \wedge y$ $x \vee y$ $\bar{x}$

Bild 1.13 Gatterfunktionen

Wir fügen zu den Gatterfunktionen die konstanten Funktionen $0, 1$ (vom Typ (B^0, B)) hinzu und setzen $\mathcal{F}_0 = \{\wedge, \vee, -, 0, 1\}$. Jede aus $\mathcal{F}_0$ schleifenfrei berechenbare Funktion ist notwendigerweise total und von einem Typ (B^n, B^m). Umgekehrt gilt

Satz 1.1 *Sei $f : B^n \to B^m$ eine beliebige, total definierte Funktion. Dann ist f schleifenfrei berechenbar über $\mathcal{F}_o = \{\wedge, \vee, -, 0, 1\}$, d. h. es gibt einen Algorithmus $f = C(f_1, \ldots, f_r)$ mit $f_i \in \mathcal{F}_o$ für $i = 1 \ldots r$.*

Beispiel 1.5 *Wir betrachten die Selektorfunktion sel_B mit*

$$sel_B\,(b_0, b_1, a) = \begin{cases} b_0 & \text{für} \quad a = 0 \\ b_1 & \text{für} \quad a = 1 \end{cases} \quad .$$

Die Berechenbarkeit von sel_B über $\mathcal{F}_o$ zeigt die Gatterschaltung in Bild 1.14. Daß diese wirklich ein Algorithmus für sel_B ist, verifiziert man z.B. anhand einer Wertetabelle.

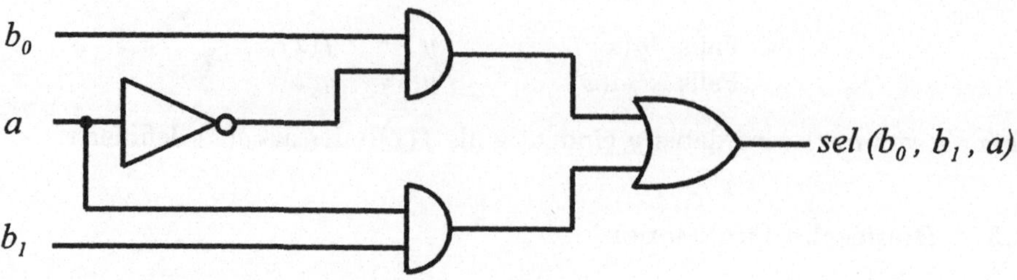

Bild 1.14 Konstruktion der Selektorfunktion

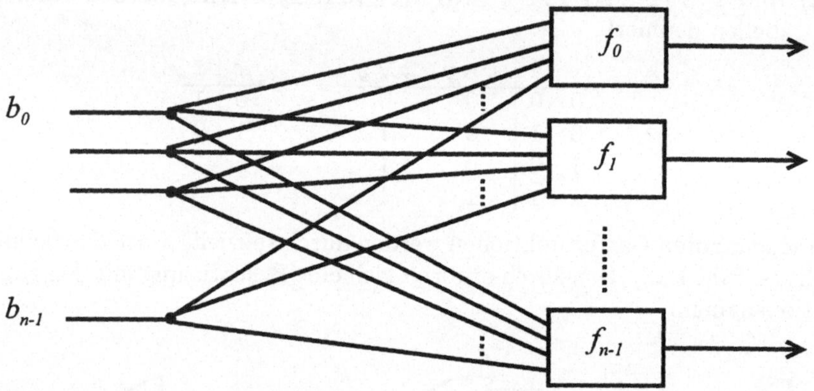

Bild 1.15 Komponentenzerlegung

Beweis von Satz 1.1:

Die vorgegebene Funktion f hat m Komponenten f_i (s. Bild 1.15):

$$f: \quad B^n \quad\quad\quad \to \quad B^m$$
$$(b_0, \ldots, b_{n-1}) \quad \mapsto \quad (f_0(b_0 \ldots, b_{n-1}), f_1(b_0 \ldots, b_{n-1}), \ldots) \quad .$$

Sie ist also nach der Datenverteilung eine parallele Komposition von Funktionen

$$f_i: \quad B^n \quad \to \quad B \quad ,$$

und es genügt zu zeigen, daß jede Funktion

$$f: \quad B^n \quad \to \quad B$$

sich als Komposition von Gatterfunktionen darstellen läßt. Wir beweisen dies durch
Induktion nach n.

Für $n = 0$ gibt es nur die beiden konstanten Funktionen 0 und 1, die beide zu $\mathcal{F}_0$ gehören. Der Induktionsschritt geht von der Annahme aus, daß jede Funktion $f : B^n \to B$ eine Darstellung als Konstruktion aus Gatterfunktionen hat, und muß zeigen, daß dies auch für jede gegebene Funktion $f : B^{n+1} \to B$ gilt. Nun ist $B^{n+1} = B^n \times B$, und wir können f als universelle Funktion auf $B^n \times B$ auffassen, welche zwei Funktionen f_0 und f_1 zusammenfaßt, nämlich

$$
\begin{aligned}
f_0 \ &: \ B^n &&\to \ B \\
&\ \ (b_0,\ldots,b_{n-1}) &&\mapsto \ f(b_0,\ldots,b_{n-1},0) \\
f_1 \ &: \ B^n &&\to \ B \\
&\ \ (b_0,\ldots,b_{n-1}) &&\mapsto \ f(b_0,\ldots,b_{n-1},1) \quad .
\end{aligned}
$$

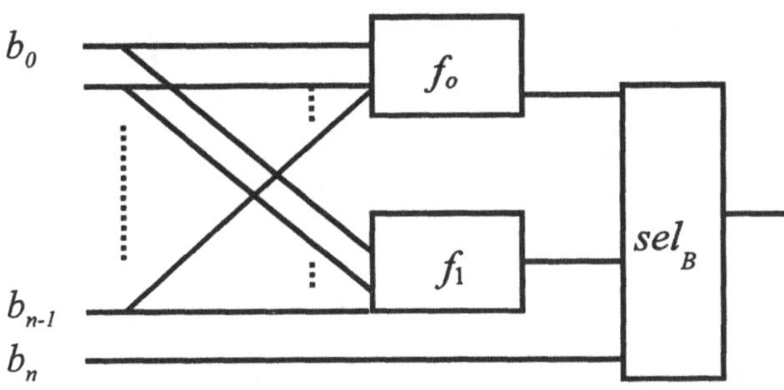

Bild 1.16 Algorithmus für f

Offenbar wird f durch den Algorithmus in Bild 1.16 dargestellt, der wieder die Selektorfunktion verwendet, und nach Induktionsannahme haben f_0 und f_1 Konstruktionen aus Gattern, nach dem Beispiel auch sel_B, und damit auch f.

q.e.d.

Genaugenommen zeigt dieser Beweis die schleifenfreie Berechenbarkeit jeder totalen Funktion f vom Typ (B^n, B) über $\mathcal{F}_0 = \{0, 1, sel\}$, indem er sie durch ein Netzwerk von insgesamt $2^n - 1$ Selektorbausteinen realisiert, welches abhängig von $b_0,\ldots,b_{n-1}$ die richtige Konstante als Ergebnis selektiert. Dem entspricht eine Programmstruktur, die abhängig von $b_0,\ldots,b_{n-1}$ immer weiter verzweigt (Bild 1.17). Für viele Funktionen f lassen sich sehr viel weniger komplexe Algorithmen finden (s. 1.2.6). Wenn wir allerdings die Konstanten durch variable Steuereingänge ersetzen, dann liefert die Selektorkonstruktion eine universelle Maschine, die abhängig von den Steuereingängen jede spezielle Funktion $f \in \mathcal{F}_t(B^n, B)$ berechnen kann.

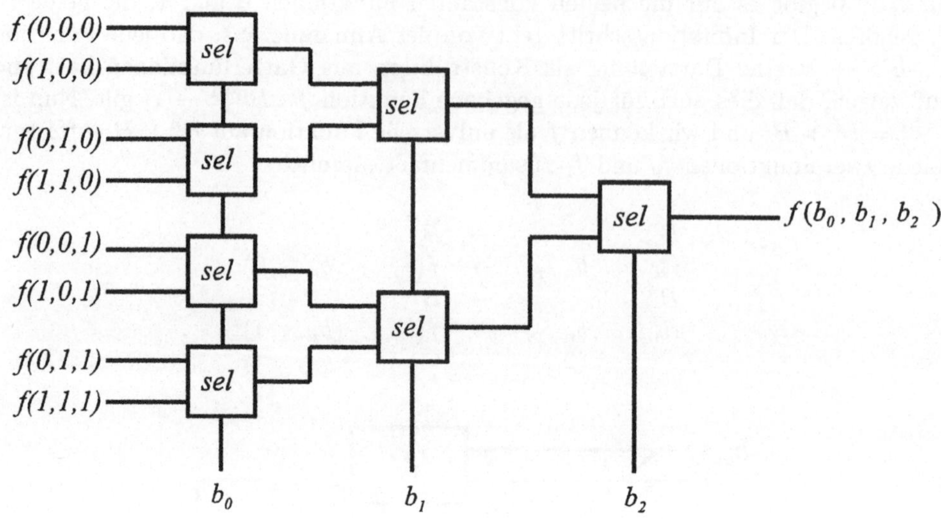

Bild 1.17 Selektion aus der Wertetabelle

1.2.4 Codierung von Daten und reale Maschinen

Der vorangehende Satz zeigt uns die Konstruierbarkeit beliebiger Funktionen

$$f : B^n \to B^m$$

aus den elementaren Gatterfunktionen, und der Beweis liefert sogar ein Konstruktionsverfahren für die behaupteten schleifenfreien Algorithmen. Um diese Technik auf Funktionen

$$f : M \to N$$

zwischen beliebigen endlichen Mengen M, N übertragen zu können, betten wir diese in geeigneter Weise in Mengen vom Typ B^n ein.

Definition 1.8 *Codierung*

Eine n–stellige binäre Codierung der Menge M ist ein Paar von Abbildungen

$$
\begin{aligned}
c &: M \to B^n \\
d &: B^n \to M
\end{aligned}
$$

mit der Eigenschaft, daß für alle $m \in M$ die Gleichung $d(c(m)) = m$ gilt.

c ist die Codierungsabbildung, die also jedem $m \in M$ einen binären „Code" $c(m) \in B^n$ zuordnet, und d ist die Decodierfunktion, die einem Code wieder das Element von M zuordnet. Die Definition impliziert, daß c injektiv ist, läßt aber auch zu, daß d es nicht ist.

Beispiel 1.6 *Sei M die Zahlmenge $I_{2^n}\{0, 1, \ldots 2^{n-1}\} \subset \mathbb{Z}$ und $d : B^n \to M$ definiert durch*

$$d(b_o, \ldots, b_{n-1}) = \sum_{i=0}^{n-1} b_i 2^i.$$

Dann ist d bijektiv, und c bezeichne die Umkehrfunktion von d. (c, d) ist die n-stellige polyadische Codierung zur Basis 2 (vgl. Kap. 2.1).

Ist M eine beliebige endliche Menge von $\#M$ Elementen und $\#M \leq 2^n$, so gibt es eine n-stellige binäre Codierung von M. Man zähle etwa die Elemente von M ab und ordne jedem Element den n-stelligen polyadischen Code seiner Nummer zur Basis 2 zu.

Definition 1.9 *Binärform einer Funktion*

Seien $f : M \to N$ eine Funktion und (c, d) und (c', d') m- bzw. n-stellige binäre Codierungen von M bzw. N. Eine Binärform von f bezüglich dieser Codierungen ist eine Abbildung

$$\tilde{f} : B^m \to B^n \qquad \text{mit}$$
$$f(p) = d'(\tilde{f}(c(p))) \quad \text{für alle} \quad p \in M.$$

In ein Diagramm von Abbildungen zusammengefaßt, ergibt sich folgende Struktur:

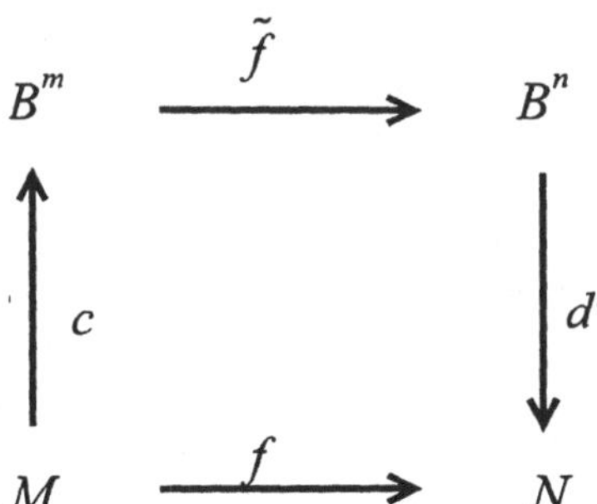

$\tilde{f}$ operiert also auf den Codes $c(p)$ wie f auf den $p \in M$. Mit diesen Begriffen ergibt sich die

Folgerung aus Satz 1.1:

Seien $f : M \to N$ eine Funktion und (c,d) bzw. (c', d') binäre Codierungen auf M und N. Dann gibt es einen schleifenfreien Algorithmus über den Grundfunktionen UND, ODER, NICHT und $0, 1$ für eine Binärform von f.

Beweis:
Es genügt zu zeigen, daß es überhaupt eine Binärform von f gibt (für jede solche gibt es dann nach dem Satz einen Algorithmus). Nun definiert die Formel $f(c(p)) = c'(f(p))$ eine Funktion $\tilde{f}$, die die in Definition 1.5 geforderte Gleichung erfüllt, für die Elemente der Form $c(p)$ von B^m. Wir können eine beliebige Fortsetzung dieser Funktion auf ganz B^m als Binärform verwenden.

q.e.d.

Die Binärform $\tilde{f}$ hängt offenbar von den gewählten Codierungen ab. Sind M und N identisch, so wird gewöhnlich auch konsistent dieselbe Codierung verwendet. Sind ferner (c,d) und (c', d') m– und n–stellige Codierungen für Mengen M und N, so ergibt sich durch Aneinanderhängen der Codes eine $(n + m)$–stellige Codierung für $M \times N$, nämlich $(c \times c', d \times d')$.

Beispiel 1.7 *Sei* $c : M = \{0, \ldots, 2^{16} - 1\} \to B^{16}$ *wie in Beispiel 1.6 definiert, und* $c \times c : M \times M \to B^{32}$ *als Codierungsfunktion auf* $M \times M$ *gewählt. Dann läßt sich eine Binärform der Additionsabbildung*

$$+ \; : \; M \times M \; \to \; M$$
$$(a,b) \quad \mapsto \quad \begin{cases} a + b & \text{falls } a + b < 2^{16} \\ a + b - 2^{16} & \text{falls } a + b >= 2^{16} \end{cases}$$

aus den Gatterfunktionen zusammensetzen, obwohl diese selbst zunächst keine arithmetische Bedeutung haben.

Reale Rechenmaschinen sind technische Systeme, die einen physikalischen Prozeß mit vorgebbaren (Eingangs-)Parametern und hiervon abhängigen Ausgangsgrößen realisieren. Hier spielt die Umsetzung der an der Maschine anliegenden physikalischen Größen in abstrakte Werte, etwa in B^n, gemäß einer Meßvorschrift eine wichtige Rolle. In elektronischen Digitalrechnern sind die Größen gewöhnlich elektrische Spannungen gegenüber einem Massepotential, wobei zulässige Ein- bzw. Ausgangswerte z.B. in den Intervallen $0..1V$ und $2..5V$ Volt liegen. Diese Wertebereiche werden durch die Meßvorschrift auf die zweielementige Menge $B = \{0, 1\}$ abgebildet (der Bereich $0..1V$ auf 0, $2..5V$ auf 1). Ein Digitalrechner mit m Eingängen definiert durch eine m Meßpunkte und Meßzeitintervalle festlegende Meßvorschrift eine Zuordnung

$$\eta : \mathcal{E} \; \longrightarrow \; B^m$$

einer Menge $\mathcal{E}$ zulässiger anliegender Eingangsspannungen zu Werten aus B^m, entsprechend für n digitale Ausgänge eine Zuordnung

$$\varphi : \mathcal{A} \longrightarrow B^n \ .$$

Wir können dies als eine Codierung von B^n bzw. B^m durch physikalische Größen am realen System verstehen (Bild 1.18), für die die Decodierfunktionen allerdings nicht injektiv sind (alle Spannungen eines Intervalls codieren jeweils denselben Wert aus B, wodurch Störspannungen, Last- und Temperaturabhängigkeiten toleriert werden können). Die Vorstellung, daß die reale Maschine eine Funktion

$$f : B^m \to B^n$$

realisiert, ist so zu präzisieren, daß vorgegebene Eingangsgrößen α in der Weise in Ausgangsgrößen β umgesetzt werden, daß $\varphi(\beta) = f(\eta(\alpha))$. Um die Maschine eine Berechnung mit vorgegebenen Daten ausführen zu lassen, können wir etwa über Umschalter Spannungen $0V$ oder $5V$ aus der Spannungsversorgung abgreifen und an die Eingänge anlegen, was der Anwendung einer Codierungsfunktion der Binärdaten durch Größen aus $\mathcal{E}$ entspricht.

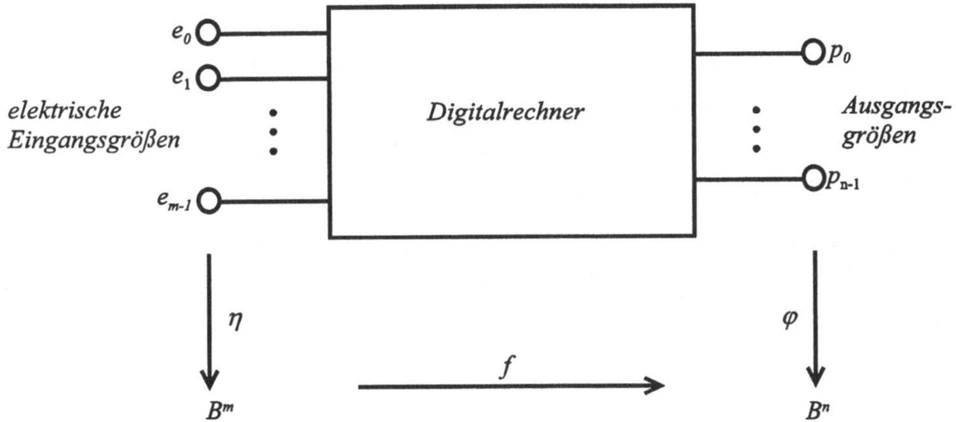

Bild 1.18 Codierung durch physikalische Größen

Elektronische Rechner, die im erklärten Sinn die Grundfunktionen UND, ODER, NICHT realisieren, sind als integrierte Standardbausteine erhältlich (sogenannte Gatterbausteine). Schleifenfreie Algorithmen über den Grundfunktionen können nun als Bauvorschriften für komplexe Maschinen aus den Standardbausteinen verstanden werden (für jeden Aufruf einer Grundfunktion im Algorithmus wird ein individuelles, sie realisierendes Gatter eingesetzt). Wir erhalten damit als weitere

Folgerung aus Satz 1.1:

Sind $f : M \to N$ und Codierungen (c, d) und (c', d') für M und N gegeben, so läßt sich im Prinzip ein realer Rechner als Verschaltung von Gattern aufbauen, der eine Binärform von f realisiert.

„Im Prinzip" bedeutet, im Rahmen der verfügbaren Ressourcen und schaltungstechnischer Randbedingungen. Für den Aufbau realer Rechner ist es von großer praktischer Bedeutung, Algorithmen möglichst geringer Komplexität (Gatterzahl) für die zu realisierende Binärform zu finden.

Da die Binärformen von den verwendeten Codierungsabbildungen abhängen, ist zu erwarten, daß sich der Aufwand auch durch deren geschickte Wahl herabsetzen läßt. Da die Codierung der Eingabedaten für die Bearbeitung durch eine Maschine selbst nicht durch die Maschine erfolgt, wird an die Codierung der Ein- und Ausgaben aber eher die Anforderung gestellt, daß sie durch den Anwender der Maschine mit möglichst geringem Aufwand durchgeführt werden kann. Zahlen werden z.B. gewöhnlich als Folgen von Dezimalziffern gehandhabt und können mit geringem Aufwand binär codiert werden, indem man für die Ziffern eine 4–stellige Codierung wählt und Zahlen durch Aneinanderhängen der Codes für ihre Ziffern codiert. Gegebenenfalls kann eine Maschine verwendet werden, um die so gewonnenen Codes in solche zu konvertieren, für die die Binärformen der interessierenden Funktionen weniger komplex sind.

1.2.5 Boolesche Algebren

Um Algorithmen über den Gatterfunktionen bzw. Gatterschaltungen in solche geringerer Komplexität umformen zu können, benötigen wir einige Rechenregeln für die Operationen $\wedge, \vee, -$ auf $B = \{0, 1\}$. Man bestätigt aus den Definitionen, daß für beliebige $a, b, c \in B$ die folgenden Gleichungen gelten.

(1) $\vee$ *und* $\wedge$ *sind assoziativ:*
$$a \vee (b \vee c) = (a \vee b) \vee c \quad , \quad a \wedge (b \wedge c) = (a \wedge b) \wedge c$$

(2) $\wedge$ *und* $\vee$ *sind kommutativ:*
$$a \wedge b = b \wedge a \quad , \quad a \vee b = b \vee a$$

(3) *Distributivgesetze*
$$a \wedge (b \vee c) = (a \wedge b) \vee (a \wedge c) \quad , \quad a \vee (b \wedge c) = (a \vee b) \wedge (a \vee c)$$

(4) $a \wedge 1 = a \quad , \quad a \vee 1 = 1$
 $a \vee 0 = a \quad , \quad a \wedge 0 = 0$

(5) $a \wedge \bar{a} = 0 \quad , \quad a \vee \bar{a} = 1 \quad , \quad \bar{\bar{a}} = a$

(6) *Verschmelzungsgesetze*
$$a \vee (a \wedge b) = a \quad , \quad a \wedge (a \vee b) = a$$

Die Regeln 3, 4, 5, 6 können bereits als Regeln zur Vereinfachung von Algorithmen über $\wedge, \vee, -$ verstanden werden.

Definition 1.10 *Boolesche Algebra*

Eine Boolesche Algebra (nach G. Boole, 1815-1864) ist eine Menge M mit Operationen $\wedge, \vee, -$ und speziellen Elementen $0, 1$, für die die Regeln (1) - (6) gelten.

Aus (1) - (6) lassen sich weitere Gleichungen ableiten, die daher in jeder Booleschen Algebra gelten. Im folgenden Lemma beweisen wir exemplarisch die sogenannten de Morgan'schen Regeln, die ebenfalls zur Vereinfachung von Algorithmen dienen können.

Lemma 1.1 *Für beliebige Elemente a, b, c einer Booleschen Algebra gilt*

$$1) \quad \left. \begin{array}{ccc} a \vee b &=& a \vee c \\ a \wedge b &=& a \wedge c \end{array} \right\} \Rightarrow b = c$$

$$2) \quad \left. \begin{array}{ccc} a \vee b &=& 1 \\ a \wedge b &=& 0 \end{array} \right\} \Rightarrow b = \bar{a}$$

$$3) \quad \begin{array}{ccc} \overline{a \vee b} &=& \bar{a} \wedge \bar{b} \\ \overline{a \wedge b} &=& \bar{a} \wedge \bar{b} \end{array} \qquad (de\, Morgan'sche\, Gesetze)$$

Beweis:

$$\begin{array}{lll} 1) & b = b \vee (a \wedge b) & \text{nach (6)} \\ & = b \vee (a \wedge c) & \text{nach Voraussetzung} \\ & = (b \vee a) \wedge (b \vee c) & \text{nach (3)} \\ & = (c \vee a) \wedge (b \vee c) & \text{nach Voraussetzung} \\ & = c \vee (a \wedge b) & \text{nach (3)} \\ & = c \vee (a \wedge c) & \text{nach Voraussetzung} \\ & = c & \text{nach (6)} \end{array}$$

$$\begin{array}{lll} 2) & a \vee b = 1 = a \vee \bar{a} & \\ & a \wedge b = 0 = 1 \wedge \bar{a} & \\ & \Longrightarrow b = \bar{a} & \text{(nach Teil 1)} \end{array}$$

$$\begin{array}{lll} 3) & (a \vee b) \vee (\bar{a} \wedge \bar{b}) = (a \vee b \vee \bar{a}) \wedge (a \vee b \vee \bar{b}) = 1 & \\ & (a \vee b) \wedge (\bar{a} \wedge \bar{b}) = (a \wedge \bar{a} \wedge \bar{b}) \vee (b \wedge \bar{a} \wedge \bar{b}) = 0 & \\ & \Longrightarrow \bar{a} \wedge \bar{b} = \overline{(a \vee b)} & \text{(nach Teil 2)} \quad . \end{array}$$

Das zweite Gesetz unter 3) ergibt sich entsprechend.

q.e.d.

Wie für jede algebraische Struktur definiert man einen Isomorphiebegriff für Boolesche Algebren, welcher beschreibt, daß zwei Algebren als solche in jeder Hinsicht dieselben Eigenschaften haben.

Definition 1.11 *Isomorphie von Booleschen Algebren*

Sind $M, \wedge, \vee, -, 0, 1$ und $M', \wedge', \vee', -', 0', 1'$ Boolesche Algebren, so ist ein Isomorphismus von M auf M' eine Bijektion

$$\varphi : M \quad \to M'$$

$$\text{mit den Eigenschaften} \quad \begin{aligned} \varphi(a \wedge b) &= \varphi(a) \wedge' \varphi(b) \\ \varphi(a \vee b) &= \overline{\varphi(a)} \vee' \varphi(b) \qquad (\text{für alle } a, b \in M) \\ \varphi(\bar{a}) &= \overline{\varphi(a)}\,' \\ \varphi(1) &= 1', \qquad \varphi(0) = 0' \quad . \end{aligned}$$

Beispiel 1.8 *Ist $M, \wedge, \vee, -, 0, 1$ eine Boolesche Algebra, so ist nach den Regeln (1)-(6) auch $M', \wedge', \vee', -', 0', 1'$ mit $M = M', \wedge' = \vee, \vee' = \wedge, -' = -, 1' = 0, 0' = 1$ eine Boolesche Algebra, und mit den de Morgan'schen Gesetzen folgt, daß die Abbildung $- : M \to M'$ ein Isomorphismus dieser Algebren ist.*

Beispiel 1.9 *Ist M eine Menge, so ist $P(M), \cap, \cup, -, \emptyset, M$ eine Boolesche Algebra, ebenso die Menge $\mathcal{F}_t(M, B)$ der Aussagefunktionen mit den logischen Operationen und Konstanten $\wedge, \vee, \neg, 0, 1$, und die bereits diskutierte Bijektion*

$$\begin{aligned} \mathcal{F}_t(M, B) &\to \quad P(M) \\ f &\mapsto \quad \mathcal{U}_f = \{m \mid f(m) = 1\} \end{aligned}$$

ist ein Isomorphismus von Booleschen Algebren, da sie ja die logischen Operationen auf Aussagen in die Mengenoperationen „überführt" (s. 1.1.1).

1.2.6 Vereinfachung von Booleschen Algorithmen

In diesem Abschnitt betrachten wir eine spezielle Klasse von schleifenfreien Algorithmen für Funktionen $f \in \mathcal{F}_t(B^n, B)$, die sogenannten disjunktiven Formen. Sie ergeben sich durch ODER–Verknüpfung von Funktionen der Art

$$h(b_1, \ldots, b_{14}) \quad = \quad b_4 \wedge \bar{b}_7 \wedge b_9 \wedge \bar{b}_{10} \wedge b_{13} \quad ,$$

die reine UND–Terme einiger der Variablen b_i oder ihrer Negierten sind. Wir verwenden für diese die folgende Kurzschreibweise. Ein Term h wird durch eine Folge von n Zeichen aus dem „Alphabet" $\{0, 1, *\}$ dargestellt (ein sogenanntes Muster), also etwa

$$* * *1 * *0 * 10 * *1* \quad ,$$

wobei an der i–ten Position ein „$*$" erscheint, wenn b_i *nicht* im Term verwendet wird, eine „1", wenn b_i nicht-negiert vorkommt, oder eine „0", wenn b_i negiert vorkommt (das angegebene Muster ist also identisch mit obiger Funktion h). Ein Muster bzw. UND–Term hat genau dann den Wert 1, wenn alle vorkommenden b_i bzw. $\bar{b}_i$ den Wert 1 haben. Das Muster $c_1 \ldots c_n$ entspricht damit der Menge

$$\mathcal{U}_{c_1 \ldots c_n} = \{(b_1, \ldots, b_n) \mid b_i = c_i \text{ für } c_i \neq *, i = 1 \ldots n\}.$$

Ein Muster $c_1 \ldots c_n$ ohne „$*$"–Positionen (ein „vollständiger" UND–Term), hat nur für das Tupel $\varepsilon = (c_1, \ldots c_n)$ den Wert 1, entspricht also der einelementigen Menge $\{\varepsilon\}$. Für gegebenes $\varepsilon \in B^n$ bezeichnen wir dieses Muster mit δ_ε.

Für $f \in \mathcal{F}_t(B^n, B)$ ist

$$\mathcal{U}_f = \{\varepsilon \in B^n \mid f(\varepsilon) = 1\} = \bigcup_{f(\varepsilon)=1} \{\varepsilon\}.$$

Für die zugehörigen Aussagefunktionen gilt entsprechend der Isomorphie zwischen Teilmengen und Aussagen

$$f = \bigvee_{f(\varepsilon)=1} \delta_\varepsilon \quad,$$

was man auch direkt durch Einsetzen von Argumenten bestätigt. Diese Darstellung von f ist als disjunktive Normalform bekannt. Da die δ_ε Kompositionen von Negationen und UND-Operationen sind, erhalten wir hiermit wieder einen schleifenfreien Algorithmus für f über den Grundfunktionen und damit einen weiteren Beweis für Satz 1.1. Die ε mit $f(\varepsilon) = 1$ lassen sich direkt aus einer Wertetabelle für eine gegebene Boolesche Funktion ablesen, indem man hierin die Eingabetupel mit [-1em]

Beispiel 1.10 *Die Wertetabelle der Selektorfunktion* $sel = sel_B$ *ist*

	x	y	s	$sel(x,\,y,\,s)$
	0	*0*	*0*	*0*
	0	*1*	*0*	*0*
$\rightarrow$	*1*	*0*	*0*	*1*
$\rightarrow$	*1*	*1*	*0*	*1*
	0	*0*	*1*	*0*
$\rightarrow$	*0*	*1*	*1*	*1*
	1	*0*	*1*	*0*
$\rightarrow$	*1*	*1*	*1*	*1*

Ihre disjunktive Normalform ist dann in der Musterschreibweise:

$$sel = 100 \vee 110 \vee 011 \vee 111 \quad,$$

oder ausführlich

$$sel(x, y, s) = (x \wedge \bar{y} \wedge \bar{s}) \vee (x \wedge y \wedge \bar{s}) \vee (\bar{x} \wedge y \wedge s) \vee (x \wedge y \wedge s) \quad .$$

Die disjunktive Normalform einer Funktion f ist offenbar umso komplexer, je größer $\mathcal{U}_f$ ist. Falls fast alle Punkte zu $\mathcal{U}_f$ gehören, erhält man einen weniger komplexen Algorithmus, wenn man die disjunktive Normalform für $\neg f$ bildet und diese negiert:

$$f = \neg(\bigvee_{f(\varepsilon)=0} \delta_\varepsilon) = \bigwedge_{f(\varepsilon)=0} (\neg\delta_\varepsilon) \qquad (\text{ nach de Morgan}),$$

wobei, wieder nach de Morgan, die $\neg\delta_\varepsilon$ Disjunktionen (d.h. reine ODER–Verknüpfungen) der Variablen oder ihrer Negierten sind, z.B. $\overline{b_1 \wedge b_2 \wedge \bar{b}_3} = \bar{b}_1 \vee \bar{b}_2 \vee b_3$. Diese Form ist die sogenannte konjunktive Normalform. Allgemeiner wird jede disjunktive Form durch Negation in eine entsprechende konjunktive, also eine UND–Verknüpfung von reinen ODER–Ausdrücken, überführt.

Disjunktive Formen lassen sich häufig durch Anwendung der sogenannten Absorptions–Regel

$$(u \wedge p) \vee (u \wedge \bar{p}) = u$$

vereinfachen, welche sich aus den Regeln (3) und (4) der Booleschen Algebra ergibt (s. 1.2.5). In der Musterschreibweise ist diese Vereinfachungsregel die Ersetzung

$$\begin{array}{l} \dots.1\dots0\dots.0\dots\dots*\dots\dots \\ \dots.1\dots0\dots1\dots\dots*\dots\dots \\ \\ \dots.1\dots0\dots*\dots\dots*\dots\dots \end{array} \Bigg)$$

wobei sich die beiden Operanden nur an der markierten Position unterscheiden dürfen. Die Normalform für *sel* vereinfacht sich etwa in

$$sel = 1{*}0 \vee {*}11 \quad ,$$

was der bereits in Abschnitt 1.2.3 angegebene Algorithmus für *sel* ist.

Jede Funktion $f \in \mathcal{F}_t(B^n, B)$ hat eine disjunktive Form, nämlich ihre Normalform. Wir stellen uns nun die Aufgabe, für gegebenes $f \in \mathcal{F}_t(B^n, B)$ eine disjunktive Form $f = \bigvee_{k=1}^{p} h_k$ möglichst geringer Komplexität zu finden, d.h., mit möglichst wenigen und einfachen Musterfunktionen h_k. Für $\mathcal{U}_f$ bedeutet dies, daß wir eine Darstellung als Vereinigung von möglichst wenigen, großen Teilmengen der Form $\mathcal{U}_{10**0}$ suchen. Ein Verfahren zur Vereinfachung der disjunktiven Normalform durch systematische Anwendung der obigen Vereinfachungsregel zu einer disjunktiven Minimalform unter Verwendung obiger Regel ist das von Quine und McCluskey. Die Schritte dieses Verfahrens sind

1. Aufstellen der disjunktiven Normalform und tabellarische Auflistung der darin vorkommenden Muster.

2. Systematisches Anwenden der Vereinfachungsregel auf alle möglichen Termpaare, beginnend beim ersten Tabellenelement in mehreren Schritten, bis keine weiteren Zusammenfassungen möglich sind; dies entspricht der Auffindung maximaler Teilmengen von $\mathcal{U}_f$ der Form $\mathcal{U}_{10...**...}$.

3. Auswahl einer minimalen Teilmenge der vereinfachten Muster, deren Disjunktion noch f darstellt, bzw. deren zug. Teilmengen $\mathcal{U}_f$ überdecken. Falls z.B. einzelne Elemente von $\mathcal{U}_f$ nur in einer der maximalen Teilmengen aus 2) vorkommen, muß diese in jeder Überdeckung vorkommen.

Beispiel 1.11

$$f(x_1,\ldots,x_4) = (\bar{x}_1 \wedge \bar{x}_2 \wedge \bar{x}_3 \wedge \bar{x}_4) \vee (\bar{x}_1 \wedge \bar{x}_2 \wedge x_3) \vee (x_1 \wedge \bar{x}_3 \wedge \bar{x}_4) \vee \bar{x}_2 \wedge x_4$$

Schritt 1: Disjunktive Normalform in Kurzschreibweise aufstellen (Erweiterung unvollständiger und anschließende Streichung doppelt auftretender Terme):

$$f = 0000 \vee 0010 \vee 0011 \vee 1000 \vee 1100 \vee 0001 \vee 1001 \vee 1011$$

Schritt 2: Vereinfachung

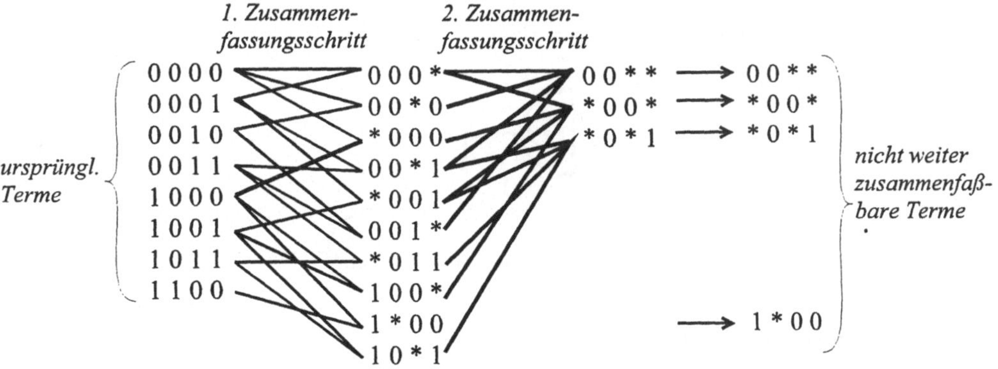

Schritt 3: Auswahl einer Überdeckung durch maximale Teilmengen. Die durch die vereinfachten Muster erfaßten Terme werden in einer Tabelle aufgelistet.

	0000	0001	0010	0011	1000	1001	1011	1100
00**	x	x	(x)	x				
00	x	x			x	x		
*0*1		x		x		x	(x)	
1*00					x			(x)

$00*{*}, *0*1, 1*00$ *sind notwendig, überdecken aber bereits* $\mathcal{U}_f$. *Die in diesem Falle einzige disjunktive Minimalform für* f *ist daher*

$$f(x_1, x_2, x_3) = (\bar{x}_1 \wedge \bar{x}_2) \vee (\bar{x}_2 \wedge x_4) \vee (x_1 \wedge \bar{x}_3 \wedge \bar{x}_4).$$

Ihre Komplexität ist 11, gegenüber 20 für die ursprüngliche Form.

Im allgemeinen gibt es für eine gegebene Funktion mehrere disjunktive Minimalformen, die auch von unterschiedlicher Komplexität sein können. Das beschriebene Optimierungsverfahren findet zwar alle disjunktiven Minimal–Formen, ist aber nicht geeignet, effiziente Algorithmen anderer Art zu finden.

Beispiel 1.12 *Das exklusive* ODER *ist die durch*

$$x \oplus y = (x \wedge \bar{y}) \vee (\bar{x} \wedge y) = 10 \vee 01$$

definierte Operation. Sei

$$h_n(x_0, \ldots, x_{n-1}) = (((x_0 \oplus x_1) \oplus x_2) \ldots) \oplus x_{n-1}.$$

h_n *ist die sogenannte Paritätsfunktion, die immer dann den Wert 1 liefert, wenn das* n*–Tupel eine ungerade Zahl von Einsen enthält. Der definierende Algorithmus für* h_n *hat offenbar die Komplexität* $5 \cdot (n-1)$ *(Bild 1.19).*

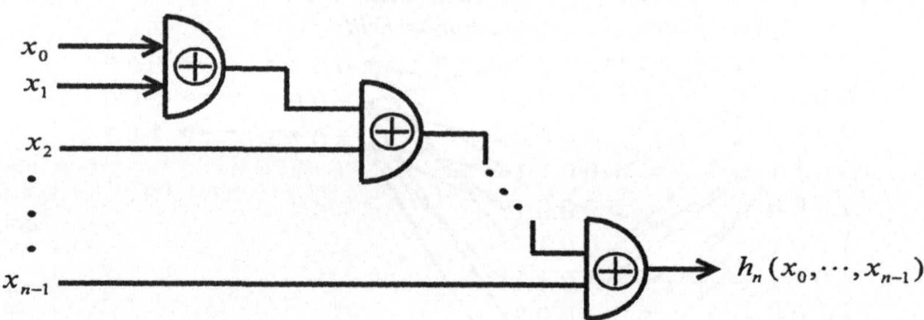

Bild 1.19 Die Paritätsfunktion

Die disjunktive Normalform für h_n *enthält* 2^{n-1} *Terme und läßt keinen Vereinfachungsschritt zu, ist also minimal. Von zwei Termen, die sich in der Kurzschreibweise nur an einer Position unterscheiden, kann nämlich nur einer die Parität 1 haben und somit in der Normalform vorkommen. Die disjunktive Normalform hat die sehr hohe Komplexität* $(2^{n-1} - 1) \cdot (n - 1 + \frac{n}{2})$, *da die Terme jeweils* $n - 1$ UND*–Operationen und im Mittel* $\frac{n}{2}$ *Negationen erfordern.*

Für weiteres Material zur Komplexität Boolescher Funktionen verweisen wir auf [WE87].

1.3 Algorithmen, Berechenbarkeit, Komplexität

1.3.1 Rekursion

Die Technik der binären Codierung und der Konstruktion von Binärformen für Funktionen vom Typ (M, N) (bzw. entsprechender Digitalrechner durch Verschaltung von Gatterbausteinen) steht uns zunächst nur für endliche M, N zur Verfügung. Bereits Zahlmengen wie $\mathbb{N}_0 = \{0,1,2,\ldots\}$, $\mathbb{Z}$ und $\mathbb{Q}$ sind unendlich. Solche abzählbar unendlichen Mengen lassen sich aber als Vereinigungen geeigneter Folgen von endlichen Teilmengen D_i mit $D_i \subset D_{i+1}$ und $D_i \neq D_{i+1}$ gewinnen, z.B. $\mathbb{N}_0 = \cup_{n=0}^{\infty} I_n$ mit $I_n = \{0,\ldots,n-1\}$. Ist f eine Funktion auf $M = \cup_{i=0}^{\infty} D_i$ und $f_i = \{(m,f(m)) \mid m \in D_i \cap D(f)\})$ ihre Einschränkung auf D_i, so können wir für f_i eine Binärform konstruieren. Diese wird aber im allgemeinen für wachsendes i immer komplexer ausfallen. Es ist nicht mehr möglich, für jede beliebige Funktion f einen schleifenfreien Algorithmus über einem festen, endlichen Satz $\mathcal{F}_0$ von Grundfunktionen aufzustellen. Der Grund hierfür ist, daß sich sämtliche Algorithmen über $\mathcal{F}_0$ systematisch in einer Folge generieren und damit abzählen lassen, die Menge aller Funktion vom Typ (M, N) aber überabzählbar ist, sofern N wenigstens zwei Elemente enthält. Wir werden unseren Algorithmenbegriff im folgenden so erweitern, daß zusätzliche Funktionen, für die es keine schleifenfreien Algorithmen gibt, schrittweise auf immer größer werdenden Teilmengen $D_i \subset M$ konstruiert werden können.

In der Funktionsmenge $\mathcal{F}(M,N)$ sind auch nicht total definierte Funktionen enthalten, und die Konstruktoren $\circ$, $\times$ und $\sqcup_a$ sind auch für solche erklärt (s. 1.2.1). Für Funktionen $f, g \in \mathcal{F}(M,N)$, also spezielle Relationen $f, g \in P(M \times N)$, gilt genau dann die Inklusion $f \subset g$, wenn

$$D(f) \subset D(g) \text{ und } f(m) = g(m) \text{ für alle } m \in D(f),$$

wie man leicht aus den Definitionen bestätigt. f wird in diesem Falle eine Einschränkung von g bzw. g eine Fortsetzung von f genannt. Ist $D(f) = D(g)$ und $f \subset g$, so muß $f = g$ gelten. Die nirgends definierte Funktion $\emptyset \in P(M \times N)$ ist in jeder Funktion f enthalten, da ja $\emptyset \subset f$ gilt. Für eine beliebige Funktion g gilt $g \circ \emptyset = \emptyset, \emptyset \circ g = 0, g \times \emptyset = \emptyset, \emptyset \times g = \emptyset$, aber für $A \cap D(g) \neq \emptyset$ ist $g \sqcup_a \emptyset \neq 0$, falls A die der Aussage a entsprechende Teilmenge ist. Wir betrachten nun das Verhalten der Konstruktoren hinsichtlich der Fortsetzung von Funktionen.

Lemma 1.2 *Seien $f_1, f_2 \in \mathcal{F}(M,N)$ gegeben, derart daß $f_1 \subset f_2$. Dann gelten die Inklusionen*

$$
\begin{array}{rcccccc}
1) & f_1 & \circ & g & \subset & f_2 & \circ & g \\
   & g & \circ & f_1 & \subset & g & \circ & f_2 \\
2) & f_1 & \times & g & \subset & f_2 & \times & g \\
   & g & \times & f_1 & \subset & g & \times & f_2 \\
3) & f_1 & \sqcup_a & g & \subset & f_2 & \sqcup_a & g \\
   & g & \sqcup_a & f_1 & \subset & g & \sqcup_a & f_2
\end{array}
$$

für alle Funktionen g, auf die die jeweiligen Konstruktoren anwendbar sind, und Aussagefunktionen $a \in \mathcal{F}_t(M, B)$.

Dieses Lemma ergibt sich unmittelbar aus den Definitionen. Es läßt die folgende Verallgemeinerung zu.

Lemma 1.3 *Seien $C(X_1, \ldots, X_n)$ ein formaler schleifenfreier Algorithmus und $f_1, \ldots, f_n,\ g_1, \ldots, g_n$ Funktionen mit $f_i \subset g_i$ für $i = 1, \ldots, n$. Dann gilt*

$$C(f_1, \ldots, f_n) \ \subset \ C(g_1, \ldots, g_n).$$

Beweis:

Die in einem Verzweigungskonstruktor vorkommenden Aussagefunktionen unter den f_i sind überall definiert und erfüllen daher $f_i = g_i$. Die Behauptung ergibt sich durch schrittweises Anwenden des vorangehenden Lemmas. Wir machen dies an folgendem Beispiel deutlich. Sei $C(X,Y,Z,A) = (X \circ Y) \sqcup_A Z$. Dann ist mit $a = f_4 = g_4$

$$\begin{aligned}
C(f_1, f_2, f_3, a) &= (f_1 \circ f_2) \sqcup_a f_3 \subset (f_1 \circ f_2) \sqcup_a g_3 \\
&\subset (f_1 \circ g_2) \sqcup_a g_3 \\
&\subset (g_1 \circ g_2) \sqcup_a g_3 = C(g_1, g_2, g_3, g_4).
\end{aligned}$$

q.e.d.

Wir betrachten nun „rekursive" Beziehungen der Art

$$fak(n) = \begin{cases} 1 & \text{für} \quad n = 1 \\ n \cdot fak(n-1) & \text{für} \quad n > 1 \end{cases} \quad ,$$

oder, durch Konstruktoren, ausgedrückt

$$fak \ = \ 1 \sqcup_{\{1\}} (mult \circ (id \times (fak \circ min1)) \circ diag_2) \quad ,$$

bei denen ein Algorithmus für eine Funktion f diese bereits verwendet.

Satz 1.2 *Seien C ein formaler schleifenfreier Algorithmus und $g_1, \ldots, g_n$ Funktionen derart, daß $C(s_1, \ldots, s_k, g_1, \ldots, g_n)$ für $s_1, \ldots, s_k \in \mathcal{F}(M,N)$ eine Funktion aus $\mathcal{F}(M, N)$ definiert. Dann gibt es eine eindeutig bestimmte minimale Funktion $f \in \mathcal{F}(M,N)$ hinsichtlich der $\subset$-Relation, die die folgende Gleichung erfüllt:*

$$f = C(\underbrace{f, \ldots, f}_{k-mal}, g_1, \ldots, g_n) \quad .$$

Beweis:

Seien $f_0 = \emptyset$ die nirgends definierte Abbildung und für $i \geq 0$

$$f_{i+1} = C(f_i, \ldots, f_i, g_1, \ldots, g_n) \quad .$$

Dann gilt $f_i \subset f_{i+1}$. Dies ist trivial für $i = 0$, und folgt für $i > 0$ durch Induktion aus dem vorangehenden Lemma:

$$f_{i-1} \subset f_i \ \Rightarrow \ f_i = C(f_{i-1}, \ldots, f_{i-1}, g_1, \ldots, g_n) \subset C(f_i, \ldots, f_i, g_1 \ldots g_n) = f_{i+1}.$$

Seien $D_i = D(f_i)$ und $D = \bigcup_{i=0}^{\infty} D_i$. Wir definieren $f \in \mathcal{F}(M,N)$ derart, daß $D(f) = D$, und daß $f(m) = f_i(m)$ für $m \in D_i$ (Bild 1.20). Diese Definition hängt nicht von i ab. Für $j < i$ und $m \in D_j \cap D_i$ ist nämlich $f_i(m) = f_j(m)$, da ja $f_i \subset f_i$ gilt. f erfüllt die Gleichung $f = C(f, \ldots, f, g_1, \ldots, g_n)$, denn für $m \in D_i$ ist

$$f(m) = f_i(m) = C(f_{i-1} \ldots, f_{i-1}, g_1, \ldots, g_n)(m) = C(f, \ldots, f, g_1, \ldots, g_n)(m) \quad ,$$

da ja $f_{i-1} \subset f$ und daher $C(f_{i-1}, \ldots, g_n) \subset C(f, \ldots, g_n)$ gilt. Also ist

$$f \subset C(f, \ldots, f, g_1, \ldots, g_n).$$

Andererseits ist für $m \in D(C(f, \ldots, f, g_1, \ldots, g_n))$ auch $m \in D(C(f_p, \ldots, f_p, g_1, \ldots, g_n))$ für ein genügend großes p, also $m \in D_{p+1}$ und daher $D(C(f, \ldots, f, g_1, \ldots, g_n)) = D$, woraus die behauptete Gleichung folgt.

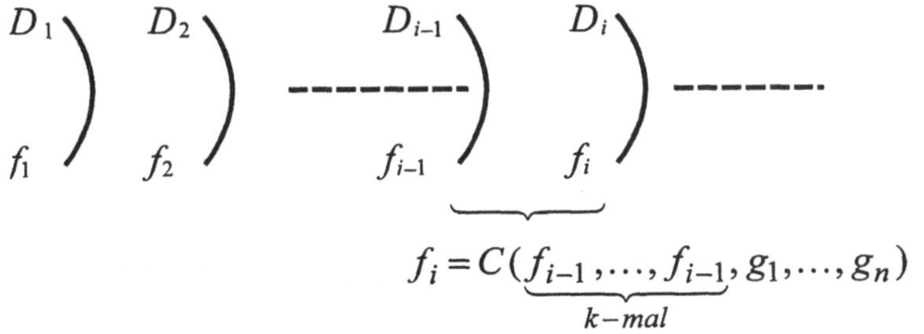

$$D_1 \Big) \quad D_2 \Big) \ \text{------} \ D_{i-1} \Big) \quad D_i \Big) \ \text{------}$$

$$f_1 \qquad f_2 \qquad\qquad f_{i-1} \qquad f_i$$

$$f_i = C(\underbrace{f_{i-1}, \ldots, f_{i-1}}_{k-mal}, g_1, \ldots, g_n)$$

Bild 1.20 Konstruktion von f

Die Minimalität und damit auch Eindeutigkeit von f ergeben sich wie folgt. Ist h eine Funktion mit

$$h = C(h, \ldots, h, g_1, \ldots, g_n) \quad ,$$

so gilt $f_0 = \emptyset \subset h$, und mit $f_i \subset h$ wieder nach Lemma 1.3 auch

$$f_{i+1} = C(f_i, \ldots, f_i, g_1, \ldots, g_n) \subset C(h, \ldots, h, g_1, \ldots, g_n) = h \quad ,$$

also

$$f = \bigcup_0^{\infty} f_i \subset h.$$

q.e.d.

Folgerung:

> *Falls die minimale Lösung f überall definiert ist, gibt es nur eine Funktion f mit*

$$f = C(f, \ldots, f, g_1 \ldots g_n) \quad .$$

Ist nämlich h eine Funktion mit $h = C(h, \ldots, h, g_1, \ldots, g_n)$, so gilt $f \subset h$, also $M = D(f) \subset D(h)$, daher $D(h) = D(f) = M$ und $h = f$.

q.e.d.

Definition 1.12 *Rekursiver Algorithmus*

Sei $f \in \mathcal{F}(M,N)$. Ein k–fach rekursiver Algorithmus für f ist ein formaler schleifenfreier Algorithmus C mit Funktionen $g_1, \ldots, g_n$ derart, daß f die minimale Lösung der folgenden Gleichung ist:

$$f = C(\underbrace{f, \ldots, f}_{k-mal}, g_1, \ldots, g_n) \quad .$$

Für $k = 0$ ergeben sich die schleifenfreien Algorithmen als Spezialfall.

Beispiel 1.13 *Sei wieder*

$$fak \quad = \quad 1 \quad \sqcup_{\{1\}} \; mult \circ (id \times (fak \circ min1)) \circ diag_2 \quad .$$

fak ist also durch einen einfach rekursiven Algorithmus definiert. Es sind hier

$$D_o = \emptyset, \quad D_1 = \{1\}, \; D_i = \{1, \ldots, i\}, \; also \quad D = \bigcup_0^\infty D_i = I\!N .$$

Daher gibt es genau eine Funktion, die die obige Gleichung erfüllt.

1.3.2   Berechenbare Funktionen

In einem rekursiven Algorithmus wird dasselbe, durch den endlichen Konstruktor-Ausdruck C beschriebene Rechenschema wiederholt angewandt, wobei die Anzahl der Wiederholungen von den Eingabedaten abhängt. Zum Beispiel wird die durch den einfach rekursiven Algorithmus

$$f = k \sqcup_a g \circ f \circ h$$

definierte Funktion f_i auf D_i durch die abstrakte Maschine in Bild 1.21 realisiert.

Bei einer physikalischen Realisierung muß die Struktur des abstrakten schleifenfreien Algorithmus nicht notwendig i–fach aufgebaut werden, sondern dieselbe Maschine kann unter Verwendung geeigneter Speicher nacheinander zu i verschiedenen Zeitpunkten verwendet werden. Daher werden wir rekursive Algorithmen als Methode zur Berechnung von Funktionen zulassen.

Definition 1.13 *Berechenbare Funktion*

Eine Funktion $f \in \mathcal{F}(M, N)$ heißt berechenbar über einer Menge $\mathcal{F}_0$ von Funktionen, wenn f durch einen rekursiven Algorithmus

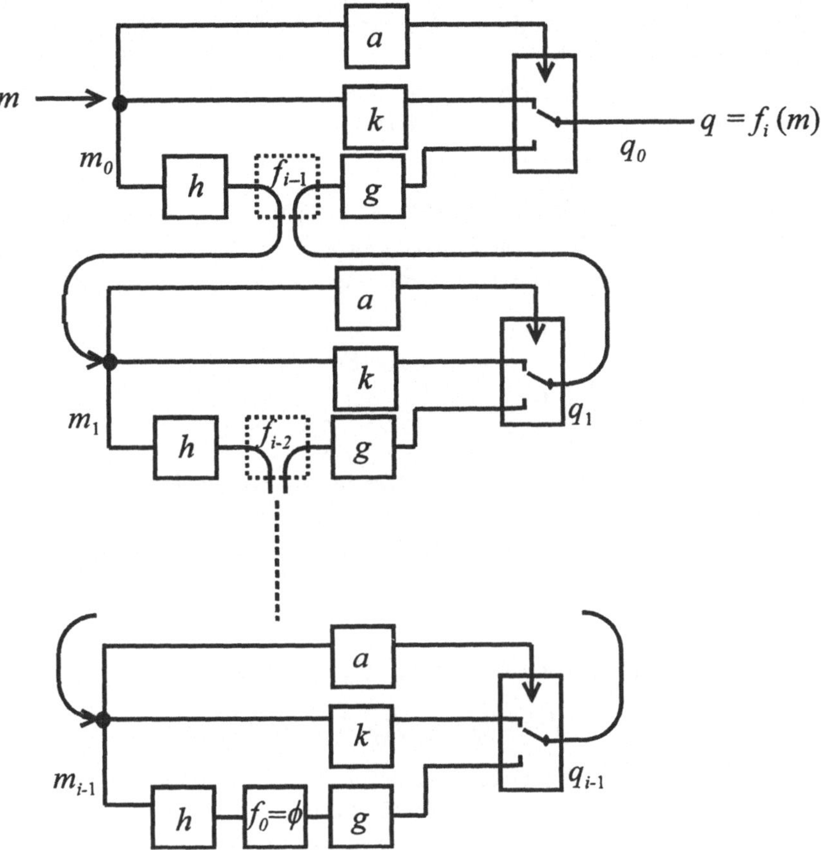

Bild 1.21 Maschine für f_i

$$f = C(f, \ldots, f, g_1 \ldots, g_n)$$

definiert wird, in dem die Funktionen g_i zu $\mathcal{F}_0$ gehören oder selbst aus $\mathcal{F}_0$ berechenbar sind.

Wir lassen also hierarchisch strukturierte Algorithmen zu, deren Bausteinfunktionen nicht notwendig aus $\mathcal{F}_0$ sind, sondern nur selbst aus $\mathcal{F}_0$ berechenbar. Dadurch kann die Rekursion mehrfach als Konstruktionsschritt eingesetzt werden. Die in einem rekursiven Algorithmus vorkommenden Aussagefunktionen (beim Verzweigungskonstruktor) müssen nach obiger Definition ebenfalls über $\mathcal{F}_0$ berechenbar sein. Um überhaupt nicht-triviale, berechenbare Verzweigungsbedingungen zu erhalten, muß $\mathcal{F}_0$ nicht-konstante Aussagefunktionen enthalten. Um uninteressante Sonderfälle auszuschließen, nehmen wir an, daß $\mathcal{F}_0$ die Booleschen Konstanten

$0, 1 \in B$ enthält oder erweitern $\mathcal{F}_0$ entsprechend. Dann sind auch beliebige logische Verknüpfungen berechenbarer Aussagen berechenbar. Die einer berechenbaren Aussage entsprechende Teilmenge wird ebenfalls berechenbar genannt. Die berechenbaren Teilmengen einer Menge M bilden eine Boolesche Unteralgebra von $P(M)$. Ein berechenbares Element von M ist ein Element m, welches als konstante Funktion über $\mathcal{F}_0$ berechenbar ist.

Beispiel 1.14 *Seien* $\mathcal{F}_0 = \{inc, dec, \{0\}, 0\} \subset \mathcal{F}(\mathbb{N}_0, \mathbb{N}_0)$, *wobei* $\mathrm{inc}(n) = n + 1$, $\dec(n) = n - 1$ *für* $n \in \mathbb{N}_0$. *Die Funktionen* $+, -, *, \leq \ \in \mathcal{F}(\mathbb{N}_0^2, \mathbb{N}_0)$ *sowie die Division mit Rest sind berechenbar über* $\mathcal{F}_0$. *Algorithmen für* $+$ *und* $*$ *sind z.B.*

$$+(a,b) = \begin{cases} a & \text{für} \quad b = 0 \\ +(\mathrm{inc}(a), \dec(b)) & \text{für} \quad b \neq 0, \end{cases}$$

$$*(a,b) = \begin{cases} 0 & \text{für} \quad b = 0 \\ +(*(a, \dec b), a) & \text{für} \quad b \neq 0 \end{cases}.$$

Die Aussage $n = 0$ *bzw. die zugehörige Menge* $\{0\}$ *ist als Element von* $\mathcal{F}_0$ *berechenbar, aber auch jede andere einelementige Menge* $\{n\}$, *damit auch jede endliche Teilmenge oder Teilmenge mit endlichem Komplement sowie viele unendliche Teilmengen (z.B. die Teilmenge der geraden Zahlen). Alle* $n \in \mathbb{N}_0$ *sind berechenbar. Es ist nämlich* $0 \in \mathcal{F}_0, 1 = inc \circ 0, 2 = inc \circ inc \circ 0$ *usw.*

Ist $f \in \mathcal{F}(M,N)$ die durch einen rekursiven Algorithmus

$$f = C(f, \ldots, f, g_1, \ldots, g_n)$$

definierte Funktion, so ist der Definitionsbereich $D(f)$ nicht notwendig eine berechenbare Menge, selbst wenn dies für die Definitionsbereiche der $g_1, \ldots g_n$ gelten sollte, d.h., es kann nicht durch einen überall anwendbaren Algorithmus vorausberechnet werden, ob die Rekursion bei einem gegebenen Argument $m \in M$ „abbrechen" wird (die Konstruktion im Beweis von Satz 1.2 liefert jedenfalls keinen solchen Algorithmus). Ebensowenig muß f als Teilmenge von $M \times N$ berechenbar sein, oder der Bildbereich $B(f) \subset N$.

Ist $\mathcal{F}_0$ endlich, so lassen sich mit einer gegebenen Zahl von Konstruktionsschritten einschließlich der Rekursion auch nur endlich viele Funktionen konstruieren, und man erkennt, daß die Menge der über $\mathcal{F}_0$ berechenbaren Funktionen abzählbar ist. Ist $\mathcal{F}_0$ endlich, so gibt es höchstens abzählbar viele berechenbare Elemente in M.

Wie für schleifenfreie Algorithmen können wir für einen rekursiven Algorithmus die Komplexität als die bei der Anwendung auf ein Argument m benötigten Bausteinfunktionen definieren, wobei wir bei Verzweigungen nun aber nur die Rechenschritte im wirklich verwendeten Zweig zählen, und auch Konstanten aus $\mathcal{F}_0$ und logische Verknüpfungen von Aussagen vernachlässigen. Im obigen Beispiel gilt eingeschränkt auf $D_i \backslash D_{i-1}$

$$f = g^i \circ k \circ f^i \qquad\qquad ,$$

d.h., die Komplexität ist datenabhängig (nämlich $= 2i + 1$ auf $D_i \backslash D_{i-1}$) und damit selbst eine Funktion auf $D(f)$. Wir können die Komplexitäten verschiedener Algorithmen für eine Funktion auch nicht mehr auf einfache Weise vergleichen. Für gewisse Eingabedaten mag der eine Algorithmus weniger komplex sein als der andere, für andere umgekehrt. Häufig werden wir uns mit einem asymptotischen Vergleich von Komplexitätsfunktionen begnügen (vgl. Kap. 5.1).

Beispiel 1.15 *Seien $n \in \mathbb{N}$ und $a_1, \ldots, a_n$ und $b_1, \ldots, b_n \in \mathbb{R}$ gegeben. Der n–fach rekursive Algorithmus*

$$f(m) = \begin{cases} b_m & \text{für} \quad m \leq n \\ \sum_{i=1}^{n} a_i f(m-i) & \text{für} \quad m > n \end{cases}$$

über $\mathcal{F}_0 = \{a_1, \ldots, a_n, b_1, \ldots, b_n, +, -, \leq\}$ definiert eine eindeutig bestimmte Funktion $f : \mathbb{N} \to \mathbb{R}$. Für $n = 2, a_1 = a_2 = b_1 = b_2 = 1$ ergibt sich die sogenannte Fibonacci-Funktion (nach L. Fibonacci, ca. 1170 - 1240).

Aus der Definition von f ergibt sich auch für die Komplexitätsfunktion k eine Rekursion, nämlich

$$k(m) = \begin{cases} 1 & \text{für} \quad m \leq n \\ 2n + 1 + \sum_{i=1}^{n} k(m-i) & \text{für} \quad m > n \end{cases} .$$

k wächst monoton mit m. Hiermit erhält man für $r \geq 1$

$$k(rn - i) \geq k((r-1)n + 1) \qquad (\text{alle } i \leq n)$$

und daher

$$k(rn + 1) \geq n \cdot k((r-1)n + 1) \ldots \geq n^r k(1) \qquad ,$$

d.h., die Komplexität des r-fach rekursiven Algorithmus wächst exponentiell. Er läßt sich jedoch in einen einfach rekursiven Algorithmus geringerer Komplexität transformieren. Sei

$$F(m) = \begin{cases} (b_1, \ldots, b_n) & \text{für} \quad m = 0 \\ A(F(m-1)) & \text{für} \quad m \neq 0 \end{cases}$$

mit

$$A(m_1, \cdots, m_n) = (m_2, \cdots, m_n, \sum_{i=1}^{n} a_i m_{n-i}) \qquad .$$

Dann ist für $m > n$

$$f(m) = p_n(F(m-n)),$$

(d.i. die n–te Komponente von $F(m-n)$). Offenbar ist $F(m-n) = A^{m-n}(b_1, \ldots, b_n)$, so daß die Komplexität hier nur $(m-n) \cdot (2n-1)$ beträgt und somit linear wächst. Programmtechnisch entspricht dem Übergang auf die vektorwertige Funktion F die Einführung von Variablen zur Speicherung der $f(n-i)$ für $i = 1, \ldots, n$.

In der Anweisungsformulierung (vgl. 1.2.2) unterscheiden wir die Benennung der Daten an den Ein- und Ausgängen der Bausteine einer rekursiven (Teil-)Funktion durch eine geeignete Indizierung. Für die einfache Rekursion in Bild 1.17 kann die Rekursionstiefe als Index verwendet werden, und man erhält die Anweisungsform

$$\begin{aligned}
\text{falls} \quad & a(m_i), \quad & q_i \;\; &= k(m_i) \\
\text{falls} \quad & \neg a(m_i), \quad & m_{i+1} &= h(m_i), \quad q_i = g(q_{i+1}).
\end{aligned}$$

Durch die Indizierung sind dies unendliche Familien von Anweisungen, wie es ja auch dem beliebig fortgesetzten Diagramm in Bild 1.17 entspricht. Für ein gegebenes $m_0 \in D(f)$ werden durch die Bedingungen aber nur endlich viele zur Ausführung selektiert, um das Ergebnis q_0 zu erhalten.

Wie im schleifenfreien (nicht indizierten) Fall kann eine Anweisung erst ausgeführt werden, nachdem die darin vorkommenden Argumente berechnet worden sind. Die Komplexität ist gleich der Anzahl der für die Berechnung des Resultates selektierten Anweisungen. Die Anweisungen werden auf den gängigen Rechnern (s. Kap. 3) nacheinander ausgeführt, wobei die m_i, q_i zwischengespeichert werden. Für die m_i, q_i kann dieselbe Speicherstruktur verwendet werden, die dann der Reihe nach durch $m_0, m_1, \ldots, m_{r-1}, q_{r-1}, q_{r-2}, \ldots, q_0$ belegt wird, wenn $m_0 \in D_r \backslash D_{r-1}$ galt. Die m_i, q_i mit $i \geq r$ werden nicht berechnet. Der Index des gerade gespeicherten Wertes wird gewöhnlich in einer Zählvariablen gespeichert.

Weiteres Material zur Berechenbarkeit durch rekursive Funktionen und zu den äquivalenten Berechenbarkeitsbegriffen findet man etwa in [EL88].

1.3.3 Verifikation von Algorithmen

Häufig soll eine Funktion durch einen anderen (z.B. weniger komplexen) Algorithmus berechnet werden als durch den, der zu ihrer Definition verwendet wurde, oder es wurde eine nicht-algorithmische Definition oder Charakterisierung verwendet. In diesen Fällen muß nachgewiesen werden, daß der zu verwendende Algorithmus wirklich die gewünschte Funktion berechnet. Eine Technik hierzu liefert die Eindeutigkeitsaussage des Rekursionssatzes:

Um nachzuweisen, daß eine Funktion g identisch mit der durch eine Rekursion definierten minimalen Funktion f ist, ist es zu zeigen, daß auch g Lösung der Rekursion ist, und daß beide denselben Definitionsbereich haben. Letzteres ergibt sich automatisch, wenn f total ist.

Beispiel 1.16 *Sei $f \in \mathcal{F}(\mathbb{N}, \mathbb{N})$ definiert durch die Rekursion*

$$f(n) = \begin{cases} 1 & \text{für} \quad n = 1 \\ n + f(n-1) & \text{für} \quad n \neq 1 \end{cases}.$$

Man bestätigt leicht, daß $D_i = \{1, \ldots, i\}$ gilt und damit, daß f total ist und daß $f(i) = \sum_1^i j$. Ein schneller Algorithmus für f geht auf C. F. Gauß (1777-1855) zurück:

$$f(n) \quad = \quad n \cdot \frac{(n+1)}{2}.$$

Dies wird dadurch verifiziert, daß die Funktion g mit

$$g(n) \quad = \quad n \cdot \frac{(n+1)}{2}$$

als Lösung der Rekursion nachgewiesen wird. Es gilt tatsächlich $g(1) = 1$, und für $n > 1$

$$g(n) = n + n \cdot \frac{(n-1)}{2} = n + g(n-1).$$

Diese Verifikation ist offenbar identisch mit dem Beweis der Formel durch vollständige Induktion.

Beispiel 1.17 *Für $a, b \in \mathbb{N}$ bedeutet die Relation $a \mid b$ (a „teilt" b), daß es ein $c \in \mathbb{N}$ gibt, so daß $b = a \cdot c$. Für beliebige $b \in \mathbb{N}$ gilt $1 \mid b$ und $b \mid b$, und für jedes $a \in \mathbb{N}$ mit $a \mid b$ gilt auch $a \leq b$. Für $m, n \in \mathbb{N}$ definieren wir*

$$\mathrm{ggT}\,(m, n) = max\{a \in \mathbb{N} \mid a \mid m \text{ und } a \mid n\}$$

Die gemeinsame Teilermenge, über die das Maximum gebildet wird, enthält 1 und ist endlich (nämlich durch m beschränkt), so daß $ggT\,(m,n)$ für alle (m,n) definiert und ggT eine totale Funktion ist.

Zur Berechnung der ggT-Funktion kann der Euklidische Algorithmus (nach dem griechischen Mathematiker Euklid, 300 v. Chr.) verwendet werden, der eine Funktion g durch die Rekursion

$$g(m, n) = \begin{cases} m & \text{falls} \quad m = n \\ g(h(m,n)) & \text{falls} \quad m \neq n \end{cases}$$

definiert, wobei

$$h(m,n) = \begin{cases} (m - n, n) & \text{für} \quad m > n \\ (m, n - m) & \text{für} \quad m < n. \end{cases}$$

Es gilt $max(h(m,n)) < max(m,n)$, und man bestätigt leicht, daß

$$D(g) \;=\; \{(m,n) \mid \exists i \geq 0, a \in \mathbb{N} \text{ mit } h^i(m,n) = (a,a)\} = \mathbb{N} \times \mathbb{N}.$$

Um also nachzuweisen, daß $g = ggT$ gilt, ist zu zeigen, daß die ggT-Funktion auch die Rekursion erfüllt. Nun ist

$$\mathrm{ggT}\,(m,m) = max\{a \mid a \mid m\} = m \quad,$$

und für $m > n$ gilt die Äquivalenz

$$a \mid m \text{ und } a \mid n \;\Leftrightarrow\; a \mid m \text{ und } a \mid m-n \quad,$$

also auch

$$max\{a \mid a \mid m \text{ und } a \mid n\} = max\{a \mid a \mid m \text{ und } a \mid m-n\}\,.$$

Damit gilt

$$\mathrm{ggT}(m,n) \;=\; \mathrm{ggT}(h(m,n))$$

für $m > n$. Für $m < n$ zeigt man dies entsprechend.

In der Anweisungsform lautet der ggT-Algorithmus mit den Eingaben a_i, b_i und dem Resultat r_i im i-ten Rekursionsschritt

$$\text{falls}\, a_i = b_i,\; r_i = a_i$$
$$\text{falls}\, a_i \neq b_i,\; r_i = r_{i+1}, (a_{i+1}, b_{i+1}) = h(a_i, b_i) \quad.$$

Die identischen Zuweisungen $r_i = r_{i+1}$ lassen sich eliminieren:

$$\text{falls}\quad a_i = b_i, \quad r_0 = a_i$$
$$\text{falls}\quad a_i \neq b_i, \quad (a_{i+1}, b_{i+1}) = h(a_i, b_i)\,.$$

Allgemeiner übersetzt sich eine Rekursion der speziellen Form

$$g(x) = \left\{ \begin{array}{ll} f(x) & \text{falls} \quad a(x) \\ g(h(x)) & \text{falls} \quad \neg a(x) \end{array} \right.$$

(eine sogenannte Endrekursion) in eine „Programmschleife" der Form

$$\text{falls}\quad a(x_i), \quad r_0 \;\;= \;\; f(x_i)$$
$$\text{falls}\quad \neg a(x_i), \quad x_{i+1} \;= \;\; h(x_i) \quad,$$

in der bis zum Erreichen einer Abbruchbedingung a dieselbe Operation h iteriert wird. Um an der Anweisungsform eines solchen rekursiven Algorithmus zu verifizieren, daß eine gewünschte Funktion G berechnet wird (hier die Funktion ggT), ist wieder zu zeigen, daß G die Rekursion erfüllt, daß also

$$\text{falls } a(x), \quad G(x) = f(x) \qquad \text{und}$$
$$\text{falls } \neg a(x), \ G(x) = G(h(x)) \qquad \text{gilt.}$$

Ein unter der Wirkung der Schleifenoperation h erhaltener Wert (hier $G(x)$) wird als Schleifeninvariante bezeichnet. Zu zeigen, daß die durch die Rekursion definierte Funktion überall definiert ist, bedeutet ferner, daß die Schleife für beliebig vorgegebenes x_0 abbricht, indem nach wiederholter Anwendung von h das resultierende x_i schließlich die Bedingung a erfüllt.

1.3.4   Operativ definierte Mengen

Neben den erwähnten Möglichkeiten, Mengen zu definieren (durch Aufzählung, durch eine Charakterisierung ihrer Elemente, durch Konstruktionen wie Kartesische Produkte), können Mengen auch durch die in Algorithmen zu verwendenden Grundoperationen und deren Eigenschaften (Axiome) beschrieben werden, also dadurch, daß man festlegt, wie man mit ihnen „umgeht", anstatt zu erklären, was ihre Elemente „sind". Mit den Grundoperationen lassen sich Algorithmen aufstellen, auch ohne über eine Beschreibung ihrer Elemente zu verfügen. Die Axiome drücken aus, daß gewisse dieser Algorithmen dieselben Funktionen definieren (vgl. etwa die Axiome der Booleschen Algebra). Tatsächlich lassen sich gewisse Elemente auch wieder aus den konstruierbaren Algorithmen zurückgewinnen, nämlich die Werte berechenbarer Konstanten. Ist $\mathcal{F}_0$ eine Menge von Funktionen auf oder mit Werten in einer Menge S oder hiermit gebildeten Kartesischen Produkten und enthält $\mathcal{F}_0$ konstante Funktionen aus S, so definiert $\mathcal{F}_0$ eine Teilmenge berechenbarer Konstanten von S. Die Menge S wird durch $\mathcal{F}_0$ und die die Gleichheit von Konstanten beschreibenden Axiome eindeutig charakterisiert, wenn man zusätzlich fordert,

- daß alle Elemente von S berechenbar sein sollen und

- daß keine anderen Identitäten als die aus den Axiomen folgenden gelten sollen.

Aus den Axiomen „folgen" dabei weitere Identitäten, indem man verschiedene Algorithmen für dieselbe Funktion in wieder andere Algorithmen einsetzt (vgl. etwa den Beweis von Lemma 1.1). Wir bezeichnen eine in diesem Sinne durch Operationen und Axiome definierte Menge als operativ definiert, da sie als Abstraktion denkbarer Algorithmen erklärt wird. Diese Vorstellung läßt sich auch leicht durch eine mathematische Konstruktion präzisieren. Man betrachte die Menge der über den gegebenen Operationen formulierbaren Algorithmen für Konstanten in S und auf dieser die (Äquivalenz–)Relation, dieselbe Konstante zu definieren. S „ist" dann die Menge von Klassen äquivalenter Algorithmen. Diese Überlegung liefert auch einen allgemeinen Ansatz zur Codierung operativ definierter Mengen. Unter möglichem Verzicht auf die Eindeutigkeit von Codes für die Elemente von S kann nämlich eine Codierung für die zugehörigen Algorithmen verwendet werden. Der Nachweis, daß dann zwei Codes dasselbe Element von S darstellen, entspricht dann allerdings einer Verifikation aus den Axiomen, daß die zugehörigen Algorithmen dieselbe Funktion definieren.

Zusätzlich zu den in einer operativen Definition verwendeten Grundoperationen kann es weitere, aus ihnen abgeleitete Grundoperationen geben, z.B. die Umkehrung einer implizit, aufgrund fehlender Identitäten als injektiv angenommenen konstruierenden Operation. In einem solchen Fall macht die geforderte Existenz einer Umkehroperation diese Injektivität explizit. Operative Definitionen mit gegebenenfalls weiteren abgeleiteten Grundoperationen werden uns in Kap. 4 als sogenannte abstrakte Datentypen wiederbegegnen.

Beispiel 1.18 $\mathbb{N}_0$, *die Menge der natürlichen Zahlen einschließlich der Null, wird operativ definiert durch*

- *eine Konstante* $0 \in \mathbb{N}_0$

- *eine Funktion* $inc : \mathbb{N}_0 \to \mathbb{N}_0$

Die über $\mathcal{F}_0 = \{0, inc\}$ *berechenbaren konstanten Funktionen sind* 0, $inc \circ 0$, $inc \circ inc \circ 0, \ldots$, *die zugehörigen Werte in* $\mathbb{N}_0$ *sind* $0, inc(0), inc(inc(0)) \ldots$ *Da keine Axiome gefordert werden, sind diese Werte paarweise verschieden, entsprechen daher umkehrbar eindeutig den konstanten Algorithmen* $inc \circ \ldots inc \circ 0$ *und durchlaufen die gesamte Menge* $\mathbb{N}_0$. *Insbesondere ist* $inc : \mathbb{N}_0 \to \mathbb{N}_0$ *injektiv, und* $inc(x) \neq 0$ *für alle* $x \in \mathbb{N}_0$ *(man vergleiche mit den Axiomen von Peano, 1858-1932, für die natürlichen Zahlen [MA93]).*

Weitere Operationen auf $\mathbb{N}_0$ *lassen sich mit Hilfe der Grundfunktion charakterisieren oder auch über Algorithmen auf der Menge der konstanten Algorithmen berechnen. Die Funktion*

$$dec : \mathbb{N}_0 \to \mathbb{N}_0$$

wird z.B. charakterisiert durch die Gleichungen

$$dec \circ inc = id \qquad oder \quad dec(inc(n)) = n \quad für \quad alle \quad n \in \mathbb{N}_0.$$

Da inc injektiv ist, definiert dies eine Funktion dec auf der Bildmenge von inc. Auf der Menge der konstanten Algorithmen läßt sich eine entsprechende Funktion $\widetilde{dec}$ *auch algorithmisch definieren:*

$$\widetilde{dec}(a) = r(a) \quad falls \quad a = inc \circ r(a)$$

$r(a)$ *ist also als der rechte Operand des ersten Konstruktors in einem Algorithmus* a *definiert. In einer zusammengefaßten Schreibweise ist*

$$\widetilde{dec}(inc \circ a) = a \quad .$$

Beispiel 1.19 *Als weiteres Beispiel für eine operativ definierte Menge* S, *die uns in 4.2.4 als der Datentyp „Stack" wiederbegegnen wird, betrachten wir für eine gegebene Menge* D *die Funktionenmenge*

$$\mathcal{F}_0 = \{L, a\} \quad ,$$

wobei L eine Konstante aus S und a diesmal eine Funktion

$$a : S \times D \to S$$

sind. Wir fordern wieder keine Axiome und erhalten somit

(1) die Injektivität von a

(2) $a(L, d) \neq L$ für alle $d \in D$.

Man erhält dann alle berechenbaren Elemente von S in der Form

$$a(\ldots(a(a(L, d_1)d_2), \ldots), d_n),$$

wobei $d_1, \ldots, d_n$ beliebige Elemente von D sind. Falls D nur ein Element enthält, kann $S \times D$ mit S identifiziert werden, und man erhält als Sonderfall die operative Definition von $\mathbb{N}_0$ zurück.

Eine explizite Definition einer Menge S durch eine mengentheoretische Konstruktion und von Operationen L, a mit den geforderten Eigenschaften ist wie folgt:

$$S = D^* = \bigcup_0^\infty D^i,$$
$$L = (\,) \in D^0,$$

$$a((d_1, \ldots, d_n), d) = (d_1, \ldots, d_n, d) \quad .$$

Wie im vorangehenden Beispiel können wir eine Abbildung

$$d : S \to S \times D$$

definieren durch

$$d \circ a = id_{S \times D} \quad .$$

In der expliziten Form für S ist d gegeben durch

$$d(d_1, \ldots, d_n) = ((d_1, \ldots d_{n-1}), d_n).$$

Die operative Definition von S macht die explizite und etwas willkürliche mengentheoretische Konstruktion überflüssig.

Beispiel 1.20 *Wir beschließen dieses Kapitel mit einer operativen Definition der Menge $P_e(M)$ der endlichen Teilmengen einer vorgegebenen Menge M.*

Konstanten: $L \in P_e(M)$ *die „leere" Teilmenge*

Operationen: $i : M \times \mathcal{P}_e(M) \to P_e(M)$ *„Inklusion" eines Elementes m in eine Teilmenge N ergibt die Teilmenge $i(m, N) = \{m\} \cup N$*

Axiome: $i(m, i(m, N)) = i(m, N)$
                 $i(m', i(m, N)) = i(m, i(m', N)).$

Aufgrund der Axiome können verschiedene konstante Algorithmen dieselbe Teilmenge definieren. Das zweite drückt z.B. aus, daß die Reihenfolge der Einfügungen ohne Einfluß auf die konstruierte Teilmenge ist.

Weitere Operationen auf $P_e(M)$ können nach Bedarf unter Bezug auf L und i definiert werden, z.B. die Inklusionsrelation $A \subset B$ auf $P_e(M)$ durch

$$(i) \quad A \subset i(m, A) \quad und$$
$$(ii) \quad A \subset B, B \subset C \Rightarrow A \subset C \quad ,$$

die Vereinigung $\cup: P_e(M) \times P_e(M) \to P_e(M)$ durch

$$(i) \quad N \cup L = N$$
$$(ii) \quad N \cup i(m, N') = i(m, N \cup N')$$
$$(iii) \quad N \cup N' = N' \cup N$$

und die $\in$-Relation als Aussagefunktion auf $M \times P_e(M)$ durch

$$\varepsilon(m, L) \quad = \quad 0$$
$$\varepsilon(m, i(q, N)) \quad = \quad \begin{cases} 1 & \text{falls } m = q \\ \varepsilon(m, N) & \text{sonst} \end{cases} \quad .$$

Unendliche Teilmengen, insbesondere die Komplemente von endlichen in einer unendlichen Menge M, können nicht aus L und i konstruiert werden.

Zusammenfassung

Komplexe Funktionen können aus Funktionsbausteinen zusammengesetzt werden. Eine solche Konstruktion ist Algorithmus genannt worden. Rekursive Algorithmen liefern besonders knappe Beschreibungen solcher Konstruktionen, in der ein Grundschema vielfach wiederholt wird. In der Analogie von Funktionen und Maschinen beschreibt ein Algorithmus die Konstruktion einer Maschine aus Bausteinen. Für jede Boolesche Funktion läßt sich systematisch eine Konstruktion aus Gatterbausteinen aufstellen, die eine Maschine für sie ergibt. Dies läßt sich auch für allgemeine Funktionen nutzen, wenn wir ihre Definitions- und Bildbereiche binär codieren. Mengen lassen sich statt durch eine Beschreibung ihrer Elemente auch durch die Eigenschaften der darauf operierenden Funktionsbausteine charakteriesieren, z.B. die natürlichen Zahlen durch die Konstante $\emptyset$ und eine Grundfunktion *inc*, die bei wiederholter Anwendung immer neue Konstanten liefert.

Übungsaufgaben zu Kapitel 1

1. Seien M eine Menge und K, L Teilmengen von M mit $K \cap L = M$. Zeigen Sie, daß dann die Abbildung

$$f: \quad P(M) \quad \to \quad P(K) \times P(L)$$
$$U \quad \mapsto \quad (U \cap K, U \cap L)$$

bijektiv ist.

2. Für Relationen $R \subset M \times N, S \subset N \times P$ und $T \subset P \times Q$ definiere man

$$S \quad \circ \quad R \quad = \quad \{(m,p) \in M \times P \mid \text{ex.}\, n \in N : (m,n) \in R \text{ und } (n,p) \in S\}$$
$$R \quad \times \quad T \quad = \quad \{(m,p,n,q) \in M \times P \times N \times Q \mid (m,n) \in R, (p,q) \in T\}.$$

Man zeige, daß sich für den Fall von Funktionen die Definitionen in 1.2.1 ergeben, verallgemeinere auch die Verzweigung auf Relationen und gebe schließlich eine Definition schleifenfreier Algorithmen für Relationen.

3. Stellen Sie die folgende Funktion $q \in \mathcal{F}(B^3, B)$ in disjunktiver und konjunktiver Normalform dar.

$$q(b_1, b_2, b_3) = (b_1 \wedge (\overline{b_2 \vee b_2})) \vee (((b_1 \wedge b_2) \vee \overline{b_3}) \wedge b_1).$$

4. Minimieren Sie nach dem Verfahren von Quine und McCluskey die Funktionen

    a) $q = 0000 \vee 0001 \vee 0011 \vee 0100 \vee 0111 \vee 1000 \vee 1001 \vee 1100 \vee 1110 \vee 1111$

    b) $p = 0000 \vee 0010 \vee 0011 \vee 0100 \vee 0110 \vee 0111 \vee 1001 \vee 1011$.

5. Sei b die durch

$$b(n,m) = \begin{cases} 1 & \text{für } n = m = 0 \\ 0 & \text{für } n = 0, m \neq 0 \\ b(n-1, m-1) + b(n-1, m) & \text{sonst} \end{cases}$$

definierte Funktion, die das sogenannte Pascal'sche Dreieck der Binomialkoeffizienten beschreibt, und sei

$$g(n) \quad = \quad \sum_{i=0}^{n} b(n,i) \qquad \text{für } n \in \mathbb{N}_0.$$

Verifizieren Sie, daß g durch den rekursiven Algorithmus

$$g(n) = \begin{cases} 1 & \text{für } n = 0 \\ 2 \cdot g(n-1) & \text{sonst} \end{cases}$$

berechnet werden kann.

6. Erweitern Sie den Euklidischen Algorithmus zu einem Algorithmus für eine Funktion

$$G \quad : \quad \mathbb{N} \times \mathbb{N} \quad \to \mathbb{N} \times \mathbb{Z} \times \mathbb{Z}$$
$$(m,n) \quad \mapsto (g, k, l) \quad ,$$

so daß $g = \text{ggT}(m,n) = km + ln$ gilt, der ggT von n, m also als Vielfachsumme von n und m dargestellt wird.

2 Arithmetik und spezielle Funktionen

In diesem Kapitel werden nun verschiedene Codierungsarten für Zahlmengen und zugehörige Versionen der arithmetischen Operationen behandelt als die Voraussetzung dafür, Maschinen für Rechnen mit Zahlen konstruieren zu können. Die aus der Mathematik geläufigen Zahlbereiche $\mathbb{N}_0 \subset \mathbb{Q} \subset \mathbb{R} \subset \mathbb{C}$ sind alle unendlich, so daß die Technik der Realisierung von Funktionen auf endlichen Codemengen hierfür nicht ausreicht bzw. nur für endliche Teilmengen von Zahlen einsetzbar ist. Neben den Elementaroperationen werden auch spezielle reelle Funktionen wie $\sqrt{\ }$, oder sin, cos und ihre Realisierungen durch geeignete Rechneralgorithmen betrachtet. Es zeigt sich, daß bereits die Codierung und Arithmetik reeller Zahlmengen problematisch ist und Arithmetik und spezielle Funktionen nur approximativ realisiert werden können.

2.1 Zahlen und ihre Codierung

2.1.1 Polyadische Codes

Wir beginnen mit der gängigsten Form der Codierung auf $\mathbb{N}_0$, der polyadischen. Für $m \in \mathbb{N}$ sei wieder

$$I_m = \{0, \cdots, m-1\} \quad .$$

Sei $b \in \mathbb{N}, b \geq 2$ gegeben. Wir nennen das ganzzahlige Intervall I_b auch die Ziffernmenge zur Basis b. Die n–stellige polyadische Codierung zur Basis b für die Zahlmenge I_{b^n} durch n-Tupel von Ziffern aus I_b ist das Abbildungspaar (vgl. Beispiel 1.6 für den Fall $b = 2$)

$$\begin{aligned}
\nu_n &: \quad I_{b^n} \to I_b^n \qquad &\text{(Codierfunktion)} \\
\omega_n &: \quad I_b^n \to I_{b^n} \qquad &\text{(Decodierfunktion)}
\end{aligned}$$

mit

$$\omega_n(c_0, \ldots, c_{n-1}) = \sum_{i=0}^{n-1} c_i b^i \quad \text{und} \quad \nu_n = \omega_n^{-1} \quad .$$

ω_n ist bijektiv und ν_n ist ihre Umkehrfunktion. Um ν_n direkt zu beschreiben, also zu $m \in I_{b^n}$ die Ziffern c_i der polyadischen Codierung anzugeben, benötigen wir eine wichtige Grundoperation auf $\mathbb{Z}$, die Division mit Rest [MA93].

Lemma 2.1 *Für $s \in \mathbb{N}, m \in \mathbb{Z}$ gibt es eindeutig bestimmte Zahlen $r(m,s) \in I_s$, $q(m,s) \in \mathbb{Z}$ mit $m = q(m,s)s + r(m,s)$. Für $m \in \mathbb{N}_0$ ist auch $q(m,s) \in \mathbb{N}_0$.*

Algorithmen für die Funktionen q und r auf $\mathbb{N}_0 \times \mathbb{N}$ sind

$$r(m,s) = \begin{cases} m & \text{für} \quad m < s \\ r(m-s,s) & \text{für} \quad m \geq s \end{cases}$$

$$q(m,s) = \begin{cases} 0 & \text{für} \quad m < s \\ 1 + q(m-s,s) & \text{für} \quad m \geq s. \end{cases}$$

Die Ziffern der polyadischen Codierung lassen sich wie folgt beschreiben, wie man aus der Formel für ω_n abliest.

Lemma 2.2 *Ist $c = (c_0,\ldots,c_{n-1})$ der n-stellige polyadische Code einer Zahl $m \in I_{b^n}$ zur Basis b, also $c = V_n(m)$, so gilt für $0 \leq i \leq n-1$ und speziell für $i = 0$*

$$\begin{aligned} c_i &= r(q(m,b^i),b), \\ c_0 &= r(m,b) \qquad . \end{aligned}$$

Beispiel 2.1 *Sei $b = 10$. Wenn wir das n–Tupel $c = (c_0,\ldots,c_{n-1})$ in der Form $c_{n-1}\, c_{n-2}\ldots c_1 c_0$ als Zahlwort schreiben, ergibt sich die gewöhnliche Dezimalschreibweise für natürliche Zahlen, wobei dann allerdings die bei kleinen Zahlen auftretenden führenden Nullen fortgelassen werden.*

Die dezimale Codierung (und die daraus abgeleiteten Fest- und Fließkommaformate, s. 2.1.4 und 2.1.5) ist die gängigste Codierung für Zahlen, so gängig, daß bisweilen der Unterschied zwischen Zahlen und Codes kaum wahrgenommen wird. Sie bildet auch die Grundlage für die Ein- und Ausgabecodierung der Rechnerdaten. Für die Ziffern werden k–stellige Binärcodes definiert, und für n-stellige Dezimalzahlen durch Aneinanderhängen der Codes ihrer Ziffern $n \cdot k$–stellige Codes. Üblich sind die sogenannte ASCII-Codierung für Ziffern (und andere Zeichen) mit $k = 7$ oder 8 und die BCD-Codierung (binary coded digits) mit $k = 4$, bei der eine Ziffer durch den 4-stelligen polyadischen Code ihres Wertes zur Basis $b = 2$ codiert wird.

Beispiel 2.2 *Sei $b = 2$. Hier ist $I_2 = B = \{0,1\}$ und ν_n eine Abbildung*

$$\nu_n: \quad I_{2^n} \quad \rightarrow \quad B^n \quad ,$$

so daß wir eine binäre Codierung erhalten (vgl. Beispiel 1.6). Binäre Zahlworte werden ebenfalls in der Form $c_{n-1}\ldots c_0$ geschrieben. Die Stellen einer Binärzahl, allgemeiner eines Binärcodes, werden auch als Bits (binary digits) bezeichnet.

Die binäre Codierung ist die auf Digitalrechnern übliche polyadische Codierung, da Operation auf den Codes dann Boolesche Funktionen sind. Binäre Codes werden allerdings erst auf dem Rechner aus den dezimalen Eingabecodes berechnet bzw. zur Ausgabe wieder in Dezimalcodes konvertiert. Die Formel für c_i liefert die Umrechnungsvorschrift zwischen Binär- und Dezimalzahlen.

$$\begin{array}{llll} \textit{dezimal:} & \textit{13} & \textit{binär:} & \textit{1101} \\ & \textit{16} & & \textit{10000} \\ & \textit{100} & & \textit{1100100} \end{array}$$

Sei b wieder beliebig. Der Inklusion $I_{b^n} \subset I_{b^{n+1}} \subset \ldots \mathbb{N}_0$ entspricht für die zugehörigen $n-$ bzw. $n+1$-stelligen Codes die Abbildung

$$I_b^n \quad \to \quad I_b^{n+1}$$

$$(c_0, \ldots, c_{n-1}) \mapsto (c_0, \ldots, c_{n-1}, 0).$$

Da $\mathbb{N}_0 = \bigcup_n I_{b^n}$ gilt, sind für jede Zahl $m \in \mathbb{N}_0$ polyadische Codes definiert, die sich untereinander nur durch führende Nullen unterscheiden. Die minimal benötigte Stellenzahl ergibt sich als kleinste Zahl $n \in \mathbb{N}$ mit $n > log_b m$. Um unabhängig von der Wortlänge zu sein, können wir auch jeder Zahl $m \in \mathbb{N}_0$ die unendliche Folge der c_i nach obiger Formel zuordnen. Für $i > log_b m$ ist dann $c_i = 0$.

Sei $(c_0, \ldots, c_{n-1})$ ein polyadischer Code der Zahl m zur Basis b, also

$$m = \sum_{i=0}^{n-1} c_i b^i \quad .$$

Dann läßt sich hieraus für $k \in \mathbb{N}$ die Codierung $(d_0, \ldots, d_{n'-1})$ zur Basis b^k mit

$$m = \sum_{i=0}^{n'-1} d_i b^{k \cdot i}$$

erhalten. Es ist nämlich

$$d_i = \sum_{j=0}^{k-1} c_{i \cdot k + j} b^j \in I_{b^k},$$

was zugleich die k-stellige polyadische Darstellung der d_i zur Basis b liefert. Insbesondere ist

$$d_0 = \sum_{j=0}^{k-1} c_j b^j = r(m, b^k).$$

Die Speicher moderner Rechner bestehen aus Zellen zu je 8, 16 oder 32 bits (1, 2 oder 4 „Bytes"). Zahlen werden dann zur Basis $2^8, 2^{16}$ oder 2^{32} dargestellt, wobei benachbarte Ziffern in benachbarten Zellen abgelegt werden. Die Bits innerhalb einer Zelle sind dann die Binärcodes der Ziffern.

2.1.2 Polyadische Arithmetik

Die arithmetischen Operationen $+, *$ auf $\mathbb{N}_0$ lassen sich in Versionen $\dot{+}, \dot{*}$ auf den Codemengen I_b^n oder auch auf den unendlichen Ziffernfolgen $(c_i)_{i \in \mathbb{N}_0}$ übertragen. Für $b = 2$ sind dies Binärformen im Sinne von Defintion 1.9. I_{b^n} ist nicht abgeschlossen unter $+$ und $*$, sondern es gilt $I_{b^n} + I_{b^n} \subset I_{b^{n+1}}, \quad I_{b^n} \cdot I_{b^n} \subset I_{b^{2n}}$. Für

$$m = \sum_{i=0}^{n-1} c_i b^i \quad m' = \sum_{i=0}^{n-1} c_i' b^i \in I_{b^n}$$

ist

$$m + m' = \sum_{i=0}^{n-1}(c_i + c_i')b^i \quad = \sum_{i=0}^{n} r(c_i + c_i' + q_{i-1}, b)b^i,$$

wobei

$$q_i = q(c_i + c_i' + q_{i-1}, b)$$

der Übertrag in die $(i{+}1)$–te Stelle ist, und $c_n = c_n' = q_{-1} = 0$. Für n Stellen sind n Reste und n Überträge zu berechnen. Die Komplexität wächst somit linear mit n.

Die Multiplikation ist aufwendiger:

$$m \cdot m' = (\sum_i c_i b^i)(\sum_j c_j' b^j) = \sum_i \sum_j c_i c_j' b^{i+j} = \sum_{k=0}^{2n-1}(\sum_{j=0}^{k} c_j c_{k-j}')b^k \quad ,$$

wobei wieder Überträge in die höheren Stellen entstehen. Sind m und m' n–stellig, so sind n^2 Ziffernprodukte zu bilden und zu addieren, sowie Reste und Überträge von $2n$ Teilsummen. Die Komplexität wächst so quadratisch mit n (vgl. hierzu Kap. 5.2.1).

Seien $S = \bigcup_{n \in \mathbb{N}} I_b^n$ die Menge der polyadischen Codes zur Basis b und a_2, h und t die Abbildungen

$$\begin{array}{llll}
a_2 & : & S \times I_b^2 \to S & , \quad ((c_0,\ldots,c_{n-1}),(d,e)) \mapsto (c_0,\ldots,c_{n-1},d,e) \\
h & : & S \to I_b & , \quad (c_0,\ldots,c_{n-1}) \mapsto c_{n-1} \\
t & : & S \to S & , \quad (c_0,\ldots c_{n-1}) \mapsto (c_0,\ldots,c_{n-2}) \quad .
\end{array}$$

Mit ihnen können wir, etwas umständlich, die arithmetischen Operationen auf S als rekursive Algorithmen formulieren. Der Additionsalgorithmus ist z. B.

$$c \tilde{+} c' = \begin{cases} \nu_2(c + c') & \text{falls} \quad c, c' \in I_b \\ a_2(\,t(t(c)\tilde{+}t(c')),\ \nu_2(h(t(c)\tilde{+}t(c')) + h(c) + h(c')) \end{cases}$$

Ein wichtiger Vorteil der polyadischen Codierung ν_n besteht darin, daß auch die Version $\tilde{\leq}$ der Vergleichsoperation $\leq$ als Aussagefunktion auf $\mathbb{N}_0 \times \mathbb{N}_0$ auf den Codes einen einfachen Algorithmus hat.

$$\tilde{\leq}(c,c') = \begin{cases} \leq (h(c),h(c')) & \text{falls} \quad c,c' \in I_b^n \text{ und } h(c) \neq h(c'), \text{ oder } c,c' \in I_b \\ \tilde{\leq}(t(c),t(c')) & \text{falls} \quad h(c) = h(c') \end{cases}$$

Diese Anordnung der Codemenge wird lexikographisch genannt, da hierdurch die Codeworte $c_{n-1}\ldots c_0$ wie in einem Lexikon nach den Anfangszeichen (hier: Ziffern) geordnet sind. Sind die Anfangszeichen zweier Codes gleich, so entscheiden die jeweils zweiten Zeichen über die Reihenfolge usw.

2.1.3 Rechnen mit endlicher Wortlänge

Das Rechnen mit polyadischen Codes einer festen Wortlänge k ohne Berücksichtigung von Überträgen in höhere Stellen ist nach dem Gesagten gleichbedeutend mit der Beschränkung auf die 0–te Stelle zur Basis b^k oder der Betrachtung von Resten $r(m,n)$ mit $n = b^k$.

Sei allgemeiner eine beliebige Zahl $n \in \mathbb{N}, n \geq 2$ gegeben. Wir betrachten die Abbildung

$$\varphi_n : \quad \mathbb{Z} \quad \to \quad I_n \quad , \quad m \mapsto r(m,n),$$

die einer Zahl $m \in \mathbb{N}_0$ ihre 0–te Stelle zur Basis n zuweist. Für $m \in I_n$ ist $\varphi_n(m) = m$. Ferner definieren wir Operationen

$$\begin{aligned} +_n \quad &: \quad I_n \times I_n \quad \to \quad I_n \quad , \quad (a,b) \quad \mapsto \quad r(a + b,n) \\ *_n \quad &: \quad I_n \times I_n \quad \to \quad I_n \quad , \quad (a,b) \quad \mapsto \quad r(a * b,n) \quad . \end{aligned}$$

Sie ergeben die 0–ten Stellen von Summen und Produkten einstelliger Zahlen. Für $a+b < n$ oder $a \cdot b < n$ ist $a+b = a+_n b$ bzw. $a*b = a*_n b$. Generell hängen die 0–ten Stellen von Summen und Produkten nur von den 0–ten Stellen der Operanden ab:

Lemma 2.3 *Für $a, b \in \mathbb{Z}$ gilt*

$$\begin{aligned} \varphi_n(a + b) \quad &= \quad \varphi_n(a) \quad +_n \quad \varphi_n(b) \\ \varphi_n(a \cdot b) \quad &= \quad \varphi_n(a) \quad *_n \quad \varphi_n(b) \quad . \end{aligned}$$

Beweis:
Dies ergibt sich für $a, b \in \mathbb{N}_0$ aus den obigen Summen- und Produktformeln für polyadisch dargestellte Zahlen, aber auch leicht direkt. Für die Addition gilt nach Lemma 2.1

$$a + b = \varphi_n(a + b) + q \cdot n = \varphi_n(a) + q' \cdot n + \varphi_n(b) + q'' \cdot n \, , \text{ für gewisse } q, q', q''$$

also

$$\varphi_n(a) + \varphi_n(b) = (q - q' - q'')n + \varphi_n(a + b).$$

Wegen der Eindeutigkeit des Restes ist daher

$$\varphi_n(a + b) = r(\varphi_n(a) + \varphi_n(b),n) = \varphi_n(a) +_n \varphi(b).$$

q.e.d.

Beispiel 2.3 *Die 0–te Dezimalstelle von 2^{64} ergibt sich wie folgt. 2^4 hat die 0–te Stelle 6. $2^8 = 2^4 \cdot 2^4$ hat also dieselbe 0–te Stelle wie $6 \cdot 6$, also auch 6, ebenso $2^{16}, 2^{32}$ und 2^{64}.*

Wir bezeichnen die in Lemma 2.3 ausgedrückte Verträglichkeit von φ_n mit den arithmetischen Operationen als Homomorphieeigenschaft. Aus ihr ergeben sich weitere Eigenschaften von $+_n, *_n$, welche für $+$ und $*$ geläufig sind.

(1)	$(a +_n b) +_n c = a +_n (b +_n c)$	(Assoziativgesetz)
(2)	$0 +_n a = a$	(neutrales Element)
(3) $\forall a \in I_n \quad \exists b \in I_n$	$a +_n b = 0$	(Existenz inverser Elemente)
(4)	$a +_n b = b +_n a$	(Kommutativgesetz)

Die Eigenschaft (3) ist für die Operation $+$ auf $\mathbb{N}_0$ nicht erfüllt. Zum Nachweis von (3) für $+_n$ setze man

$$b = \begin{cases} 0 & \text{für} \quad a = 0 \\ n - a & \text{für} \quad a \neq 0 \end{cases} \quad .$$

Insbesondere gilt $(n - 1) +_n 1 = 0$, so daß auch 0 „Nachfolger" einer Zahl in I_n ist.

Definition 2.1 *Gruppe*

Eine Menge mit einer Verknüpfung $+$, die den Gesetzen (1)-(3) genügt, wird Gruppe genannt. Ist auch (4) erfüllt, spricht man von einer kommutativen Gruppe.

$I_n, +_n$ ist also eine kommutative Gruppe. Für die Multiplikation $*_n$ auf I_n gilt

(5)	$a *_n b$	$=$	$b *_n a$	(Kommutativgesetz)
(6)	$(a *_n b) *_n c$	$=$	$a *_n (b *_n c)$	(Assoziativgesetz)
(7)	$1 *_n a$	$=$	a	(neutrales Element)
(8)	$a *_n (b +_n c)$	$=$	$(a *_n b) +_n (a *_n c)$	(Distributivgesetz).

Aus dem Distributivgesetz oder der entsprechenden Eigenschaft in $\mathbb{N}_0$ folgt

$$0 \quad *_n \quad a \quad = \quad 0 \quad .$$

Darum kann zumindest das Element 0 kein multiplikatives Inverses haben. Die Frage nach multiplikativen Inversen beantwortet das

Lemma 2.4 $\quad a \in I_n$ *hat genau dann ein multiplikatives Inverses bezüglich $*_n$, wenn*

$$ggT(a,n) = 1.$$

Beweis:
Seien $a, b \in I_n$ gegeben mit $a *_n b = 1$. Dann ist

$$a \cdot b = q \cdot n + 1,$$

also

$$a \cdot b - q \cdot n = 1$$

und jeder gemeinsame Teiler von a und n muß 1 teilen, daher $ggT(a,n) = 1$. Gilt umgekehrt $ggT(a,n) = 1$, so gibt es nach dem Euklidischen Algorithmus, der den ggT durch fortgesetztes Bilden von Differenzen von Zahlen der Form $u \cdot a + v \cdot n$ berechnet, Zahlen $k, l \in \mathbb{Z}$ mit

$$k \cdot a + l \cdot n = ggT(a,n) = 1 \qquad \text{(vgl. Übung 6, Kap. 1)}.$$

Dann ist

$$r(k \cdot a, n) = \varphi_n(k \cdot a) = \varphi_n(a) *_n \varphi(k) = 1 \quad,$$

und $a = \varphi_n(a)$ hat $\varphi_n(k)$ als multiplikatives Inverses.

q.e.d.

Folgerung:

> Sei n eine Primzahl, d.h., n habe keine Teiler außer 1 und n. Dann
> erfüllen alle $a \in I_n, a \neq 0$, die Bedingung $ggT(a,b) = 1$ und haben damit
> multiplikative Inverse.

Definition 2.2 *Kommutativer Ring, Körper*

*Eine Menge M mit Verknüpfungen $+, *$, welche die obigen Eigenschaften (1)-(8)
haben, wird als kommutativer Ring mit 1 bezeichnet. Falls zusätzlich jedes Element
$\neq 0$ ein multiplikatives Inverses hat, wird M Körper genannt.*

I_n mit den Verknüpfungen $+_n, *_n$ ist also ein kommutativer Ring mit 1. $\mathbb{Q}, \mathbb{R}$ und
$\mathbb{C}$ sind Beispiele für Körper. Für Primzahlen n, z.B. $n = 2, 3, 5, 7, 11, 13$, ist gemäß
der Folgerung I_n mit den Verknüpfungen $+_n, *_n$ ebenfalls ein (endlicher) Körper.

Beispiel 2.4 *Für $n = 2$ ist $I_n = \{0,1\} = B$. $*_2$ ist identisch mit $\wedge$ und $+_2$ ist das
exklusive Oder $\oplus$ (vgl. Beispiel 1.12). I_2 ist ein Körper mit nur zwei Elementen. I_{2^n}
ist dagegen kein Körper. Genau die ungeraden Elemente von I_{2^n} haben multiplika-
tive Inverse. 13 ist das Inverse von 5 in I_{2^4}. $13 *_{16} 5^{-1} = 9$, ohne Zusammenhang
mit dem Quotienten $q(13,5) = 2$. Nur wenn für Elemente $a, b \in I_n$ die Gleichung
$r(a,b) = 0$ gilt, also b Teiler von a ist und b ein multiplikatives Inverses in I_n hat,
gilt $q(a,b) = a *_n b^{-1}$.*

2.1.4 Abgeleitete Codierungsarten

Sei wieder $n = 2^k$. Aus der k–stelligen polyadischen Codierung ν_k auf I_n läßt sich
eine Codierungsabbildung auf dem um die Null zentrierten ganzzahligen Intervall

$$U_n = \{m \in \mathbb{Z} \mid -\frac{n}{2} \leq m < \frac{n}{2}\}$$

ableiten. Die Abbildung φ_n mit $\varphi_n(m) = r(m,n)$ ist nach Lemma 2.1 auf ganz $\mathbb{Z}$
definiert. Ihre Einschränkung φ auf U_n ist daher eine Abbildung

$$\varphi : U_n \to I_n \quad.$$

Für $m \in U_n$ gilt
$$\varphi(m) = \begin{cases} m & \text{für} \quad m \geq 0 \\ m + n & \text{für} \quad m < 0 \end{cases},$$

und φ ist bijektiv. Dann ist $\eta_k = \nu_k \circ \varphi$ die sogenannte Zweierkomplementcodierung.

Ist $m \in U_n, m \neq -n/2$ gegeben, ist auch $-m \in U_n$, und der Code $\nu_k(-m)$ ergibt sich durch Komplementieren des Codes $\eta_k(m) = \nu_k(m)$ von m und anschließendes Addieren von 1 mittels $\widetilde{+}_n$ (binäre Addition ohne Übertrag in die $(k+1)$-te Stelle). Für $x = \varphi_n(m) \in I_n$ hat nämlich das Element $\bar{x} \in I_n$ mit $\nu_k(\bar{x} = \nu_k(x))$ die Eigenschaft

$$\nu_k(x +_n \bar{x}) = \nu_k(x)\widetilde{+}_n\overline{\nu_k(x)} = 11\ldots 11 = \nu_k(n-1),$$

also ist $x +_n \bar{x} = n-1$ und $x +_n (\bar{x} +_n 1) = 0 = x +_n \varphi_n(-m)$, daher $\varphi_n(-m) = \bar{x} +_n 1$ und

$$\eta_k(-m) = \nu_k(\varphi_n(-m)) = \overline{\nu_k(\varphi_n(m))}\widetilde{+}_n 1 = \overline{\eta_k(m)}\widetilde{+}_n 1.$$

Beispiel 2.5 *Die Zweierkomplementcodes negativer Zahlen lassen sich damit aus den Binärcodes ihrer Negierten berechnen:*

$$\begin{array}{rccccc}
\eta_4(-1) & = & \overline{000\bar{1}} & + & 0001 & = & 1111 \\
\eta_4(-2) & = & \overline{00\bar{1}0} & + & 0001 & = & 1110 \\
\eta_4(-7) & = & \overline{0\bar{1}\bar{1}\bar{1}} & + & 0001 & = & 1001
\end{array}$$

Das Vorzeichen einer mittels η_k codierten Zahl $m \in U_n$ ergibt sich aus dem höchstwertigen Bit c_{k-1}. Genau die negativen Elemente werden auf die polyadischen Codes von Zahlen $\geq \frac{n}{2}$ abgebildet und erfüllen daher $c_{k-1} = 1$. Es gilt

$$U_{2^k} \subset U_{2^{k+1}},$$

und für $m \in U_{2^k}$ mit

$$\eta_k(m) = (c_0, \ldots, c_{k-1})$$

ist

$$\eta_{k+1}(m) = (c_0, \ldots, c_{k-1}, c_{k-1}).$$

Der Inklusion entspricht also hier das Duplizieren des Vorzeichenbits. Da $\mathbb{Z} = \bigcup_k U_{2^k}$ gilt, sind für jede Zahl $m \in \mathbb{Z}$ Zweierkomplementcodes definiert, die sich untereinander nur durch führende Vorzeichenbits unterscheiden. Die minimal benötigte Stellenzahl ergibt sich als kleinste Zahl $k \in \mathbb{N}$ mit $k > \log_2(m) + 1$.

Versionen der arithmetischen Operationen für die Zweierkomplementcodes lassen sich leicht aus den polyadischen Versionen ableiten. Es gilt $U_n + U_n \subset U_{2n}$ und $U_n \cdot U_n \subset U_{n^2}$. Für $a, b \in U_n$ mit $a + b \in U_n$ bzw. $a \cdot b \in U_n$ gilt wegen der Homomorphieeigenschaft von φ (Lemma 2.3)

$$\begin{array}{rcl}
\varphi(a + b) & = & \varphi(a) +_n \varphi(b) \\
\varphi(a \cdot b) & = & \varphi(a) *_n \varphi(b)
\end{array},$$

d.h., die Rechenoperationen auf Zweierkomplementcodes sind in diesem Fall identisch mit den polyadischen. Für beliebige $a, b \in U_n$ liefern die polyadischen Operationen korrekt die unteren k Zweierkomplementstellen der Summe ($\in U_{2^k+1}$) bzw. des Produktes ($\in U_{2^{2k}}$). In den höheren Stellen liefern die polyadische Addition und Multiplikation im allgemeinen aber nicht die korrekten Zweierkomplementcodes.

Beispiel 2.6 *Es gilt* $(-2) + 5 = 3$. *Für die zugehörigen 4-stelligen Zweierkomplementcodes gilt*

$$
\begin{array}{lll}
 & 1110 & (Code\ von\ -2) \\
+_{16} & \underline{0101} & (Code\ von\ 5) \\
 & 0011 & (Code\ von\ 3)
\end{array}
$$

Der Übertrag in die 5–te Stelle wird bei der Operation $+_{16}$ *nicht berücksichtigt, so daß sich der korrekte Code der* 3 *ergibt.* 10011 *wäre dagegen der 2-er-Komplementcode von* -13.

Sei wieder $b \geq 2$ eine beliebige Basis. Eine weitere, aus der polyadischen abgeleitete Codierung ist die Festkommacodierung $\nu_{s,r}$ für rationale Zahlen der Form $m \cdot b^{-r}$, mit $m \in I_{b^{r+s}}$. Der Zahl $m \cdot b^{-r}$ wird hierbei der $(r+s)$–stellige polyadische Code von m zur Basis b zugeordnet. Für

$$
m = \sum_{i=0}^{r+s-1} c_i b^i
$$

ist

$$
b^{-r}m \;=\; \sum_{i=0}^{r+s-1} c_i b^{i-r} = \underbrace{\frac{1}{b^r} \sum_{i=0}^{r-1} c_i b^i}_{<1} + \underbrace{\sum_{j=0}^{s-1} c_{j+r} b^j}_{\in I_b^s} \quad .
$$

Die übliche Schreibweise des Codes $\nu_{s,r} = (c_0, \dots, c_{k-1})$ als Zahlwort ist

$$
c_{r+s-1} \dots c_r \,,\; c_{r-1} \dots c_0 .
$$

Die unteren r Stellen sind also „Nachkommastellen". Jede positive reelle, insbesondere jede positive rationale Zahl läßt sich beliebig genau durch eine Zahl der Form $m \cdot b^{-r}$ approximieren. Es gilt aber *nicht*, daß

$$
\bigcup_{r,s} b^{-r} \cdot I_b^{r+s} = \{q \in \mathbb{Q} \mid q \geq 0\}.
$$

Die Zahl $1/3$ z.B. wird durch keinen endlichen Dezimal- oder Binärbruch dargestellt (binär ist $1/3 = $ der unendliche, periodische Bruch $0{,}010101 \dots$). Es gilt

$$
\begin{array}{lll}
b^{-r} I_{b^{r+s}} & + \quad b^{-r} I_{b^{r+s}} & \subset \quad b^{-r} I_{b^{r+s+1}} \quad , \\[2mm]
b^{-r} I_{b^{r+s}} & \cdot \quad b^{-r} I_{b^{r+s}} & \subset \quad b^{-2r} I_{b^{2r+2s}} \quad ,
\end{array}
$$

und die polyadischen Rechenoperationen liefern aus $\nu_{s,r}(a), \nu_{s,r}(b)$ die Codes

$$\nu_{s+1,r}(a+b) \quad \text{und} \quad \nu_{2s,2r}(a \cdot b).$$

Rechnet man mit einer konstanten Zahl von Vor- und Nachkommastellen, so entspricht dies bei der Addition der Operation $+_n$ auf I_n mit $n = B^{r+s}$. Bei der Multiplikation führt das Weglassen der unteren Nachkommastellen zu einem Rundungsfehler. Die approximative Multiplikation $\odot$ mit konstanter Zahl von Nachkommastellen ist nicht assoziativ.

Beispiel 2.7 *Seien $r = 1$, $s = 2$, und $b \geq 2$ eine beliebige Basis. Dann ist*

$$
\begin{aligned}
(0,1 \;\odot\; 0,1) \;\odot\; 10,0 &= 0,0 \;\odot\; 10,0 = 0,0 \\
0,1 \;\odot\; (0,1 \;\odot\; 10,0) &= 0,1 \;\odot\; 1,0 = 0,1.
\end{aligned}
$$

Rationale Zahlen aus $2^{-r} \cdot U_{2^{r+s}}$ können in analoger Weise durch Zweierkomplementcodes codiert werden. Die Additionsoperation auf den Codes ist dann bei konstanter Wortbreite identisch mit der codierten Version von $+_n$, also der polyadischen Addition. Die Multiplikationsoperation ist verschieden von $\odot$.

2.1.5 Fließkommaarithmetik

Je nach der Anzahl r der Nachkommastellen stellt die Festkommacodierung $\nu_{s,r}$ ein mehr oder weniger großes Intervall von Zahlen mit mehr oder weniger großer Auflösung dar. Eine gängige Verallgemeinerung der Festkommacodierung ist die Fließkommacodierung, bei der die Position r des Kommas bei fester Gesamtstellenzahl $r+s$ variabel ist. Hierdurch wird mit einer festen Wortlänge ein umfangreicherer Zahlbereich überstrichen. Der Code einer Zahl

$$n = m \cdot b^r$$

besteht aus zwei Komponenten, der Mantisse m als $1+t$-stelligem Festkommacode zuzüglich eines Vorzeichenbits und dem Exponenten r in k-stelliger polyadischer oder Zweierkomplementcodierung. Um mehrfache Codes für eine Zahl auszuschließen, wird der Wertebereich der Mantisse auf das Intervall $[1, b)$ eingeschränkt. Der Code $\nu_{1,t}(m)$ der Mantisse hat dann eine führende Ziffer $\neq 0$. Die Menge F der durch die Fließkommacodes dargestellten Zahlen umfaßt die exponentiell wachsende Wertefolge der b^r, $-\frac{b^k}{2} \leq r < \frac{b^k}{2}$, und zwischen diesen Werten die mittels der Mantisse linear interpolierten Zwischenwerte (s. Bild 2.1). Um die Null darzustellen, wird für den kleinsten Exponenten $r \geq -\frac{b^k}{2}$ für die Mantisse der Wertebereich $[0, b)$ verwendet.

Beispiel 2.8 *Ein auf Digitalrechnern übliches, standardisiertes Fließkommaformat verwendet die Basis $b = 2$, die Codierung $\nu_{1,52}$ für die Mantisse, den 11-stelligen polyadischen Code des um 1023 erhöhten Exponenten und ein Vorzeichenbit. Da die Vorkommastelle der Mantisse dabei immer $= 1$ ist, muß sie nicht explizit im Codewort enthalten sein, so daß sich 64-bit-Codeworte ergeben. Die größten in diesem Format dargestellten Zahlen sind $\approx \pm 1.67 \cdot 10^{308}$. Die 53 Binärstellen der Mantisse entsprechen in der Auflösung 15 bis 16 Dezimalstellen.*

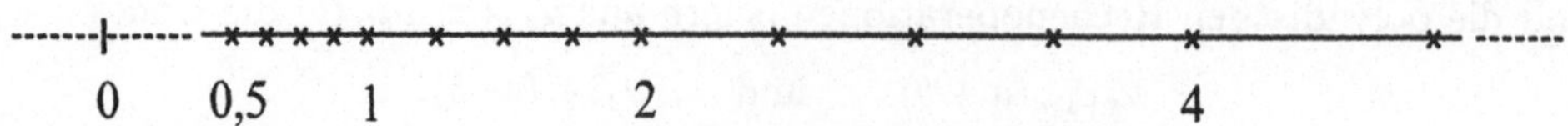

Bild 2.1 Die Menge F der Fließkommawerte ($b = 2, t = 2$)

Die auf Rechnern üblichen arithmetischen Operationen auf Fließkommacodes liefern grundsätzlich Ergebnisse im selben Format mit konstanten Wortbreiten für Mantisse und Exponent. Zu diesem Zweck werden die präzisen Ergebnisse, die i. a. mehr Stellen der Mantisse erfordern, gerundet, so daß nur Approximationen an die Operationen in $\mathbb{Q}$ realisiert werden. Zum Beispiel ist die Summe zweier positiver Zahlen $m_1 \cdot b^{r_1}$, $m_2 \cdot b^{r_2}$ mit $r_2 \geq r_1$

$$(m_1 \cdot b^{r_1 - r_2} + m_2) \cdot b^{r_2} \; .$$

Die approximative Summe wird berechnet, indem $m_1 \cdot b^{r_1 - r_2}$ auf $t + 1$ Stellen gerundet und die Festkommaaddition

$$m_1 \cdot b^{r_1 - r_2} + m_2$$

mit $t + 1$ Stellen ausgeführt wird, das Ergebnis im Falle eines Überlaufs in die zweite Vorkommastelle durch b geteilt (Schiebeoperation) unter Korrektur des Exponenten r_2 um $+1$, und auf $t + 1$ Stellen gerundet.

Bei einer Subtraktion von Zahlen mit gleichem Exponent wird unter Umständen die Differenz

$$m = m_1 - m_2$$

die Bedingung $1 \leq m < b$ verletzen, in welchem Falle m mit einer Potenz b^k multipliziert wird, so daß die führende Ziffer wieder $\neq 0$ wird (Normalisierung). Die resultierende Fließkommazahl ist

$$(m \cdot b^k) \cdot b^{r-k}.$$

Fließkommaergebnisse täuschen oft eine viel höhere Genauigkeit (z.B. auf 16 Dezimalstellen) vor, als nach einer Reihe von Rechenschritten wirklich verbleibt. Durch Rundung wird z.B. die niederwertigste Stelle ungenau, und durch einen Normalisierungsschritt kann diese Unsicherheit bereits die ersten Nachkommastellen erreichen.

2.1.6 Codierung durch simultane Reste

Nach der polyadischen betrachten wir nun eine Codierung, die ganzen Zahlen ebenfalls mehrstellige Zahlworte zuweist, bei der einzelne Ziffern oder Zifferngruppen jedoch zu verschiedenen Basen gebildet werden.

Seien zwei Zahlen $p, q \in \mathbb{N}$, $p, q \geq 2$ gegeben. Wir betrachten die Abbildung

$$\varphi_{p,q}: \begin{array}{ccc} \mathbb{Z} & \to & I_p \times I_q \\ m & \mapsto & (\varphi_p(m), \varphi_q(m)) \, , \end{array}$$

wobei wieder φ_n für $n \in \mathbb{N}$ durch $\varphi_n(m) = r(m,n)$ definiert ist.

Satz 2.1 *(Chinesischer Restsatz): Es gelte $ggT(p,q) = 1$.*

1. $\varphi_{p,q}$ ist surjektiv und eingeschränkt auf $I_{p \cdot q}$ eine Bijektion

$$\psi : I_{p \cdot q} \to I_p \times I_q \, .$$

2. Für $(a,b) \in I_p \times I_q$ ist

$$\psi^{-1}(a,b) = \varphi_{p \cdot q}(\, kpb + lqa) \, ,$$

wobei $k, l \in \mathbb{Z}$ so gewählt sind, daß $kp + lq = 1$.

Beweis: Zunächst stellen wir fest, daß für $m \in \mathbb{Z}$ die Formeln

$$\varphi_p(m) = \varphi_p(\varphi_{p \cdot q}(m)) \quad \text{und} \quad \varphi_q(m) = \varphi_q(\varphi_{p \cdot q}(m))$$

gelten. m und $\varphi_{p \cdot q}(m)$ unterscheiden sich nämlich um ein Vielfaches von p bzw. q, haben also deshalb dieselben Reste.

Der $ggT(p,q) = 1$ läßt sich als Vielfachsumme von p und q schreiben, also gibt es $k, l \in \mathbb{Z}$ mit

$$k \cdot p + l \cdot q = 1 \, .$$

Für ein beliebiges $(a,b) \in I_p \times I_q$ setze man $m = kpb + lqa$. Dann gilt

$$\varphi_p(m) = \varphi_p(lqa) = \varphi_p(lq) *_p \varphi_p(a) = 1 \cdot a = a,$$

und entsprechend

$$\varphi_q(m) = b.$$

Daher ist $\varphi_{p \cdot q}$ surjektiv. Nach obigen Formeln gilt

$$\varphi_p(m) = \varphi_p(\, \varphi_{p \cdot q}(m)) = a \quad \text{und} \quad \varphi_q(\varphi_{p \cdot q}(m)) = b.$$

Daher ist die Einschränkung ψ von $\varphi_{p,q}$ auf $I_{p \cdot q}$ surjektiv, und bijektiv, weil $I_{p \cdot q}$ und $I_p \times I_q$ gleichviele Elemente haben. Nach dem vorangehenden gilt $\psi(\varphi_{p \cdot q}(m)) = (a,b)$, also ist $\varphi_{p \cdot q}(m) = \psi^{-1}(a,b)$.

q.e.d.

Wir betrachten ψ als Codierung auf $I_{p \cdot q}$ und fragen nach den codierten Versionen der arithmetischen Operationen $+_{p \cdot q}, *_{p \cdot q}$ auf $I_p \times I_q$. Nun ist

$$\begin{aligned} \psi(m +_{p \cdot q} m') &= (\varphi_p(\varphi_{p \cdot q}(m + m')) \, , \, \varphi_q(\varphi_{p \cdot q}(m + m'))) \\ &= (\varphi_p(m) +_p \varphi_p(m') \, , \, \varphi_q(m) +_q \varphi_q(m)) \qquad \text{und ebenso} \\ \psi(m *_{p \cdot q} m') &= (\varphi_p(m) *_p \varphi_p(m') \, , \, \varphi_q(m) *_q \varphi_q(m')) \quad . \end{aligned}$$

Addition und Multiplikation auf den Ziffernpaaren erfolgen also ziffernweise ohne Überträge von einer Stelle zur anderen.

Beispiel 2.9 *Seien $p = 15$ und $q = 16$. Dann ist*

$$\begin{aligned}
\psi(71) &= (11, 7), \\
\psi(144) &= (9, 0), \qquad\qquad \text{also} \\
\psi(71 + 144) &= (11 +_{15} 9, 7 +_{16} 0) = (5, 7).
\end{aligned}$$

Wir können diese Ergebnisse auf n-stellige Codes übertragen. Seien $q_1, \ldots, q_n \in \mathbb{N}$ paarweise teilerfremd, d. h. $\mathrm{ggT}(q_i, q_j) = 1$ für $i \neq j$. Dann ist die Abbildung

$$\begin{aligned}
I_{q_1 \ldots q_n} &\to I_{q_1} \times \ldots \times I_{q_n} \\
m &\mapsto (\varphi_{q_1}(m), \ldots, \varphi_{q_n}(m))
\end{aligned}$$

bijektiv. Wird sie als Codierungsabbildung für $I_{q_1 \ldots q_n}$ verwendet, so erfolgen die Multiplikation und Addition auf den Codes aus $I_{q_1} \times \cdots \times I_{q_n}$ ziffernweise (ohne Überträge). Insbesondere ist in dieser Codierung die Multiplikation wesentlich weniger komplex als in einer n-stelligen polyadischen. Nachteile dieser Codierungsart sind die umständliche Umformung in die gängigen polyadischen Formate und das Fehlen einfacher Vergleichs- und Divisionsalgorithmen.

2.1.7 Reelle Zahlen

Nachdem die Fest- und Fließkommacodes nur für spezielle rationale Zahlen der Form $m \cdot b^{-r}$ definiert sind und die üblichen arithmetischen Operationen fester Wortlänge auf diesen nur Approximationen an die exakten sind, erhebt sich die Frage nach anderen Codierungsformen für reelle Zahlen.

Eine naheliegende Codierung für rationale Zahlen $r \in \mathbb{Q}$ ergibt sich, wenn man sie als Quotienten ganzer Zahlen darstellt,

$$r = p/q \quad ,$$

und ihr ein Paar von Codes für p und q zuordnet. Die Darstellung von r wird eindeutig, wenn man fordert, daß $q \in \mathbb{N}$ und $\mathrm{ggT}(p,q) = 1$ gilt. Die codierten Versionen der Operationen müssen dazu die resultierenden Brüche stets „kürzen". Dieser Codierungsansatz liefert eine vollständige Codierung für $\mathbb{Q}$ mit exakten Operationen, hat aber den Nachteil, daß Vergleichsoperationen komplizierter sind und auch die Addition i. a. die benötigte Wortlänge wesentlich erhöht.

Irrationale Zahlen können auf diese Weise nicht codiert werden, sondern können i. a. lediglich durch rationale Zahlen $m \cdot b^{-r}$ oder allgemeiner p/q approximiert werden. Irrationale Zahlen, die Wurzeln eines bestimmten Polynoms mit rationalen Koeffizienten sind, können auch durch n-Tupel von rationalen Codes dargestellt werden. Die reellen Zahlen der Form

$$r + s\sqrt{2}$$

mit $r, s \in \mathbb{Q}$ können z.B. durch Paare rationaler Codes für r und s codiert werden.
Die Zahlen dieser Form sind unter den arithmetischen Operationen abgeschlossen.
Auf den Codes lassen sich exakte arithmetische Operationen definieren. Eine Schwierigkeit liegt wieder in den komplizierten Vergleichsoperationen. Auch dürfte sich die
Sonderrolle dieser Zahlen und schon der rationalen Zahlen in vielen Anwendungen
kaum rechtfertigen lassen.

Eine beliebige reelle Zahl $r \in \mathbb{R}$ ist der Grenzwert einer Folge (q_n) rationaler Zahlen,
z.B. der Form $q_n = m_n b^{-r_n}$. Um r zu beschreiben, muß wenigstens eine solche Folge
angegeben werden, also eine Funktion

$$q : \mathbb{N} \to \mathbb{Q} \,.$$

Wir nennen eine reelle Zahl r berechenbar, wenn es eine über der Menge der arithmetischen Grundoperationen berechenbare totale Funktion q mit $r = \lim_{n \to \infty} q(n)$
gibt (um berechnen zu können, wie gut ein gegebenes $q(n)$ die Zahl r approximiert, könnte man zusätzlich geeignete Konvergenzeigenschaften fordern). Berechenbare, reelle Zahlen sind nicht im Sinne von 1.3.2 berechenbare Konstanten,
sondern werden durch eine berechenbare Folge approximiert. Für eine nicht berechenbare Zahl gäbe es also keinen Algorithmus, der eine Folge von Approximationen an sie definiert. Man könnte einer solchen aus einer konstruktivistischen Sicht
ihre Realität absprechen. Algebraische Zahlen oder solche wie π und e sind im
obigen Sinne berechenbare Zahlen, und arithmetische Operationen auf solchen liefern wieder berechenbare Zahlen. Auf der anderen Seite ist es denkbar, daß ein
nicht-deterministischer physikalischer Meßvorgang eine Folge von Binärziffern am
Eingang eines Computers produziert, die gegen eine nicht berechenbare Zahl konvergiert und sie „realisiert". Die meisten reellen Zahlen sind nicht berechenbar, da
die Menge der Algorithmen für berechenbare Funktionen $\mathbb{N} \to \mathbb{Q}$ und damit auch
die der berechenbaren Zahlen ja abzählbar sind.

Es liegt nahe, eine codierte Form eines Algorithmus für q, etwa als Rechnerprogramm, als Code für die dadurch approximierte Zahl r aufzufassen. Hierbei ergibt
sich u.a. das Problem, festzustellen, ob zwei Algorithmen dieselbe Zahl approximieren bzw. ob der Differenzalgorithmus die 0 codiert.

Die Frage nach der Realität mathematischer Gegenstände wird in [PENR] diskutiert. Berechenbare reelle Zahlen bilden den Ausgangspunkt einer umfangreichen Literatur über konstruktive Mathematik, insbesondere konstruktive Analysis [BE85].

2.2 Spezielle Funktionen

2.2.1 Polynomfunktionen

Seien K ein Zahlkörper (Definition 2.2) und M eine endliche Menge von n Elementen $m_1, \dots, m_n$. Der Funktionenraum $\mathcal{F}_t(M, K)$ ist ein K-Vektorraum, wobei als Addition die punktweise Addition von Funktionen verwendet wird:

$$(f + g)(m) \quad = \quad f(m) + g(m).$$

Entsprechend wird auch das punktweise Produkt von Funktionen definiert:

$$(f \cdot g)(m) \quad = \quad f(m) \cdot g(m).$$

Wir können die Addition und Multiplikation von Funktionen als Konstruktoren verstehen (vgl. Beispiel 1.3) und fragen, für welche Funktionen wir mit ihrer Hilfe Algorithmen konstruieren können, ausgehend von geeigneten Grundfunktionen.

$\mathcal{F}_t(M, K)$ ist als Vektorraum isomorph zu K^n, indem man einer Funktion f ihre Wertefolge $(f(m_1), \dots, f(m_n))$ zuordnet. Die natürlichen Basisvektoren e_i von K^n, $e_1 = (1, 0, 0, \dots, 0)$, $e_2 = (0, 1, 0, \dots, 0)$ usw., entsprechen hierbei den Funktionen $\mathcal{X}_i$ mit

$$\mathcal{X}_i(m_j) = \left\{ \begin{array}{ll} 1 & \text{für} \quad i = j \\ 0 & \text{für} \quad i \neq j \end{array} \right. .$$

Das punktweise Produkt von Funktionen ist eine in jedem der beiden Argumente lineare (d.i. eine bilineare), assoziative Verknüpfung auf $\mathcal{F}_t(M, K)$. Die Konstante 1 ist neutrales Element dieser Multiplikation.

Definition 2.3 *K-Algebra*

Ein K-Vektorraum mit einer bilinearen, assoziativen Multiplikation und einem Eins-Element wird K-Algebra genannt.

Schleifen- und verzweigungsfreie Algorithmen über den Grundoperationen $+, \cdot$ einer Algebra und der Multiplikation mit Skalaren werden durch die sogenannten Polynome beschrieben.

Definition 2.4 *Polynome*

Ein Polynom in einer Unbestimmten X mit Koeffizienten aus einem Körper K ist ein formaler Ausdruck der Form

$$p(x) = \sum_{i=0}^{n} a_i X^i \quad , \quad a_i \in K \quad \text{für} \quad i = 0 \dots n.$$

$K[X]$ bezeichnete die Menge aller solchen Polynome.

Für Polynome sind die Operationen $+$ und $\cdot$ definiert, mit denen $K[X]$ eine K–Algebra mit den X^i als Basis bildet. Das Produkt von Polynomen ist so definiert, daß für alle i, j die Gleichung $X^i \cdot X^j = X^{i+j}$ gilt. Die Operationen sind damit

$$
\begin{aligned}
(i) \quad & \left(\sum a_i X^i\right) + \left(\sum b_i X^i\right) && = \sum (a_i + b_i) X^i \\
(ii) \quad & c\left(\sum a_i X^i\right) && = \sum (c a_i) X^i \quad \text{für } c \in K \\
(iii) \quad & \left(\sum a_i X^i\right)\left(\sum b_j X^j\right) && = \sum_i \left(\sum_{j=0}^{i} (a_j b_{i-j})\right) X^i \;.
\end{aligned}
$$

$K[X]$ kann als Menge mit der der unendlichen Folgen von Elementen aus K identifiziert werden, bei denen nur endlich viele Elemente $\neq 0$ sind. X entspricht der Folge $(0, 1, 0, 0 \ldots)$, allgemeiner jedes Polynom der Folge seiner Koeffizienten.

Definition 2.5 *Grad eines Polynoms*

Für $p = \sum_0^{n-1} a_i X^i \in K[X]$ ist der Grad $\mathrm{grad}(p)$ definiert als der Index des höchsten Koeffizienten mit $a_i \neq 0$. Für Konstanten $a_0 \in K[X]$ mit $a_0 \neq 0$ ist $\mathrm{grad}(a_0) = 0$. Man setzt $\mathrm{grad}(0) = -\infty$.

Es gelten dann die Regeln

$$
\begin{aligned}
\mathrm{grad}(p + q) &\leq \max\left(\mathrm{grad}(p),\, \mathrm{grad}(q)\right) \\
\mathrm{grad}(p \cdot q) &= \mathrm{grad}(p) + \mathrm{grad}(q) \qquad .
\end{aligned}
$$

Für $n \in \mathbb{N}$ sei $P_n \subset K[X]$ die Menge der Polynome vom Grad $< n$. P_n ist ein Untervektorraum der Dimension n von $K[X]$ und hat als eine Basis die Polynome $1, X, X^2, \cdots, X^{n-1}$.

In Polynome lassen sich Elemente „einsetzen", wodurch sie Funktionen definieren. Genauer gilt:

Lemma 2.5 *Sei $H, +, \cdot$ eine K–Algebra und h ein Element von H. Dann gibt es genau eine lineare, mit den Multiplikationen verträgliche Abbildung*

$$
\lambda_h : K[X] \to H
$$

mit der Eigenschaft

$$
\lambda_h(X) = h \;.
$$

Beweis:

Die Verträglichkeit mit den Multiplikationen ist die Bezeichnung $\lambda_n(p \cdot q) = \lambda_n(p) \cdot \lambda_n(q)$. Daher muß gelten

$$
\lambda_h(X^i) \;=\; h^i.
$$

Da die X^i eine Basis von $k[X]$ bilden, wird hierdurch auch genau eine lineare Abbildung definiert.

q.e.d.

Beispiel 2.10

1. *Seien $H = K$ (K ist selbst eine K–Algebra) und $h \in K$. Dann ist $p(h) \in K$ für jedes $p \in K[X]$.*

2. *Sei $M \subset K$. Durch Einsetzen der $m \in M$ in Polynome erhält man eine Abbildung*

$$\lambda_M : K[X] \to \mathcal{F}_t(M, K).$$

   Das Bild von X ist die identische Abbildung auf M (genauer die Inklusionsabbildung von M in K), und λ_M ist die durch diese Eigenschaft bestimmte Einsetz-Abbildung.

In ein Polynom einzusetzen bedeutet, dieses als einen Algorithmus über den Grundoperationen $+, *$ der Algebra zu verwenden. Wir merken an, daß durch eine einfache Umformung, das sogenannte Hornersche Schema, die Komplexität eines solchen Algorithmus, also die Anzahl der vorkommenden Additionen und Multiplikationen, so herabgesetzt werden kann, daß sie proportional zum Grad des Polynoms wird:

$$\sum_{i=0}^{n-1} a_i X^i = a_0 + X(a_1 + X(\ldots a_{n-2} + X(a_{n-1}))\ldots) \qquad .$$

Satz 2.2 *Sei $T : M \to K$ eine beliebige injektive, totale Funktion. Dann gibt es für jede Funktion $f \in \mathcal{F}_t(M, K)$ Elemente $a_0, \ldots a_{n-1} \in K$, so daß f folgenden Algorithmus über $\{T, +, *\}$ und den Konstanten aus K hat:*

$$f = \sum_{i=0}^{n-1} a_i T^i \qquad .$$

Beweis:
Wir können M vermöge T mit einer Teilmenge von K identifizieren und werden den Satz für den Fall beweisen, daß $m_1, \ldots, m_n \in K$ und T die identische Abbildung ist. Er besagt dann, daß es einen schleifen- und verzweigungsfreien Algorithmus über den Grundoperationen $\{+, *\}$ und den Konstanten (also ein Polynom) gibt, der für $m_1, \ldots, m_n$ dieselben Funktionswerte wie f liefert. Sei p_i das Polynom

$$\prod_{\substack{j \neq i \\ 1 \leq j \leq n}} \frac{X - m_j}{m_i - m_j}.$$

Dann ist $p_i \in P_n$ und $\lambda_M(p_i) = \mathcal{X}_i$, wie man durch Einsetzen eines beliebigen $m_k \in M$ bestätigt. Dies beweist, daß die Einschränkung von λ_M auf P_n ein Isomorphismus von Vektorräumen ist, denn P_n und $\mathcal{F}_t(M, K)$ haben dieselbe Dimension, nämlich n, und das Bild von P_n unter λ_M enthält eine Basis von $\mathcal{F}_t(M, K)$, nämlich die $\mathcal{X}_i$. Für eine gegebene Funktion $f \in \mathcal{F}_t(M, K)$ läßt sich das Polynom $p \in P_n$ mit $\lambda_M(p) = f$ auch direkt angeben:

$$p = \sum_{i=1}^{n} p(m_i) \cdot p_i \quad .$$

q.e.d.

Für Polynome $p, p' \in P_n$ ist $p \cdot p' \in P_{2_n-1}$, aber es gibt auch genau ein Polynom $p *_M p' \in P_n$ mit

$$\lambda_M(p *_M p') \quad = \quad \lambda_M(p) \cdot \lambda_M(p') \quad (= \lambda_M(p \cdot p')).$$

Um $*_M$ als Verknüpfung auf P_n genauer zu beschreiben, benötigen wir eine weitere Operation auf $K[X]$, die Division von Polynomen mit Rest ([MA93]).

Lemma 2.6 *Für $p, q \in K[X]$, $q \neq 0$ gibt es eindeutig bestimmte Polynome $r, s \in K[X]$ mit $p = s \cdot q + r$ und grad $r <$ grad q.*

Ein Algorithmus zur Berechnung des Restpolynoms $r = r(p, q)$ ist wie folgt:

$$r(p, q) = \begin{cases} p & \text{falls grad}(p) < \text{grad}(q) \\ r(p - cX^t q, q) & \text{falls grad}(p) \geq \text{grad}(q), \text{mit } t = \text{grad}(q) - \text{grad}(q) \text{ und} \\ & c = \text{Quotient der höchsten Koeffizienten von } p \text{ und } q \text{ sind.} \end{cases}$$

Lemma 2.7 *Für $p, p' \in P_n$ ist*
$$p *_M p' = r(p \cdot p', \prod_{i=1}^{n}(X - m_i)) \quad .$$

Beweis:

Sei $q = \prod_{i=1}^{n}(X - m_i)$. Dann ist $\lambda_M(q) = 0$, wie man durch Einsetzen der m_i bestätigt. Die Division des Polynoms $p \cdot p'$ durch q ergibt $p \cdot p' = s \cdot q + r$, wobei $r = r(p - p', q) \in P_n$. Damit folgt

$$\lambda_M(p \cdot p') = \lambda_M(s) \cdot \lambda_M(q) + \lambda_M(r) = 0 + \lambda_M(r) = \lambda_M(r).$$

q.e.d.

Allgemeiner kann für ein beliebiges Polynom q vom Grade n der Vektorraum P_n zu einer K-Algebra gemacht werden, indem man definiert

$$p *_q p' = r(p \cdot p', q).$$

Das spezielle Element $h = X$ der K-Algebra P_n bezüglich der Multiplikation $*_q$ kann wie oben in Polynome eingesetzt werden und erfüllt dann $q(h) = 0$ (ist „Nullstelle" von q). Für gewisse Polynome hat P_n auch die Körpereigenschaft.

Beispiel 2.11 *Sei* $q = X^2 - 2 \in \mathbb{Q}[X]$. *Für* $a + bX$, $c + dX \in P_2$ *ist*

$$(a+bX) *_q (c+dX) = r(a \cdot c + (ad+bc)X + bdX^2, X^2 - 2) = (ac+2bd) + (ad+bc)X.$$

$h = X$ *erfüllt* $h^2 = 2$. P_2 *ist ein Körper, der eine Wurzel aus 2 enthält (vgl. 2.1.3).*
Mit dem Polynom $X^2 + 1 \in \mathbb{R}[X]$ *konstruiert man entsprechend den Körper der*
komplexen Zahlen.

2.2.2 Approximation reeller Funktionen

Die Realisierung reeller Standardfunktionen wie der Quadratwurzel–, Sinus– oder
Exponentialfunktion auf einem Rechner stellt uns zunächst vor ein Codierungspro-
blem. Die exakten Funktionswerte können in den gängigen Fest- oder Fließkom-
macodierungen nur approximiert werden. Sodann können sie durch arithmetische
Algorithmen (Polynome und rationale Funktionen) auch nicht exakt berechnet, sondern nur approximiert werden. Wir beschränken uns im folgenden auf einige Hin-
weise auf die Vorgehensweise und verweisen für eine ausführliche Behandlung auf
die Literatur [WS72].

Definition 2.6 *Gleichmäßige Approximation*

Seien $f : \mathbb{R} \to \mathbb{R}$ *eine Funktion und* p *ein Polynom.* p *approximiert* f *auf dem*
Intervall $[a, b]$ *gleichmäßig mit der Fehlergrenze* $\varepsilon > 0$, *wenn für alle* $s \in [a, b]$

$$| f(s) - p(s) | \quad < \varepsilon \qquad \text{gilt.}$$

Eine gegebene Funktion f kann an n Stellen $m_1, \ldots, m_n$ nach Satz 2.2 auch exakt durch ein Polynom p vom Grade $n - 1$ berechnet werden. An den Zwischenpunkten versagt diese „Approximation" jedoch im allgemeinen. Eine gleichmäßige
Approximation auf einem Intervall $[a, b]$ läßt sich dagegen durch Taylorentwicklung
erreichen.

Beispiel 2.12 *Die reelle Exponentialfunktion* exp *erfüllt die Gleichung*

$$\exp(x + n) = \exp(x) \cdot \exp(n) \quad ,$$

so daß es genügt, sie auf dem Intervall $[-\frac{1}{2}, \frac{1}{2}]$ *zu approximieren. Ihre Taylorent-*
wicklung bei 0 ist

$$\exp(x) = \sum_{n=0}^{\infty} \frac{x^n}{n!} \quad ,$$

und wir erhalten approximierende Polynome p_N *durch Abbrechen der Reihe nach*
N *Summanden:*

$$p_N(x) = \sum_{n=0}^{N-1} \frac{x^n}{n!} \quad .$$

Die folgende, grobe Abschätzung zeigt, wie groß N *zu wählen ist, um eine Fehler-*
grenze ε *zu unterschreiten. Sei* $s \in [-\frac{1}{2}, \frac{1}{2}]$.

$$|\exp(s) - p_N(s))| = \left| \sum_{n=N}^{\infty} \frac{s^n}{n!} \right| \le \sum_{n=N}^{\infty} \frac{(\frac{1}{2})^n}{n!}$$

$$\le \frac{1}{2^N \cdot N!} \sum_{n=0}^{\infty} \frac{1}{2^n \cdot N^n} = \frac{1}{2^N \cdot N!} \cdot \frac{1}{1 - 1/2N}$$

$$\le \frac{2}{2^N \cdot N!}$$

Die Taylorapproximation am Nullpunkt produziert dort einen sehr kleinen Fehler, der erst zu den Intervallgrenzen hin zunimmt. Die Approximationsbedingung läßt es aber zu, daß überall in $[a, b]$ Fehler bis zur Größe ε auftreten, was im allgemeinen bereits mit Polynomen niedrigeren Grades erreicht werden kann. Besonders günstige Ergebnisse werden mit der Tschebychef-Approximation auf $[-1,1]$ erzielt, für die das Fehlerintegral

$$\int_{-1}^{1} |f(x) - p(x)|^2 \frac{dx}{\sqrt{1 - x^2}}$$

minimal wird [HA68]. Das optimale Polynom $p \in P_n$ ergibt sich durch orthogonale Projektion von f auf den Teilraum P_n bzgl. des Skalarproduktes

$$(f, g) = \int_{-1}^{1} f(x) \cdot g(x) \frac{dx}{\sqrt{1 - x^2}} = \int_{0}^{\pi} f(\cos \vartheta) g(\cos \vartheta) d\vartheta.$$

Zur Berechnung von p wird eine orthogonale Basis $T_0, \dots, T_{n-1}$ von P_n verwendet, die sogenannte Tschebychef-Polynome. Sie sind so gewählt, daß $T_n(\cos \vartheta) = \cos(n\vartheta)$ gilt und die T_n daher auch durch die Rekursion

$$T_0 = 1, \; T_1 = x, \; T_{n+2} = 2x T_{n+1} - T_n$$

definiert werden.

Statt durch ein Polynom auf $[a, b]$ können Funktionen auch stückweise durch eine Folge schneller zu berechnender Funktionen (Polynome geringeren Grades) auf Teilintervallen $[m_i, m_{i+1}]$ von $[a, b]$ approximiert werden. Die approximierende Funktion ist dann durch einen arithmetischen Algorithmus mit Verzweigungen gegeben. Man verwendet dabei die Funktionswerte $f(\frac{m_i + m_{i+1}}{2})$ und approximiert in 0–ter Näherung durch eine Treppenfunktion, d. h. durch Konstanten auf den Teilintervallen (s. Bild 2.2), in erster Näherung durch lineare Interpolation (Polynome 1. Grades) oder mit etwas mehr Aufwand durch Kurvenstücke (Splines), die an den „Nahtstellen" m_i dieselben Funktionswerte bzw. sogar dieselben Ableitungen haben. Jede stetige Funktion kann bereits durch eine Treppenfunktion mit beliebig vorgegebener Fehlergrenze ε approximiert werden. Offenbar kann die Genauigkeit umso größer sein, je dichter die „Abtastpunkte" $t_i = (m_i + m_{i+1})/2$ liegen. Die Approximationsfehlerfunktion oszilliert mit Nullstellen an allen t_i. Falls die approximierte Funktion selbst keine schnell oszillierenden Anteile hat (ein „Signal" beschränkter „Bandbreite" darstellt), kann sie durch eine Filterung aus der Treppenapproximation rekonstruiert werden [PR88].

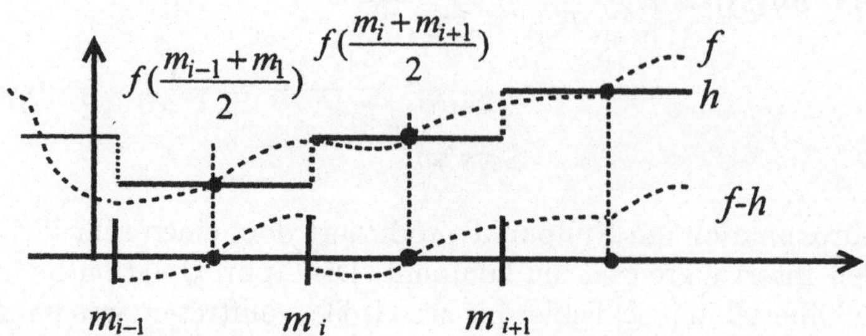

Bild 2.2 Approximation einer Funktion f durch eine Treppenfunktion h

Für einige spezielle Funktionen können die Funktionswerte durch sogenannte Cordic-Algorithmen approximiert werden [KR89], die ganz ohne Multiplikation auskommen und dadurch mit geringerem Aufwand berechnet werden können (vgl. 2.1.2). Wir betrachten als Beispiel die Funktion $f(x) = 2^x$ für $0 \leq x < 1$. x wird dazu in einer an die Berechnungsaufgabe besonders angepaßten Weise „codiert" und dargestellt als

$$x = \sum_{i=1}^{\infty} a_i l_i \,,$$

wobei

$$l_i = \log_2(2^{-i} + 1) \text{ und } a_i \in \{0,1\}.$$

Es gilt also $2^{l_i} = 1 + 2^{-i}$, daher $2^{-i} \leq l_i \leq 2^{1-i}$ und $l_i \leq 2l_{i+1}$. Die a_i erhält man der Reihe nach, indem man die Differenz

$$r_i = x - \sum_{i}^{i} a_j l_j$$

bildet und $a_{i+1} = 1$ setzt, falls $r_i \geq l_{i+1}$ ist. Es ist dann $r_i < l_i$ für alle i . Die l_i können einer Tabelle entnommen werden, so daß nur zu subtrahieren ist.

Für $N > 0$ ist dann

$$2^x = p * 2^{r_N}$$

und

$$2^x - p = (2^{r_N} - 1)p \leq 2^{1-i} \quad ,$$

so daß p als Approximation für 2^x dienen kann.

p läßt sich also iterativ durch Multiplizieren der $(1+2^{-i})$ für $a_i = 1$ berechnen, was im Binärsystem nur i-fache Schiebeoperationen und Additionen erfordert:

$$p = 2^{\sum_1^N a_i l_i} = \prod_{a_i=1} 2^{l_i} = \prod_{a_1=1} (1 + 2^{-i}).$$

2.2.3 Operationen auf Funktionen

Zu den elementaren Operationen auf Mengen von reellen Funktionen zählen Differentiation und Integration. Funktionen werden durch Algorithmen realisiert, wobei man sich nach dem obigen mit Approximationen zufrieden geben muß. Um Operationen auf Funktionen zu berechnen, müssen wir die Funktionen zunächst codieren, was wir etwa über die Koeffizienten eines approximierenden Polynomalgorithmus tun. Es stellt sich die Frage, wie und unter welchen Voraussetzungen aus einem approximativen Algorithmus für eine Funktion ein solcher für z.B. ihre Ableitung erhalten werden kann. Für Funktionen, die exakt durch Algorithmen berechnet werden, kann aus dem Algorithmus ein solcher für die Ableitung entwickelt werden. Ist

$$p(x) \quad = \quad \sum_{i=0}^{n-1} a_i X^i$$

ein Polynomalgorithmus für eine Funktion f, so wird deren Ableitung durch das Polynom

$$p'(x) \quad = \quad \sum_{i=1}^{n-1} i a_i X^{i-1}$$

berechnet.

Es soll nun der Fall von Funktionen betrachtet werden, deren Werte $f_o, f_1, f_2 \ldots$ auf einer Folge äquidistanter Stellen $t_0, t_1, t_2, \ldots$ mit $t_i = t_0 + i \cdot h$ vorgegeben sind, zwischen denen interpoliert wird. Die lineare Interpolation zwischen den Stützstellen liefert nach Differentiation als Approximation an die Ableitung die Treppenfunktion mit dem Wert $\frac{f_{i+1}-f_i}{h}$ auf dem Intervall $[t_i, t_{i+1})$. Eine bessere Approximation ist durch den Mittelwert der links- und der rechtsseitigen Sekantensteigung $\frac{f_{i+1}-f_{i-1}}{2h}$ zu erwarten.

Eine Approximation an das (unbestimmte) Integral F ergibt sich aus der Approximation von f durch eine Treppenfunktion: $F_{i+1} = F_i + f_i \cdot h$. Die lineare Interpolation führt, sofern sie f genauer als eine Treppenfunktion approximiert, zu einer besseren Approximation für F:

$$F_{i+1} = F_i + \frac{1}{2}(f_i + f_{i+1})(h),$$

bzw. einer quadratischen Interpolation auf den Zwischenpunkten.

Differentiation und Integration übersetzen sich also in Differenzen- und Summenbildung. Gleichungen zwischen einer Funktion und ihren Ableitungen (Differentialgleichungen) führen auf Rekursionsformeln für die Werte f_i. Hiermit kann ein Rechner dann auch Approximationen an die Lösungen von Differentialgleichungen berechnen. Operationen, die aus einer Wertefolge (f_i) die Wertefolge (F_i) für eine andere Funktion berechnen, spielen auch eine wichtige Rolle in der digitalen Signalverarbeitung [PR88] . Ein zeitkontinuierliches Signal wird periodisch abgetastet und Wert für Wert an einen (genügend schnellen) Rechner übergeben, der daraus eine Folge von Ergebnissen berechnet und abhängig von der Zeit als Treppenfunktion ausgibt.

2.2.4 Algorithmen für Permutationen

Als weiterer Typ spezieller Funktionen betrachten wir Permutationen der endlichen Menge $I_n = \{0, \cdots, n-1\}$ und werden beweisen, daß wir beliebige Permutationen algorithmisch aus speziellen, einfachen Permutationen konstruieren können.

Ist M eine Menge, so liefert die sequenzielle Komposition eine Verknüpfung

$$\circ : \mathcal{F}_t(M, M) \times \mathcal{F}_t(M, M) \to \mathcal{F}_t(M, M) .$$

$\circ$ ist assoziativ, und die identische Abbildung auf M, id_M, ist neutrales Element für „$\circ$". Wir setzen

$$S(M) = \{f \in \mathcal{F}_t(m, N) \mid \exists f', f \circ f' = f' \circ f = id_n\}.$$

$S(M)$ ist die Menge der bijektiven Abbildungen von M auf sich (der Permutationen von M). $S(M)$ ist unter „$\circ$" abgeschlossen und enthält für jedes Element ein Inverses bezüglich „$\circ$", ist also eine Gruppe (vgl. Definition 2.1). Wir setzen $S = S_n(I_n)$. Die Gruppe S_n enthält $n!$ Elemente.

Definition 2.7 *Homomorphismus*

Eine Abbildung

$$\lambda : G_1 \to G_2$$

zwischen zwei Gruppen heißt Homomorphismus, wenn sie mit den Gruppenoperationen in G_1 und G_2 verträglich ist:

$$\lambda(g_1 g_2) = \lambda(g_1)\lambda(g_2).$$

Der folgende Satz besagt, daß sich beliebige Gruppen homomorph in solche Permutationsgruppen einbetten lassen.

Satz 2.3 *Sei G eine Gruppe. Dann gibt es einen injektiven Homomorphismus*

$$\lambda : \quad G \quad \to \quad S(G) .$$

Beweis:

Für $g \in G$ sei l_g die Abbildung

$$l_g : \quad G \ \to \ G$$
$$x \ \mapsto \ gx \, .$$

Dann beweist man für die Abbildung λ mit $\lambda(g) = l_g$

- λ ist verträglich mit den Multiplikationen in G und $\mathcal{F}_t(G,G)$
- $\lambda(e) = id_G$ für das Einselement $e \in G$
- $\lambda(g) \in S(G)$
- $\lambda : G \to S(G)$ ist injektiv.

Die erste Behauptung ergibt sich z.B. aus dem in G gültigen Assoziativgesetz:

$$\lambda(g_1 g_2)(x) = (g_1 g_2)x = g_1(g_2 x) = \lambda(g_1)(g_2 x) = \lambda(g_1)(\lambda(g_2)(x)) = (\lambda(g_1) \circ \lambda(g_2))(x).$$

q.e.d.

Sei G eine endliche Gruppe. Eine Teilmenge $E \subset G$ erzeugt G, wenn für jedes $g \in G$ eine Darstellung als Produkt $g = e_1 e_2 \ldots e_k$ existiert, worin die $e_i \in E$ sind. Besteht G aus Permutationen, so bedeutet dies, daß wir für die bijektive Funktion g einen Algorithmus über der Menge E von Grundfunktionen finden können.

Für $0 \leq i < n - 1$ sei $h_i \in S_n$ die Funktion

$$h_i(j) = \begin{cases} j & \text{für} & j \ \neq \ i, i+1 \\ i+1 & \text{für} & j \ = \ i \\ i & \text{für} & j \ = \ i+1 \end{cases}$$

h_i ist „einfach" in dem Sinne, daß sie nur zwei Zahlen verändert. Es gilt $h_i \circ h_i = id_{I_n}$.

Satz 2.4 *Die Menge* $E = \{h_0, \ldots, h_{n-2}\}$ *erzeugt* S_n.

Beweis:
Für Anwendungen dieses Satzes ist es nützlich, für eine gegebene Permutation $g \in S_n$ die $e_1, \ldots, e_k \in E$ wirklich angeben zu können, deren Produkt g ist. Wir geben einen Algorithmus an, der eine Folge $e_1, \ldots, e_k \in E$ berechnet, so daß $g = e_1 \circ \ldots \circ e_k$ ist, der also als Resultat einen Algorithmus für g liefert.

Sei E^* die Menge der endlichen Folgen von Elementen aus E und ε die leere Folge. Das Aneinanderfügen von Folgen von Elementen von E wird multiplikativ geschrieben. Der Algorithmus

$$f(g) = \begin{cases} \varepsilon & \text{falls} \quad g = id_{I_n} \\ f(g \circ h_i) h_i & \text{falls} \quad g(i) > g(i+1) \text{ und } g(j) < g(j+1) \text{ für } j < i \end{cases}$$

definiert eine Funktion

$$f: \quad S_n \quad \to \quad E^*.$$

Zu verifizieren ist, daß f überall definiert ist und daß für $f(g) = (e_1, \ldots, e_k)$ wirklich $g = e_1 \circ \ldots \circ e_k$ ist. Für $g \in S_n$ setzen wir

$$u(g) = \#\{(r,s) \in I_n \times I_n \mid r < s, g(r) > g(s)\}.$$

Ist $g(i) > g(i+1)$, so folgt $g \circ h_i(i) < g \circ h_i(i+1)$, und für die Permutation $g' = g \circ h_i$ ist $u(g') = u(g) - 1$. Es sind nämlich mit

$$
\begin{aligned}
I &= \{0, \cdots, i-1\} \\
II &= \{i+2, \cdots, n-1\} \\
III &= \{i, i+1\}
\end{aligned}
$$

die Anzahlen solcher Paare mit $r, s \in I$ bzw. $r, s \in II$ oder $r \in I$ und $s \in II$, $r \in I$ und $s \in III$ bzw. $r \in III$ und $s \in II$ jeweils unverändert, und nur in III tritt die Änderung auf (s. Bild 2.3).

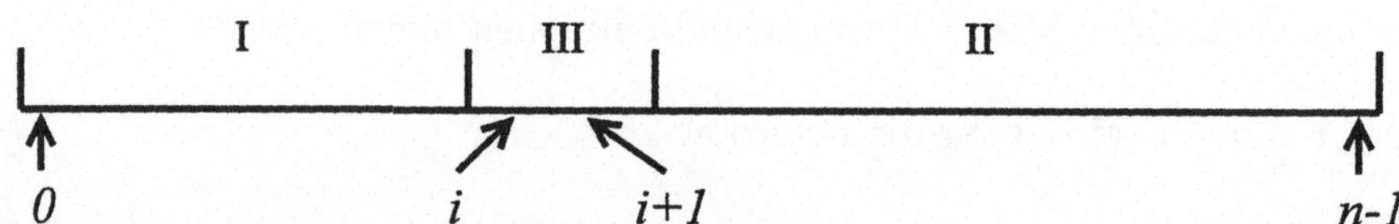

Bild 2.3 Verringerung der Unordung

Da die „Unordnung" u aber nicht unter 0 fallen kann, muß die Rekursion

$$f(g) = f(g \circ h_{i_1})h_{i_1} = f(g \circ h_{i_1} \circ h_{i_2})h_{i_2}h_{i_1} = \ldots$$

nach einer Anzahl von k Schritten abbrechen, und für

$$g' = g \circ h_{i_1} \circ h_{i_2} \circ \ldots \circ h_{i_k}$$

gilt stets $g'(i) < g'(i+1)$. Daher ist $g' = id_{I_n}$ und $f(g') = \varepsilon$, also $f(g) = (h_{i_k} \ldots, h_{i_1})$. Aus $id_{I_n} = g \circ h_{i_1} \circ \ldots \circ h_{i_k}$ folgt durch Multiplikation von rechts mit $h_{i_k}, \ldots, h_{i_1}$

$$h_{i_k} \circ \ldots \circ h_{i_1} = g.$$

q.e.d.

Das Verfahren, die (ungeordnete) Wertefolge der $g(i)$ durch Vertauschen von Nachbarelementen (Komposition mit passenden h_i) zu ordnen, ist auch als „Bubble Sort" bekannt (vgl. 5.6.1). Die spezielle Wahl der Verzweigungsbedingung im obigen Algorithmus führt zu einer bestimmten Reihenfolge der h_{i_k}. Andere Varianten des Bubble-Sort-Verfahrens wählen andere Reihenfolgen von Nachbarvertauschungen. Es wird aber immer dieselbe Zahl von Vertauschungen benötigt, nämlich obige Zahl $u(g)$. Für die Permutation mit der Wertefolge $(n - 1, n - 2, \ldots, 0)$ wird die Maximalzahl von Vertauschungsoperationen (die maximale Komplexität), nämlich

$$\#\{(r,s) \in I_n \times I_n \mid r > s\} = n \cdot \frac{n-1}{2}$$

erreicht.

Zusammenfassung

Für das maschinelle Rechnen mit Zahlen müssen diese binär codiert werden. Codierungen endlicher Wortlänge stellen stets nur einen endlichen Zahlbereich dar. Die Rechnerarithmetik liefert dann nur die niederwertigen Stellen großer Zahlen oder akzeptiert Rundungsfehler. Durch Erhöhung der Stellenzahl kann die resultierende Ungenauigkeit im Prinzip jedoch beliebig klein gehalten werden. Reelle Zahlen sind Grenzwerte von rationalen Zahlen und werden bestenfalls durch den Prozeß beschrieben, die Genauigkeit einer Berechnung immer weiter zu erhöhen. Reelle Funktionen wie $\sqrt{\ }$, exp können durch Algorithmen über den Grundoperationen $+, -$ und Konstanten (Polynome oder zusammengesetzte Splines) nur approximiert werden, allerdings mit beliebiger Genauigkeit. Approximative Algorithmen können so gewählt werden, daß ihre Ableitung eine Approximation an die Ableitung der approximierten Funktion liefert.

Übungsaufgaben zu Kapitel 2

1. a) Finden Sie alle diejenigen Elemente $x \in I_{31}$, deren Potenzen bezüglich $*_{31}$ alle $y \in I_{31}, y \neq 0$ durchlaufen.

   b) Erläutern Sie, wie unter Benutzung eines solchen x und einer Tabelle seiner Potenzen die Multiplikation $*_{31}$ mit Hilfe der Addition $+_{30}$ realisiert werden kann.

   c) Bestimmen Sie nach dieser Methode mit $x = 11$: $29 *_{31} 17$.

2. Gegeben sei folgendes Gleitkommaformat zur Basis $b = 2$ mit einem Mantissenvorzeichenbit S, einem 5–bit–Exponentenfeld E und einem 10–bit–Mantissenfeld M:

15	14 10	9	0
S	Exponent E+10	1	Mantisse M

Die implizite Eins vor den Mantissenbits M erweitert diese zu der Mantisse m, so daß $1 \leq m < 2$ gilt. Eine positive Zahl wird mit $S = 0$, eine negative mit $S = 1$ codiert. Der Offset des Exponenten ist 10, so daß auch negative Exponenten dargestellt werden können.

a) Stellen Sie die dezimalen Festkommazahlen $(15{,}86)_{10}$ und $(0{,}1586)_{10}$ als Gleitkommazahlen im gegebenen Format dar.

b) Führen Sie unter Verwendung dieser Gleitkommadarstellungen die Addition und die Multiplikation der Zahlen $(15{,}86)_{10}$ und $(0{,}1586)_{10}$ aus.

3. a) Geben Sie an, wie ohne Umwandlung in das Dezimalsystem aus dem Bitmuster $(c_{31}c_{30}\ldots c_1 c_0)_2$ einer 32–bit–Binärzahl die Codierung der Zahl durch simultane Reste modulo 2^{16} und modulo $(2^{16}-1)$ als Binärzahlenpaar $((a_{15}a_{14}\ldots a_1 a_0)_2,\ (b_{15}b_{14}\ldots b_1 b_0)_2)$ gewonnen werden kann, und wie aus diesem Paar die 32–bit–Binärzahl wieder decodiert werden kann.

b) Geben Sie an, wie mit Hilfe dieser Codierung Addition und Multiplikation von 32–bit–Binärzahlen mit einem Rechenwerk für 16–bit–Binärzahlen durchgeführt werden können.

c) Schätzen Sie die Gatter-Komplexität einer gemäß a) und b) arbeitenden Multiplizierschaltung und vergleichen Sie sie mit einer Schaltung für $*_{32}$.

4. Der ggT zweier Polynome $f(X)$ und $g(X)$ ist das Polynom mit dem *höchsten* Grad, das sowohl $f(X)$ als auch $g(X)$ ohne Rest teilt und als führenden Koeffizienten 1 hat.

Sei Grad $g(X) \leq$ Grad $f(X)$. Es gilt $f(X) = q(X) \cdot g(X) + r(X)$, wobei $q(X)$, $r(X)$ Polynome sind mit $0 \leq$ Grad $r(X) <$ Grad $g(X)$.

a) Zeigen Sie, daß

$$\mathrm{ggT}(f(X),\ g(X)) = \mathrm{ggT}(g(X),\ r(X)).$$

Verifizieren Sie hiermit den Euklidischen Algorithmus für den ggT von Polynomen, in dem man rekursiv das Polynom mit dem höheren Grad durch das Polynom mit dem kleineren Grad dividiert und anschließend das Polynom mit dem höheren Grad durch den Rest der Division ersetzt. Ist eines der beiden Polynome das Nullpolynom, so stellt das andere den ggT dar.

b) Bestimmen Sie den ggT der beiden Polynome $f(X) = X^4 + X^3 + X + 1$ und $g(X) = X^3 + X^2 + X$ mit Koeffizienten aus $I_2 = \{0{,}1\}$ nach dem obigen Schema.

5. Mit Hilfe der Polynomarithmetik in I_2 können redundante Codes erzeugt werden. Dazu wird das zu codierende Binärwort als Koeffizientenfolge des Informationspolynoms $m(X)$ interpretiert. Das Codewort ergibt sich als Koeffizientenfolge eines Codepolynoms $n(X)$ aus $m(X)$ durch:

$$n(X) = m(X) *_2 g(X).$$

Das verwendete Generatorpolynom $g(X)$ sei als Teiler von $X^7 +_2 1$ gewählt:

$$X^7 +_2 1 = g(X) *_2 h(X).$$

Die folgende Tabelle zeigt Binärworte und ihre nach diesem Verfahren erzeugten Codeworte.

Binärwort	Codewort	Binärwort	Codewort
0000	0000000	1000	1011000
0001	0001011	1001	1010011
0010	0010110	1010	1001110
0011	0011101	1011	1000101
0100	0101100	1100	1110100
0101	0100111	1101	1111111
0110	0111010	1110	1100010
0111	0110001	1111	1101001

a) Wie lautet das Generatorpolynom $g(X)$?

b) Zur Decodierung der Codeworte wird durch das Generatorpolynom dividiert. Bei korrektem Codewort ergibt sich kein Divisionsrest. Ist das Codewort durch einen 1–bit–Fehler verfälscht, also von der Form $m(X) *_2 g(X) +_2 X^k$, so ergibt sich ein Rest $\neq 0$. Erstellen Sie eine Tabelle der Divisionsreste abhängig von k.

c) Ein durch einen 1–bit–Fehler verfälschtes Codewort n einer Information m lautet 1000001. Wie lautet m?

6. a) Stellen Sie die Koeffizienten der um $x_0 = 0$ entwickelten Taylorreihe der Funktion $f(x) = \cos x$ auf:

$$f(h) = f(0) + \frac{h}{1!}f'(0) + \frac{h^2}{2!}f''(0) + \ldots + \frac{h^n}{n!}f^{(n)}(0) + R_n, \text{ mit}$$

$$R_n = \frac{h^{n+1}}{(n+1)!}\, f^{(n+1)}(\vartheta h) \quad \text{für } ein\ \vartheta \in (0,1)$$

b) Ermitteln Sie mit dem Ausdruck für r_1 eine obere Schranke für den absoluten Fehler bei Näherung von $\cos x$ durch das Polynom $1 - \frac{x^2}{2} + \frac{x^4}{24}$ im Bereich $0 \leq x \leq \frac{\pi}{2}$.

c) Geben Sie ein geeignetes Polynom zur Näherung von $\cos x$ im Bereich $0 \leq x \leq \frac{\pi}{2}$ an, so daß der absolute Fehler kleiner als 10^{-5} ist.

3 Rechenmaschinen mit Speicher

In diesem Kapitel geht es um „Hardware". Maschinen für interessierende Funktionen lassen sich durch Zusammenschalten von Maschinen für Grundoperationen konstruieren. Es liegt nahe, einen universell verwendbaren Rechner so zu konstruieren, daß er eine große Zahl von Grundbausteinen bereitstellt, die über eine variable Verbindungsstruktur auf verschiedene Weise verschaltet werden können. Eine Maschine für eine Grundoperation kann in einem Algorithmus mehrfach zu verschiedenen Zeiten verwendet werden. Sie muß dann nur einmal aufgebaut sein, aber zu geeigneten Zeiten auf verschiedene Eingaben zugreifen. Solche Überlegungen führen auf das Konzept eines programmgesteuerten Universalrechners, der die Grundoperationen eines Algorithmus in zeitlicher Folge ausführt und dazu eine Folge von Instruktionen erhält. Dieses Konzept wird am Beispiel eines realen Mikroprozessors verdeutlicht. Weiterführende Literatur zu diesem Kapitel sind [HU90] und [BAH94].

3.1 Aufgabe und Funktionsweise von Speichern

Wenn eine reale Maschine als physikalisches System arbeitet, so liegen ihre Eingänge i als meßbare physikalische Größen an bestimmten Punkten und während eines Zeitintervalls an. Die Ausgabe o kann während eines Ausgabezeitintervalles abgegriffen werden (s. Bild 3.1). Zwischen Ein- und Ausgaben besteht eine kausale Abhängigkeitsbeziehung, die durch die Übertragungsfunktion der Maschine beschrieben wird. Nach einer Änderung der Eingangsgrößen wird eine Verarbeitungszeit vergehen, ehe die Ausgaben abgegriffen werden können.

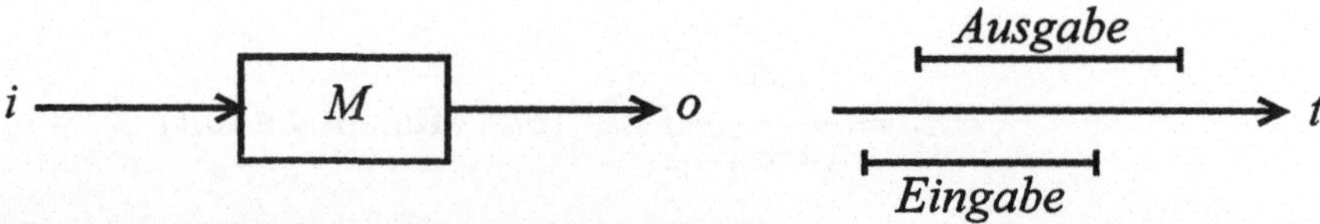

Bild 3.1 Zeitverhalten einer realen Maschine

Dieselbe Maschine kann zu verschiedenen Zeiten für verschiedene Berechnungen verwendet werden. Die Eingangs- und Ausgangsgrößen sind dann zeitabhängig. Nur während der Ein- und Ausgangszeitintervalle für die einzelnen Berechnungen müssen die Ein- und Ausgabegrößen Argumente bzw. Resultate der durch die Maschine realisierten Funktion repräsentieren. Bei einem Digitalrechner wären dies Spannungen in den Bereichen L $(0..1V)$ oder H $(2..5V)$. Zwischen den Zeitintervallen erfolgen Übergänge, in denen auch Werte durchlaufen werden, die keine gültigen Ein- und Ausgaben sind (s. Bild 3.2).

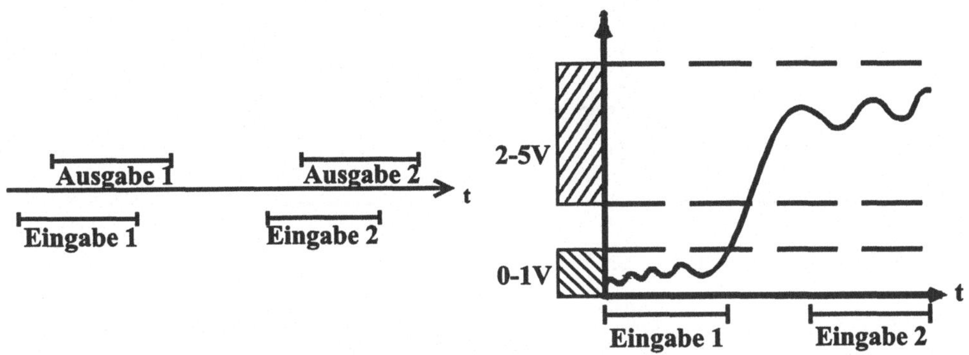

Bild 3.2 Zeitabhängige Ein- und Ausgaben

Die Ausgabe der Maschine kann u. U. nur in einem kurzen Zeitintervall entnommen werden. Falls sie, z.B. zur Steuerung eines technischen Vorganges, über eine längere Zeitspanne verfügbar sein muß, muß sie in einer geeigneten Vorrichtung „gespeichert" werden. Auch wenn die Ausgabe der Maschine zu einem späteren Zeitpunkt als Eingabe einer anderen (oder auch derselben) verwendet werden soll, wird eine Speichervorrichtung benötigt. Ein Speicher realisiert bei der seriellen Komposition von Maschinen eine Verbindung „durch die Zeit" (s. Bild 3.3).

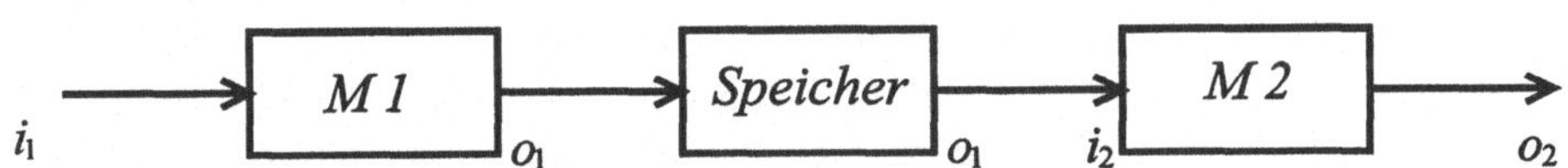

Bild 3.3 Verbindung durch die Zeit

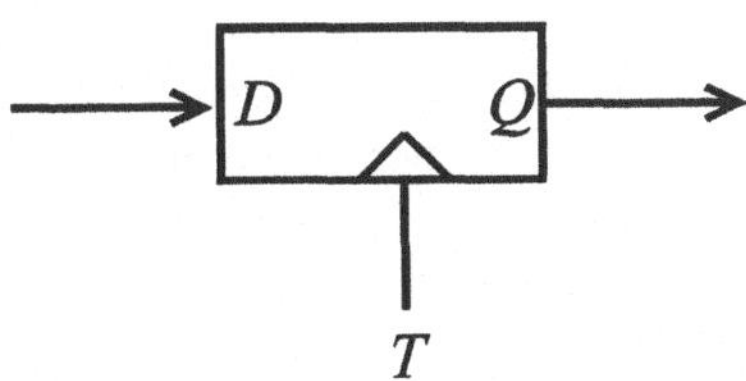

Bild 3.4 Das D-Flipflop

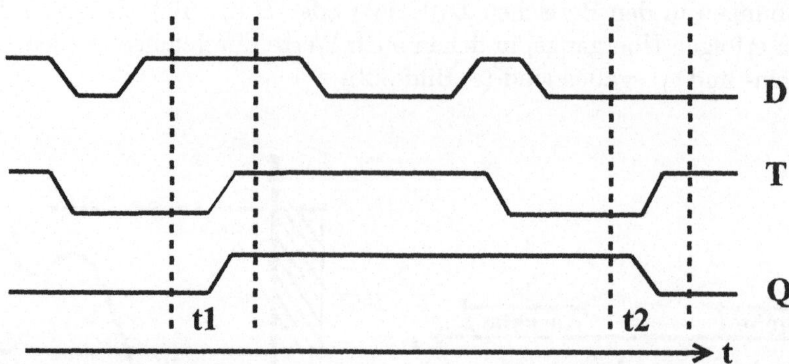

Bild 3.5 Zeitverhalten des D-Flipflops

Eine elektrische Vorrichtung, die zu einem definierten Zeitpunkt ein anliegendes Spannungssignal von einem Eingang übernimmt und speichert, ist das sogenannte D-Flipflop (s. Bild 3.4). Das Datenbit am Eingang D wird an den Ausgang Q übernommen, wenn der Takteingang T einen Wechsel vom $0..1V-$ in den $2..5V-$Bereich ausführt. Q bleibt danach unabhängig vom weiteren Verlauf an D konstant, wie das Mehrfachoszillogramm in Bild 3.5 zeigt. Während eines kurzen Zeitfensters um den Übergang des T–Signals muß D stabil in L oder H verweilen, und außerhalb dieses Fensters gilt dies für Q.

Als Vorrichtung zum Speichern eines Spannungspegels genügt im Prinzip ein Kondensator. Zur zeitlich unbeschränkten Speicherung werden rückgekoppelte Verstärker-Schaltungen verwendet, die in einem von zwei Zuständen verharren. Der Speichereffekt resultiert daraus, daß ein Wechsel zwischen den Zuständen den Einsatz von Energie erfordert. Das D–Flipflop wird durch eine rückgekoppelte Gatterschaltung realisiert [WS95]. Es ist wie die Gatter ein Standardbaustein der Digitaltechnik.

3.2 Endliche Automaten

Als Anwendung betrachten wir die dem Algorithmus zur polyadischen Addition von n–stelligen Binärzahlen entsprechende Schaltung. Sie besteht aus n identischen Teilschaltungen V, die jeweils eine Stelle q_i des Ergebnisses aus den entsprechenden Stellen a_i und b_i der Operanden und dem Übertrag c_i aus der $(i-1)$–ten Stelle berechnet (s. Bild 3.6). Unter Verwendung eines D–Flipflops können wir dieselbe Funktion dadurch realisieren, daß wir die n Stellen nacheinander mit derselben Teilschaltung berechnen und dazu den Übertrag o_{i-1} über den Speicher mit dem Eingang c_i „verbinden" (s. Bild 3.7).

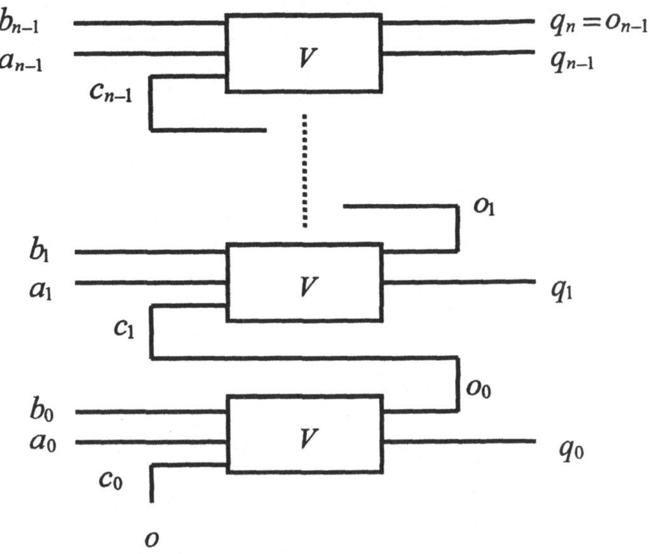

Bild 3.6 Addierschaltung für n-stellige Binärzahlen

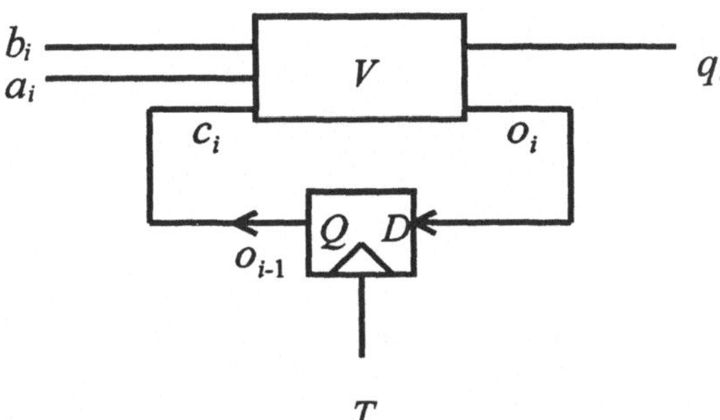

Bild 3.7 Serieller Addierer

Die Eingaben a_i und b_i erfolgen nun in zeitlicher Folge. Das Taktsignal T muß seine Übergänge im selben Rhythmus machen, in dem die Eingänge angelegt werden, um den Übertrag o_i in den Speicher zu übernehmen (s. Bild 3.8).

Eine Schaltung aus einer Gatterfunktion S und einem Speicher M aus einem oder mehreren Flipflops wird als endlicher Automat bezeichnet (s. Bild 3.9). Wenn wir von der binären Codierung abstrahieren und die Menge der Eingabewerte als E, die der Ausgabewerte als A und die der speicherbaren Werte als Z (Zustandsmenge des Speichers) bezeichnen, wird der Automat durch die durch S realisierte Übergangsfunktion

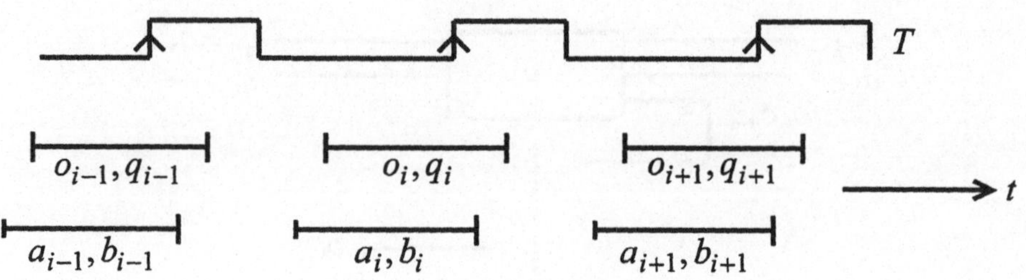

Bild 3.8 Ein- und Ausgaben am seriellen Addierer

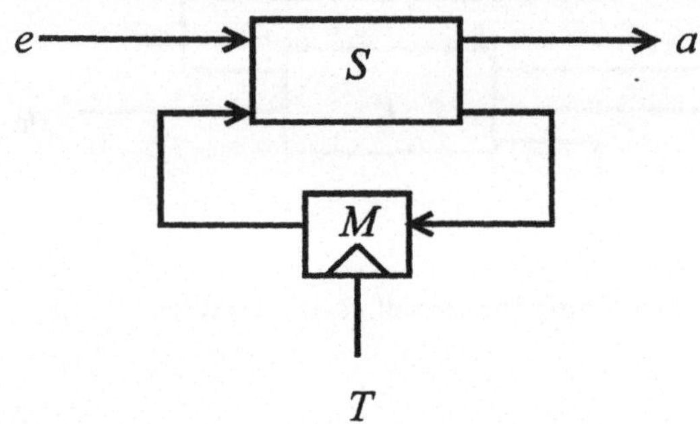

Bild 3.9 Endlicher Automat

$$f: \quad E \times Z \quad \to \quad A \times Z$$
$$(e, z) \quad \mapsto \quad (q(e,z), \sigma(e,z))$$

charakterisiert. An den Automaten werden Folgen von Eingängen $e_i \in E$ angelegt (markiert durch das Taktsignal). Als Resultat durchläuft der Speicher, beginnend in einem Anfangszustand z_0, eine Folge von Zuständen z_i mit

$$z_{i+1} = \sigma(e_i, z_i) \quad ,$$

und als Ausgabe erscheint die Folge

$$a_i = q(e_i, z_i).$$

Wir lassen den Fall zu, daß die Übergangsfunktion f nicht überall definiert ist, daß also in einem gegebenen Zustand z nicht alle Eingaben e zulässig in dem Sinne sind, daß $(e, z) \in D(f)$ gilt. Für kleine Mengen E, A, Z wird f durch eine Wertetabelle oder durch den sogenannten Zustandsgraphen beschrieben. Der Zustandsgraph hat als Knoten die Zustände z_i und als Kanten die Paare $(z, \sigma(e,z))$ mit $(e,z) \in D(f)$, die graphisch als Pfeile gezeichnet werden (vgl. 1.1.2). Die Pfeile werden mit der Eingabe e und der dabei resultierenden Ausgabe $a = q(e, z)$ beschriftet (s. Bild 3.10). Für den obigen seriellen Addierer hat die Zustandsmenge nur zwei Elemente $z_0 = 0$ und $z_1 = 1$, und als Zustandsdiagramm ergibt sich Bild 3.11.

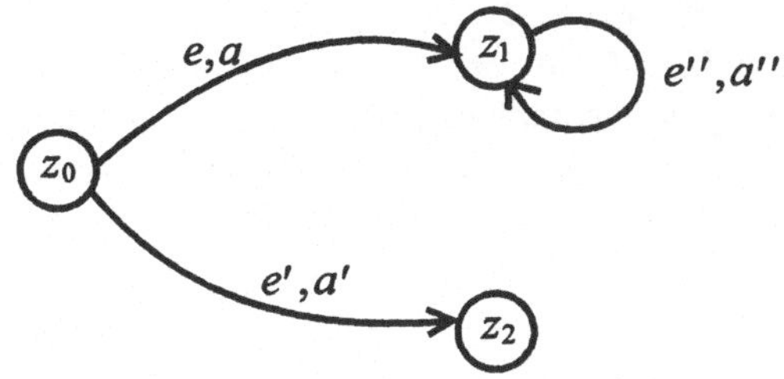

Bild 3.10 Zustandsgraph eines endlichen Automaten

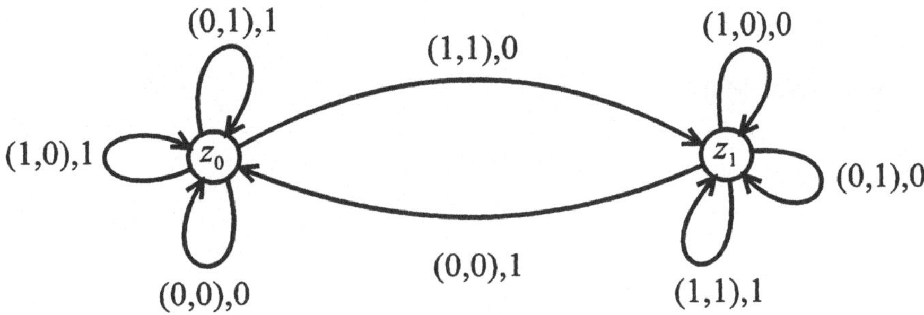

Bild 3.11 Zustandsgraph des seriellen Addierers

Endliche Automaten stellen ein einfaches Modell für Rechner mit Speicher dar, welches zwar im Prinzip komplexe Rechner mit vielen Millionen Speicherzellen einschließt, sich aber vorzugsweise für die Beschreibung einfacher Teilstrukturen eignet. Einige Spezialfälle sind im folgenden Beispiel zusammengefaßt.

Beispiel 3.1

- *Schaltungen ohne Speicher, z.B. der sogenannte Multiplexer, welcher einen von 8 Eingängen $e_0 \ldots e_7$ über zusätzliche Steuereingänge a_0, a_1, a_2 auswählt und als q ausgibt (s. Bild 3.12, vgl. auch Bild 1.17).*

- *der n–bit–Speicher aus n Flipflops (mit gemeinsamem T-Signal, s. Bild 3.13)*

- *ein Zähler ergibt sich, indem man als Schaltung einen n–bit–Addierer (Bild 3.6) verwendet und damit einen n–bit–Speicher um die Konstante 1 inkrementiert.*

- *das n–bit–Schieberegister, welches eine zeitliche Folge von n Eingaben e_0, $\ldots, e_{n-1}$ wieder parallel verfügbar macht oder das zu Anfang im Speicher stehende n–stellige–Binärwort seriell an q_0 ausgibt (s. Bild 3.14).*

- *der adressierbare Speicher als Kombination von n–bit–Speicher und Multiplexer (s. Bild 3.15). Diese Schaltung läßt sich so erweitern, daß nur das adressierte Flipflop mit einem Eingabedatum geschrieben wird und alle anderen ihren Wert beibehalten. Der adressierbare, schreib- und lesbare Speicher ist ein wichtiger Baustein moderner Rechner, das sogenannte RAM (random access memory).*

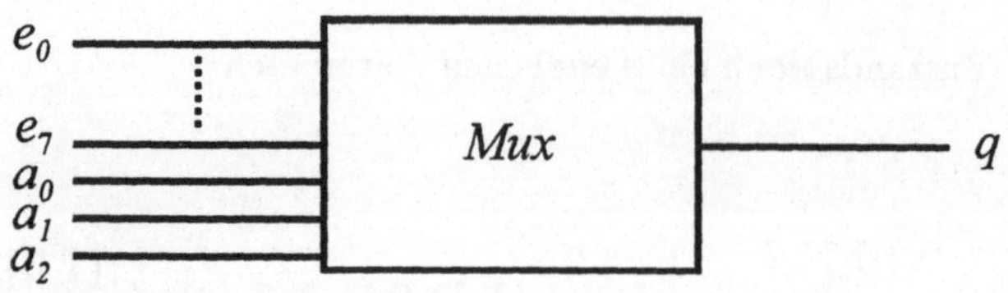

Bild 3.12 Multiplexer

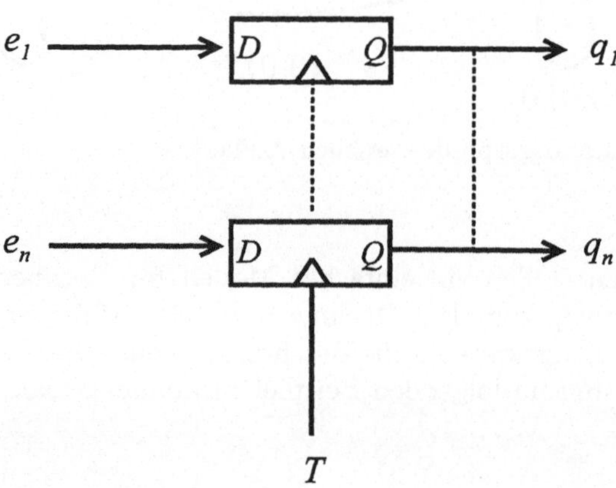

Bild 3.13 n-bit-Speicher

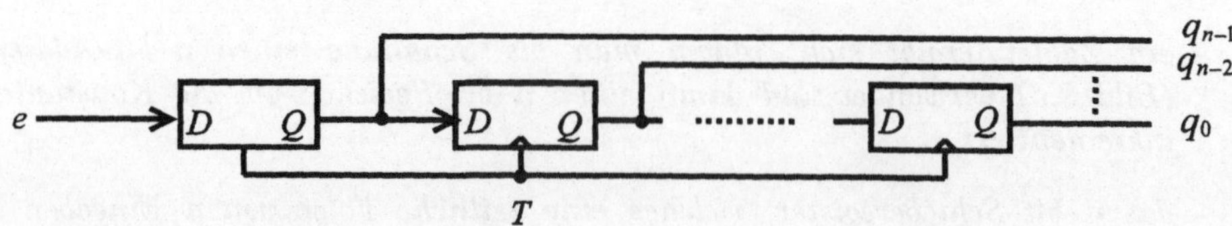

Bild 3.14 n-bit-Schieberegister

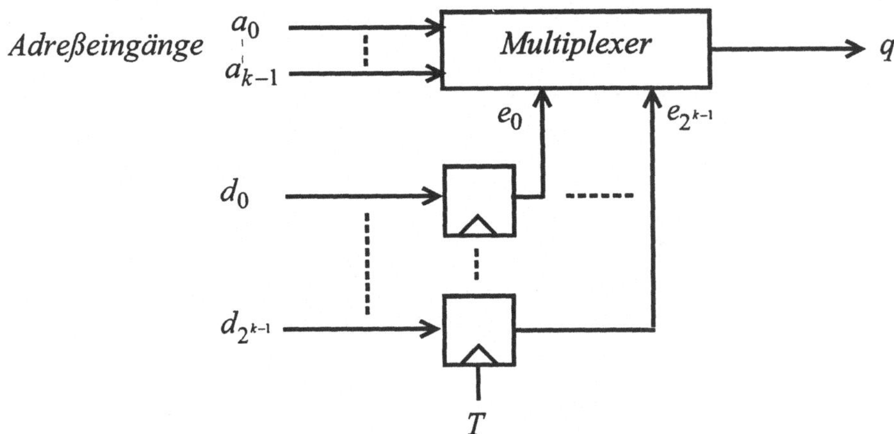

Bild 3.15 Adressierbarer Speicher

3.3 Programmierbare Universalrechner

Nach den Ausführungen in Kapitel 1 können wir schleifenfreie Algorithmen über
einem Satz $\mathcal{F}_0$ von Grundfunktionen durch entsprechende serielle oder parallele Verschaltung von Maschinen für die Grundfunktionen realisieren (s. Bild 1.12, worin
$f_1, \ldots f_4 \in \mathcal{F}_0$ Grundfunktionen darstellen). Ein Universalrechner im Sinne von
1.1.4, der abhängig von einem Steuereingang eine Anzahl verschiedener Funktionen
ausführen kann, läßt sich ebenso realisieren, indem man einen geeigneten Gesamtal-
gorithmus verwendet. Um Universalrechner für *alle* berechenbaren Funktionen zu
konzipieren, können Algorithmen in geeignet codierter Form als Steuereingaben
verwendet werden, um die durch sie gegebenen Funktionen auszuwählen. Wir machen für einen solchen Rechner nun den Architekturansatz, daß er eine Menge von
Grundbausteinen bereitstellt, die entsprechend dem als Steuereingabe anliegenden
Algorithmus durch Hilfsschaltungen zusammengeschaltet werden (Bild 3.16).

Eine wichtige Technik, einen Rechner nach diesem Prinzip mit beschränktem Schal-
tungsaufwand zu realisieren und dennoch eine große Zahl von Elementaroperationen
verschalten zu können, besteht darin, die vorhandenen Bausteine vielfach zu verwenden und die Verschaltung durch die Zeit durch geeignete Speicher zu unterstützen.
Im folgenden wird mittels dieser Technik eine Rechnerarchitektur entwickelt, die
mit nur einem, immer wieder verwendeten Multifunktionsbaustein arbeitet. In 4.1.2
werden wir auch eine Architektur mit mehreren, vielfach verwendeten Bausteinen
betrachten.

Ein endlicher Satz $\mathcal{F}_0$ von Grundfunktionen läßt sich nach 1.1.4 in eine einzige
universelle Funktion

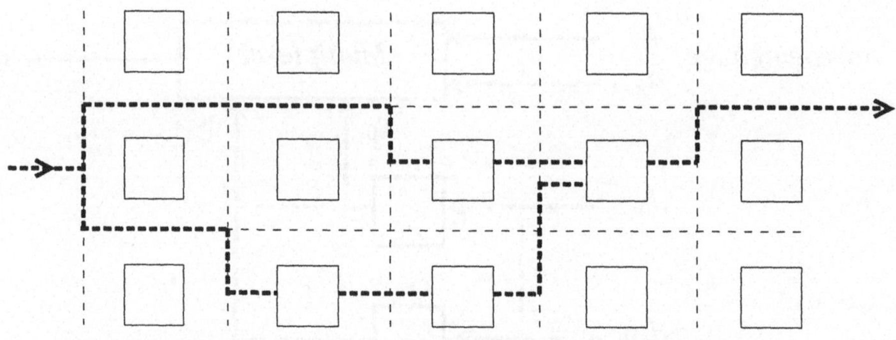

Bild 3.16 Universalrechnerarchitektur als variables Netzwerk

$$U : M \times \mathcal{F}_0 \to N$$

für geeignete endliche Mengen M, N zusammenfassen, so daß ein schleifenfreier Algorithmus die in Bild 3.17 gezeigte Form annimmt. Es wird also immer derselbe Maschinentyp U verwendet, an dem über den Steuereingang die verschiedenen, gerade benötigten Teilfunktionen selektiert werden. U ist als Schaltung im allgemeinen wesentlich komplexer als die einzelnen Grundfunktionen. Wir können nun aber ähnlich wie im Falle des Addierers immer dieselbe Maschine zu verschiedenen Zeiten verwenden, indem wir die Zwischenergebnisse speichern und sie zu den aufeinanderfolgenden Zeiten mit den jeweiligen Speichern verbinden (s. Bild 3.18).

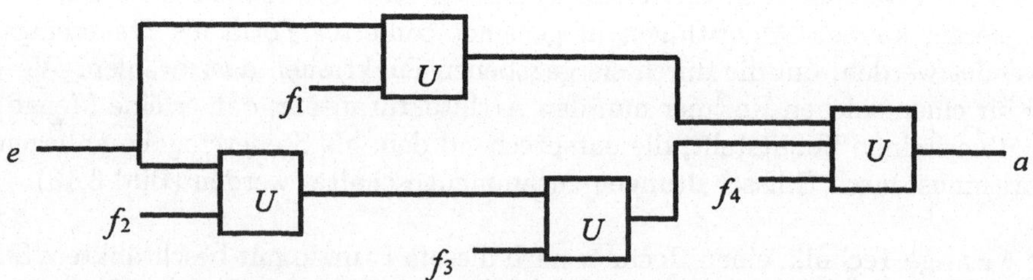

Bild 3.17 Algorithmus mit universeller Funktion

Das Aufschalten von U auf die verschiedenen Speicher S_i kann über geeignete Multiplexer und Demultiplexer, oder gleich durch die Verwendung eines RAM-Speichers und einer geeigneten Adreßfolge geschehen. Die Folge der Rechenschritte f_i und Speicheradressen kann ebenfalls einem Speicher entnommen werden, der über einen Zähler fortlaufend adressiert wird (vgl. Beispiel 3.1). Wir erhalten damit die in Bild 3.19 gezeigte Struktur für einen Universalrechner, der *alle* durch schleifenfreie Algorithmen über $\mathcal{F}_0$ realisierbaren Funktionen berechnen kann. Das im Speicher

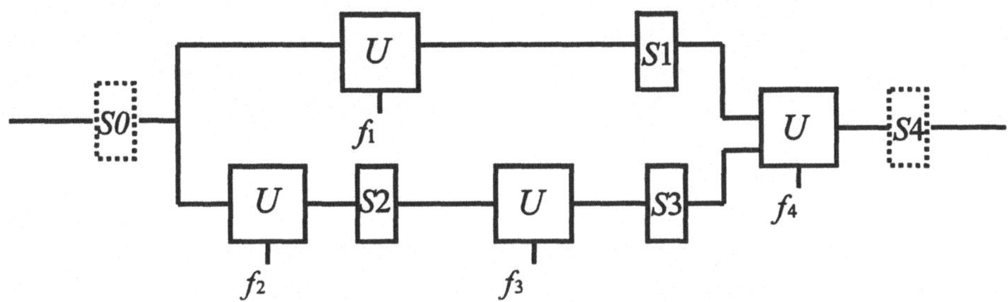

Bild 3.18 Mehrfachverwendung einer Universalmaschine

stehende Programm ist eine codierte Form des verwendeten Algorithmus und ist
die Steuereingabe an den Rechner.

Zu jedem Algorithmus gehört eine Belegung des Programmspeichers durch eine Liste
der auszuführenden Operationen und der dabei für Ein- und Ausgabe zu verwendenden Speicherzellen (d.h. ein Programm). Um beliebig komplexe, schleifenfreie
Algorithmen ausführen zu können, ist auch ein beliebig großer Speicher erforderlich. Wie im Falle des seriellen Addierers können Datenspeicherzellen aber auch
mehrfach verwendet werden, um den Speicherbedarf zu reduzieren.

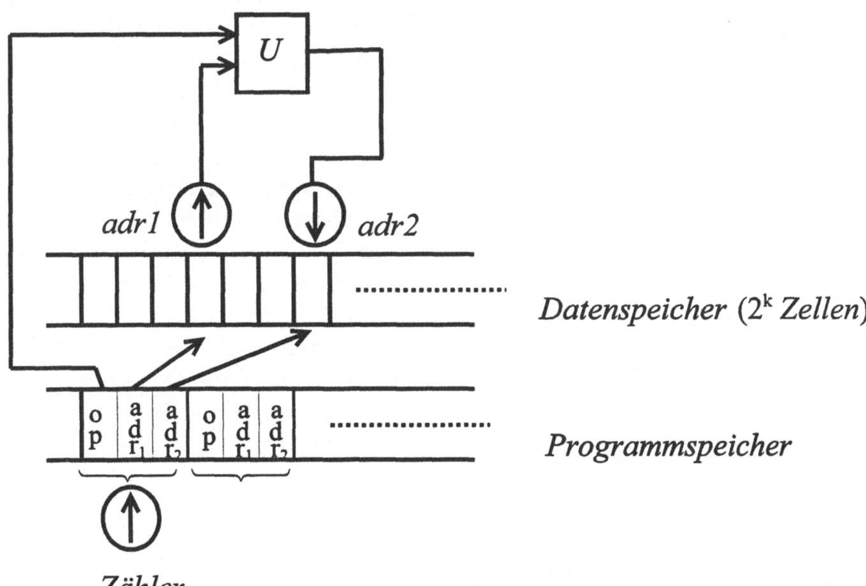

Bild 3.19 Universalrechner mit symbolisierten Schreib- und Lesepositionen

Um eine Anweisungsfolge für einen gegebenen Algorithmus aufzustellen, ist zu berücksichtigen, daß jeder Teilschritt erst dann ausgeführt werden kann, wenn die zugehörige Eingabespeicherstelle zuvor mit Eingabedaten geschrieben wurde. Im Beispiel in Bild 1.12 können f_3 erst nach f_2 und f_4 erst nach f_1 und f_3 ausgeführt werden. In einer seriellen Komposition $F \circ G$ von Teilfunktionen F und G muß stets G *vor* F berechnet werden.

Datenverteilungsoperationen wie Diagonalabbildungen erfordern keine zusätzlichen Operationen von U und werden dadurch realisiert, daß nach Bedarf (auch mehrfach) auf die bereits gespeicherten Daten zugegriffen wird.

Bei der Ausführung eines Algorithmus auf dem Universalrechner ergibt sich noch eine weitere, schon in 1.2.1 angesprochene Vereinfachungsmöglichkeit. Im Falle des Verzweigungskonstruktors $f \sqcup_a g$ mit seiner Schaltungsrealisierung nach Bild 1.11 müssen bei der sequenziellen Bearbeitung nicht beide Zweige f und g berechnet werden, sondern nach Berechnung von a nur der wirklich selektierte. Dies erfordert allerdings, daß die Vorrichtung zum Auslesen der Befehlstabelle abhängig von einer Bedingung das Überspringen einer Teilfolge von Befehlen zuläßt. Die *sel*–Funktion muß dann auch nicht durch U realisiert werden. Da nach 1.2.3 die *sel*–Funktion ausreicht, um beliebige Boolesche Funktionen zu konstruieren, kommen wir zu dem Ergebnis, daß sich ein Universalrechner bereits mit einem trivialen „Rechenwerk" U realisieren läßt, wenn er die Fähigkeit zu bedingten Sprüngen erhält.

Universalrechner nach dem hier diskutierten Bauprinzip unterscheiden sich in dem gewählten (endlichen) Satz $\mathcal{F}_0$ von Grundfunktionen sowie in der Geschwindigkeit, mit der diese ausgeführt werden können. Um codierte Versionen beliebiger endlicher Funktionen konstruieren zu können, genügt bereits die endliche Menge $\mathcal{F}_0$ der Funktionen UND, ODER, NICHT (sogar die NAND–Funktion, NAND = NICHT $\circ$ UND, oder die Selektorfunktion allein) und der Konstanten $0, 1$. Um arithmetische Funktionen einfach konstruieren zu können, wird man als Grundfunktionen eher arithmetische Operationen für einzelne polyadische Ziffern mit Überträgen verwenden, z.B. zu einer Basis $b = 2^{16}$ oder $b = 2^{32}$, die dann als 16– oder 32–stellige Binärzahlen codiert werden können. Wenn wir nur fordern, daß über $\mathcal{F}_0$ die primitiven Funktionen UND, ODER, NICHT berechnet werden können, so gilt dies für jede endliche Funktion und insbesondere die (möglicherweise komplexen) Funktionen eines anderen endlichen Satzes $\mathcal{F}_0'$ von Grundfunktionen mit derselben Eigenschaft. Der Rechner auf der Basis von $\mathcal{F}_0$ kann damit dieselben Funktionen berechnen wie der auf der Basis von $\mathcal{F}_0'$. Universalrechner unterscheiden sich also nicht in ihren grundsätzlichen Berechnungsmöglichkeiten, sondern nur in der Geschwindigkeit.

3.4 Ausführung rekursiver Algorithmen

Ein k–fach rekursiver Algorithmus für eine Funktion f (s. Definition 1.12),

$$f = \;\; C(\underbrace{f,\ldots,f}_{k},g_1,\ldots g_r)$$

ist durch einen (formalen) schleifenfreien Algorithmus C gegeben. Für diesen können wie oben eine Ausführungsreihenfolge und Speicherplätze zum Datentransfer festgelegt werden. Auf der Teilmenge D_i derjenigen Elemente, für die f bis zur Rekursionstiefe i berechnet werden kann (vgl. Kap. 1.3.1), ist f durch den linearen Algorithmus gegeben, der sich durch über i Stufen fortgesetzte Substitution von f durch $C(f,\ldots,f,g_1\ldots g_r)$ ergibt (s. Bild 1.21). Ein Programm hierfür ergibt sich aus dem Programm für C, indem man für jeden rekursiven Aufruf von $C(f,\ldots,g_r)$ eine Kopie der für C verwendeten Speicheranordnung vorsieht, und eine Kopie der Befehlsliste, die entsprechend geänderte Datenadressen hat (s. Bild 3.20).

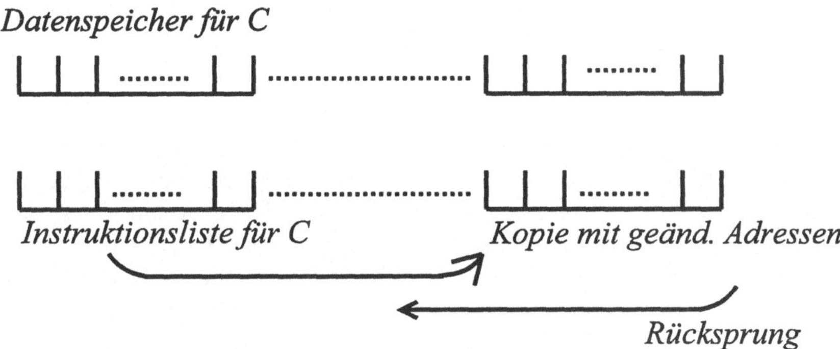

Bild 3.20 Rekursiver Aufruf einer Programmkopie

Der rekursive Aufruf wird in der Instruktionsliste dann durch einen Sprung auf die kopierte Anweisungsfolge realisiert, und am Ende der Anweisungsfolge muß ein Rücksprung in die aufrufende Anweisungsfolge stehen. Auch um rekursive Algorithmen ausführen zu können, die in dieser Weise Kopien derselben Anweisungsfolge verwenden, muß die Steuerschaltung für die Leseoperation der Instruktionsliste Sprünge erlauben. Auf dieselbe Art lassen sich auch Instruktionslisten für diejenigen g_i „aufrufen", die selbst zusammengesetzt sind. Wird dieselbe Funktion mehrfach aufgerufen, so müssen separate Kopien ihrer Instruktionsliste verwendet werden.

Mit einem Trick bei der Erzeugung der Adressen für die Datenzugriffe ist es sogar möglich, mit identischen Kopien der Instruktionsliste zu arbeiten, konsequenterweise ganz auf Kopien davon zu verzichten und bei rekursiven Aufrufen immer auf den Anfang derselben Liste zu springen. Eine feste, endliche (aber vielfach gelesene)

Instruktionsliste realisiert dann den rekursiven Algorithmus bis zu jeder beliebigen Rekursionstiefe. Man verwendet dazu Daten–Adressen, die relativ zu einem Bezugspunkt der gerade verwendeten Kopie des Datenspeichers für C gelten, und muß nur diesen Bezugspunkt verändern, der dazu selbst als Datum in eine dedizierte Speicherzelle kommt. Dies ist möglich, indem man die binären Adreßcodes als Zahlen interpretiert und die relative Adressierung durch eine Addition der Anfangsadresse und der Offsets aus der Befehlsliste realisiert. Der Rechner muß hierzu so ausgelegt sein, daß auch (berechnete) Daten als Adressen verwendet werden können. Da hier Daten zur Adressierung anderer Daten verwendet werden, spricht man von indirekter Adressierung. Bei jedem rekursiven Aufruf wird an die gerade verwendeten Kopien des C-Datenspeichers eine neue angefügt, die aber nach Abschluß des Aufrufs wiederverwendet werden kann (s. Bild 3.21).

Bild 3.21 Speicherbelegung der Stackmaschine

Die Kopien werden zweckmäßigerweise um eine Speicherzelle erweitert, in der die Rückkehradresse in die aufrufende Instruktionsfolge abgelegt werden kann. Beim Aufruf wird die Rückkehradresse in den Datenspeicher geschrieben, der Bezugspunkt für die neue Kopie gesetzt und die Aufrufdaten hierhin kopiert. Am Ende der aufgerufenen Berechnung werden die Resultate in die im Aufruf hierfür spezifizierten Speicherstellen kopiert, der Bezugspunkt im Datenspeicher zurückgesetzt und durch einen „indirekten" Sprung an der abgelegten Adresse fortgefahren. Dieselbe Methode erlaubt es auch, bei mehrfachen Aufrufen derselben Funktion auf separate Kopien ihrer Instruktionsliste zu verzichten.

Eine Maschine, deren Adreßgenerierung diese Möglichkeit zum Anfügen immer neuer Speicherfelder und ihrer Freigabe in umgekehrter Reihenfolge zuläßt, wird Stackmaschine genannt. Die Realisierung eines rekursiven Algorithmus auf einer solchen Maschine erfordert nur eine feste, endliche Instruktionsfolge, aber einen mit der Rekursionstiefe, d.h. datenabhängig wachsenden Datenspeicher. Entsprechend unserem Algorithmenbegriff werden wir im folgenden annehmen, daß ein Universalrechner so konstruiert wird, daß er als Stackmaschine funktionieren kann (mit Hilfe bedingter Sprünge, indirekter Sprünge und indirekter Adressierung). Er kann dann *alle* über $\mathcal{F}_0$ berechenbaren Funktionen im Sinne von Definition 1.13 realisieren.

Beispiel 3.2 *Betrachtet wird der rekursive Algorithmus*

$$f(n) = \begin{cases} 1 & \text{falls} \quad n = 1 \\ n \cdot f(n-1) & \text{falls} \quad n > 1 \end{cases}$$

Die Adreßcodes des Daten- und des Programmspeichers werden mit (binär codierten) Zahlen identifiziert. An jeder Adresse möge eine Zahl $r \in \mathbb{N}_0$ gespeichert werden können (im Falle eines realen Rechners müßte man sich mit einem endlichen Zahlenbereich zufriedengeben). Der Inhalt der Speicherstelle 0 möge über eine Offset-Addierschaltung als Adresse verwendet werden können, und Zelle 1 in den Programmzähler übertragbar sein (indirekter Sprung). Das Rechenwerk U stelle Grund-Operationen zum Addieren von ± 1 oder ± 2, zum Multiplizieren und konstante Funktionen bereit. Die relativ zur Bezugsadresse angesprochenen Datenfelder haben die Belegung

offset 0   :   Argument n
offset 1   :   Fortsetzungsadresse .

Das Programm hat dann folgenden Aufbau (indirekte Adressen mit einem offset sind als „rel" markiert):

P-Adr.	Operation	Adr.1	Adr.2	Bedeutung
0	SUB 1	0 rel	2 rel	.. berechnet $n-1$
1	CJMP	2 rel	10	.. Sprung nach 10, falls $n-1 = 0$
2	IDENT	1	1 rel	.. Fortsetzungsadresse ablegen
3	CONST	6	1	.. 6 als neue Fortsetzungsadresse
4	ADD2	0	0	.. neuer Datenbereich
5	JMP		0	.. rekursiver Sprung an den Anfang
6	SUB2	0	0	.. zurück zum alten Bereich
7	IDENT	1 rel	1	.. Fortsetzungsadresse wiederholen
8	IDENT	2 rel	1 rel	.. Resultat $f(n-1)$ kopieren
9	MULT	0 rel	0 rel	.. Argument in 0 rel <u>und</u> 1 rel
10	JMPI			.. indirekter Sprung auf Adresse in 1

Das Programm startet an Adresse 0. Die Datenspeicherstelle 0 enthält zu Beginn die Adresse des Argumentes, z.B. 2 (beim Start), 1 die Fortsetzungsadresse nach Abschluß der Rechnung, und 2 das Argument n, z.B. 4. Es bleibt dem Leser überlassen, die Gesamtfolge der Operationen hiernach aufzustellen.

3.5   Das Halteproblem

Je nach den Eingabedaten e zeigt die einen rekursiven Algorithmus ausführende Maschine ein unterschiedliches Verhalten. Ist $e \in D_i$, so liefert die Maschine nach entsprechend vielen Zeitschritten das Resultat. Ist $e \notin D = \cup_i D_i$, so kann in manchen Fällen berechnet werden, daß das Resultat nicht definiert ist, nämlich dann, wenn die Rekursion nach endlich vielen Schritten für einen der Funktionsbausteine

g_k ein Argument liefert, für das dieser als nicht definiert berechnet werden kann, wie
z.B. im Falle einer Division durch 0. Anderenfalls werden immer neue Rekursions-
schritte ausgeführt, und die Maschine beendet die Berechnung nicht. Die Rekursion

$$f = f$$

z.B. führt den Rechner in eine solche unendliche Schleife.

Ein rekursiver Algorithmus p kann ohne Beschränkung der Rekursionstiefe beliebig viel Rechenzeit beanspruchen. Es ergibt sich das Problem, daß für eine gegebene Eingabe nicht unterschieden werden kann, ob die Maschine die Rechnung
noch nach endlich vielen (u.U. sehr vielen) Schritten beenden wird oder (im Falle
$e \notin D$) unendlich läuft. Ein möglicher, allerdings nicht immer akzeptabler Ausweg
hieraus ist es, die Rekursionstiefe auf eine feste Schranke i zu begrenzen, also die
gewünschte Funktion nur auf D_i zu berechnen. Hierfür liefert die Stackmaschine
jedenfalls den Vorteil einer einfacheren Programmierung gegenüber der Programmierung des schleifenfreien Algorithmus mit Kopien der Instruktionsfolge für jeden
Unteraufruf.

Universalrechner können alle konstruktiv (algorithmisch) definierbaren Funktionen
berechnen, sofern wir die idealisierende Annahme machen, daß ihr Speicher als unbeschränkt angesehen bzw. nach Bedarf beliebig erweitert werden kann. Die als
Steuereingaben im Programmspeicher stehenden Programme sind bereits spezielle
binäre Codes und können damit auch selbst mögliche Eingaben für spezielle berechenbare Funktionen auf Programmen bzw. Algorithmen sein. Es zeigt sich nun
aber, daß bereits naheliegende Aussagen über Programme aus dem Bereich berechenbarer Funktionen herausführen (vgl. hierzu auch [HU90], [CA93]). Ein Beispiel
ist die oben bereits diskutierte Aussagefunktion h, die für Paare (p, x) von Programmen p und Eingaben x besagt, daß p nach endlich vielen Berechnungsschritten ein
Resultat für die Eingabe x liefert. Wir fragen, ob wir nicht ein Programm a (einen
Algorithmus) finden können, welches h berechnet. p und x wären Eingabedaten für
dieses Programm, und p wird als codierte Form des dadurch realisierten Algorithmus in den Datenspeicher geschrieben (s. Bild 3.22).

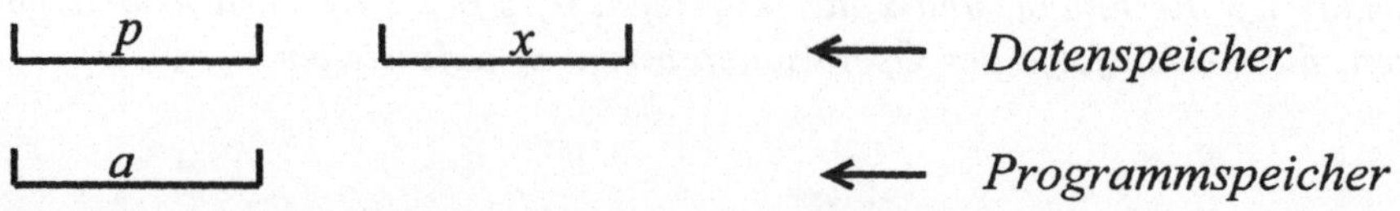

Bild 3.22   Analyseprogramm a für Programme p

Wir zeigen, daß es ein solches Programm nicht geben kann, was die Grenzen des
programmierbaren Universalrechners bzw. der Berechenbarkeit mittels Algorithmen
sichtbar macht. Bereits ein Spezialfall ist nicht berechenbar. Wir betrachten nur Programme für Funktionen $\mathbb{N}_0 \to \mathbb{N}_0$ und wählen für $\mathbb{N}_0$ die polyadische Codierung zur

Basis 2. Ein Programm p belegt n bit–Zellen des Programmspeichers und wird als
n–stellige Binärzahl interpretiert. h' sei die Eigenschaft von p, für die Eingabe von p
als Zahlencode im Datenspeicher ein Resultat zu liefern, d.h. mit einer bestimmten,
wieder als Zahlencode interpretierten Belegung des Datenspeichers, anzuhalten. h'
wird also als Aussagefunktion auf den als Binärzahlen interpretierten Programmen
definiert durch

$$h'(p) = \begin{cases} 1 & \text{falls } p(p) \text{ anhält} \\ 0 & \text{falls } p(p) \text{ nicht abbricht} \end{cases} \quad .$$

Satz 3.1 *Es gibt kein Programm a' für den Universalrechner, welches eine Fort-*
setzung von h' berechnet, also für Programme p den Wert $h'(p)$ berechnet.

Beweis:

Wir führen einen Widerspruchsbeweis. Angenommen, es gäbe ein Programm a' für
h'. Dann können wir aus a' selbst ein Programm a'' konstruieren, welches auf einem
Argument p mit dem numerischen Resultat 0 anhält, wenn $h'(p) = 0$, und sonst in
eine Endlosschleife geht. h' ist insbesondere für a'' definiert. $h'(a'') = 0$ kann nicht
gelten, denn dies bedeutet nach der Definition von h', daß a'' mit der Eingabe a''
nicht hält, aber a'' hält auf jeder Eingabe p mit $h'(p) = 0$. $h'(a'') = 1$ kann aber
auch nicht gelten, denn dazu müßte a'' mit der Eingabe a'' halten, was aber nach
Definition von a'' nur für $h'(a'') = 0$ der Fall ist. Also kann es für h' kein Programm
a' geben.

q.e.d.

Diese Beweisführung beruht auf einem schon von Cantor verwendeten Diagonalver-
fahren. Ist h eine Aussage auf einer Menge $P \times P$, so gibt es in P kein Element u mit
$h(u,x) = \overline{h(x,x)}$ für alle $x \in P$. Für $x = u$ müßte dann nämlich $h(u,u) = \overline{h(u,u)}$
gelten. Da an u ja für alle x eine Bedingung gestellt wird, suggeriert der Beweis, daß
h und damit u aus Gründen der Komplexität nicht für beliebig lange Programme
und Daten berechnet werden kann. Auf einem Rechner R mit einem endlichen Programmspeicher von k bits ist die Menge P der Programme endlich ($\#P = 2^k$) und
$h'(p)$ kann für $p \in P$ als Funktion auf einer endlichen Menge sehr wohl von einem
Universalrechner berechnet werden, aber eben nicht durch ein Programm aus P auf
dem Rechner R. Ohnehin kann ein Rechner, der nur eine endliche Menge F von
Funktionen berechnen kann, nur sehr wenige der $2^{\#F}$ Aussagen berechnen, die sich
auf F definieren lassen.

Dennoch könnte ja eine bestimmte, gerade interessierende Aussage unter diesen
wenigen berechenbaren sein. Daß das für h' nicht der Fall ist, liegt jedoch nicht an
der zu hohen Komplexität, sondern an dem logischen Widerspruch, der sich bei der
Anwendung von n auf sich selbst ergibt ($h(u,u) = \overline{h(u,u)}$). Tatsächlich können wir
den Grundfunktionen $\mathcal{F}_0$ und damit der Universalschaltung des endlichen Rechners
h' als eine spezielle (komplexe) Operation hinzufügen, so daß das Programm für h'
dann nicht komplex wäre, nämlich nur aus dieser einen Grundoperation bestünde.

Mit einem weiteren bedingten Sprungbefehl würde sich dann ein Programm für u ergeben, das durch h' nicht analysierbar wäre. h' kann erst gar nicht so definiert werden, daß es widerspruchsfrei auf spezielle Programme anwendbar ist, in denen es selbst vorkommt. Noch einfacher können wir einen Rechner betrachten, der ohne Verzweigungen Boolesche Ausdrücke berechnet und für beliebige Programme und Daten immer ein Resultat aus $B = \{0, 1\}$ liefert. Geben wir ihm eine zusätzliche Grundfunktion h', die vorausberechnet, welchen Wert ein Programm p aus den Eingabedaten p berechnet, so kann h' nicht auf das Programm $\bar{h}'$ angewandt werden, welches h' anwendet und dessen Resultat negiert. Dies entspricht der bekannten Antinomie „diese Aussage ist falsch".

3.6 Harvard-Architektur und von–Neumann–Rechner

Die aus unserer Diskussion resultierende Architektur eines Universalrechners entspricht weitgehend der auch technisch realisierten sogenannten Harvard–Architektur. Die CPU (central processing unit) des Harvard–Rechners faßt die universelle Rechenschaltung und die Adreßgenerierungsschaltungen für die Befehls– und Datenspeicher zusammen (s. Bild 3.23). Zur Vereinfachung werden Schreib– und Lesezugriffe auf den Datenspeicher nicht simultan an verschiedenen Adressen ausgeführt, sondern nacheinander. Die CPU muß daher nur eine Datenadresse zur Zeit ausgeben und benötigt dazu nur einen Adreßausgang. Um Schreib– und Lesedaten zu transportieren, werden dieselben Leitungen verwendet. Die Resultate der Rechenschaltung werden für den späteren Schreibzyklus in einem Register (einer Gruppe von Flipflops) zwischengespeichert.

Die CPU untergliedert sich in drei Untereinheiten (s. Bild 3.24), das Rechenwerk (die universelle Schaltung), das Steuerwerk zur Adreßgenerierung im Programmspeicher einschließlich der Ausführung von bedingten und indirekten Sprüngen und Unterprogrammaufrufen und das Adreßwerk für Daten, welches häufig eine eigene Rechenschaltung enthält, um Offsets zu einer Bezugsadresse zu addieren. Das Rechenwerk erhält ein Register A zur Speicherung eines Operanden und des Resultats und ein Flipflop C für Überträge. Bei modernen Prozessoren werden meist sogar mehrere Register vorgesehen, und das Rechenwerk ist für Ein- und Ausgabe ausschließlich mit diesen verschaltet. Speicheroperationen sind dann separate Befehle, die Daten von und zu den Registern transportieren. Das Steuerwerk enthält das Zähl-Register PC, welches die aktuelle Programmadresse ausgibt. Das Adreßwerk enthält ein Register SP für Adressen im Datenspeicher und eine Additionsschaltung für Adreß-Offsets. Moderne Prozessoren bieten meist sogar mehrere Adreß–Register und diverse Arten, die Adresse einer Speicheroperation zu berechnen.

Die Anzahl der generierbaren Adreßcodes ist bei einer realen CPU endlich. Aus dem Datenspeicher werden nicht einzelne Bits gelesen, sondern ganze Worte von n bits und als Operanden an das Rechenwerk geführt. Instruktionen und P-Adressen müssen nicht dieselben Wortbreiten wie Daten und D-Adressen haben.

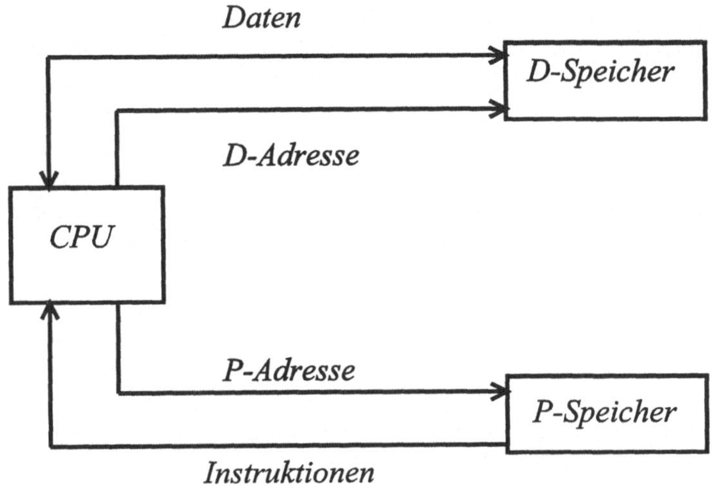

Bild 3.23 Der Harvard-Rechner

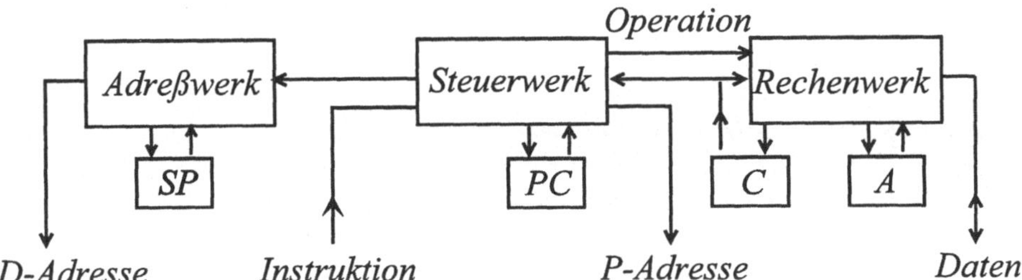

Bild 3.24 Teilschaltungen und Register der CPU

Das Rechenwerk U führt die Funktionen aus $\mathcal{F}_0$ aus, abhängig vom anliegenden Steuercode. Reale CPUs unterscheiden sich in der Art der Grundfunktionen. $\mathcal{F}_0$ enthält die arithmetischen Grundoperationen auf polyadischen Binärcodes der Wortlänge n. Typische Operationen sind ADD($+$), ADDC($+$ mit Übertrag aus C), SUB(-), SUBC(- mit Übertrag aus C), NEG(Negation), CMP (Vergleich), SL (Linksshift bzw. Multiplikation mit 2), und SR (Rechtsshift). U stellt gewöhnlich auch die Booleschen Operationen AND, OR, NOT, EOR (Exklusiv–Oder) bereit. Sie werden komponentenweise auf allen Bits der verarbeiteten n–bit-Worte ausgeführt. Je größer die Wortbreite n der CPU ist, desto komplexer sind diese Operationen und desto kürzer und schneller können Programme sein.

Eine wichtige, schaltungstechnisch einfachere Variante des Harvard-Rechners ist
der von–Neumann–Rechner (nach J. von Neumann, 1903 - 1957). Bei diesem sind
Programm- und Datenspeicher identisch (s. Bild 3.25), und die CPU entnimmt
diesem Speicher zeitlich nacheinander Instruktionen und Daten. Die Instruktionen
müssen dazu in einem zusätzlichen Befehlsregister gespeichert werden, bis die zugehörigen Datenzugriffe erfolgt sind. Dafür gibt es nur je einen Satz von Daten-
und Adreßleitungen, den Adreßbus und den Datenbus. Insgesamt ergibt sich ein
einfacherer Aufbau als bei der Harvard-Architektur, die dafür durch den parallelen
Zugriff auf Befehle und Daten leistungsfähiger ist.

Im Speicher des von–Neumann–Rechners stehen Programme und Daten gleichberechtigt nebeneinander, und Programme können selbst ohne weiteres als Ein– oder
Ausgabe–Daten von anderen Programmen auftreten. Im Prinzip kann ein Programm sich selbst überschreiben und modifizieren. Auf sehr einfachen Rechnern
ohne indirekte Adressierung durch die CPU läßt sich z.B. eine solche „simulieren",
indem man durch das Programm Befehlscodes in den Speicher schreiben läßt und
diese dann ausführt.

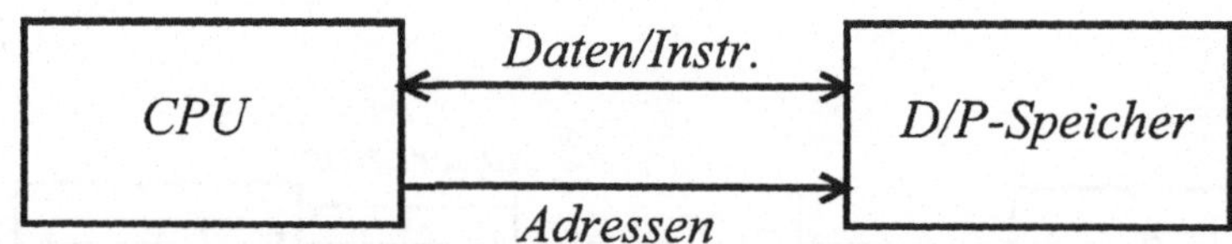

Bild 3.25 Der von-Neumann-Rechner

3.7   Mikroprozessoren

3.7.1   CPU und Speicher

Wie in Kapitel 3.6 dargestellt, sind die wichtigsten Bestandteile eines von-Neumann-
Rechners seine CPU und sein Speicher. Dank der rasanten Fortschritte der Halb-
leitertechnik seit der Erfindung des Transistors Ende der 40'er Jahre ist es heute
möglich, auf einzelnen Halbleiterchips eine ganze CPU mit ALU, Adreß– und Steuerwerk zu integrieren (d.i. ein Mikroprozessor), oder auch einen Speicher beträchtli-
cher Größe. Sogar ganze Systeme mit CPU und Speicher werden bereits integriert.

Nachdem Ende der 60'er Jahre die ersten integrierten Schaltungen (ICs) auf den
Markt gekommen waren, die mehrere Transistoren auf einem Halbleiterkristall zu
Gattern und Flipflops zusammengeschaltet enthielten, erschienen Anfang der 70'er
die ersten Mikroprozessoren (4004, 8008, 8080 von Intel). Sie integrierten bereits

einige Tausend MOS–Transistoren. In der Folge erschienen zahlreiche weitere Prozessortypen wie 6502 und Z80 mit 16–bit–Adressen und 8–bit–Wortbreite für Speicher und ALU. Die Ausführungszeit für einzelne Befehle lag in der Größenordnung einer μs. Ende der 70'er Jahre erschienen die ersten Prozessoren mit 16–bit–Wortbreite und erweitertem Adreßraum, u. a. der 8086 mit 29000 Transistoren. Diese Mikroprozessoren wurden in der Folge weiterentwickelt, erhielten Fließkomma–Coprozessoren und wurden um Peripheriefunktionen erweitert. Neue, konkurrierende Prozessoren traten hinzu, einige ältere verschwanden vom Markt. Mit der Umstellung auf die CMOS–Technologie und der Verkleinerung der Halbleiter–Strukturen konnte der Integrationsgrad kontinuierlich erhöht werden. Anfang der 90'er überschritten bereits mehrere Hersteller die Millionengrenze für die Transistorzahl ihrer Mikroprozessoren, und die ersten Mikroprozessoren mit 64–bit–Wortbreite wurden eingeführt. Die chipinternen Speicherzugriffs- und Befehlsfrequenzen erreichen heute mehrere 100 MHz. Die folgende Tabelle stellt als Anhaltspunkt einige Jahreszahlen jeweils typischen Chips, Transistorzahlen und Taktraten gegenüber. Etwa alle 5 Jahre ist eine Vervierfachung von Komplexität und CPU-Taktrate zu verzeichnen.

Jahr	Mikroprozessoren	Wortbreite	Transistoren	Taktrate	Speicher (DRAM)
1977	6202, Z80	8/16	7000	1 MHz	16 KBit
1981	8086, 68000	16/24	68000	4 MHz	64 KBit
1986	T225, T800	32/32	250000	10 MHz	1 MBit
1991	i486, i860	32/32	10^6	40 MHz	4 MBit
1996	Pentium, PowerPC	64/32	$4 \cdot 10^6$	200 MHz	16 MBit

Parallel zur Entwicklung der Mikroprozessoren wurden hochintegrierte, frei adressierbare Speicherbausteine herausgebracht. Man unterscheidet nur lesbare Halbleiterspeicher (ROM = read only memory), die nach der Herstellung einen vorgegebenen festen Inhalt haben oder vom Anwender mittels einer speziellen Programmiervorrichtung programmiert und auch wieder gelöscht werden können (EPROMs). Letztere verwenden einen Transistor pro gespeichertem Bit und speichern die Information in Form von auf dem Kristall fixierter Ladung, die diesen Transistor leitend oder nichtleitend macht. Im Gegensatz dazu haben schreib- und lesbare Halbleiterspeicher meist 4 Transistoren pro Bit in einer einfachen Flipflop–Schaltung, bis auf die sogenannten dynamischen RAMs, die mit 1 Transistor/Bit auskommen, aber die periodische Auffrischung des gespeicherten Ladungsmusters erfordern. Anfang der 70'er Jahre lag die Integrationsdichte bei etwa 1000 gespeicherten Bits auf einem Chip, Anfang der 80'er Jahre schon bei etwa 64000 Transistoren, also bei 64k bits EPROM– und dynamischen RAM–Bausteinen und 16k bit statischen RAM–Bausteinen. 10 Jahre später lag die Transistorzahl bei $4 * 10^6$ (s. Tabelle). Ein Ende dieser Entwicklung ist noch nicht abzusehen.

Wenige hochintegrierte Bausteine genügen also heute, um ein Mikroprozessorsystem aufzubauen. Die eigentliche schaltungstechnische Entwicklungsleistung für einen Rechner hat sich dadurch immer mehr auf die Halbleiterchips verlagert. Auf der anderen Seite macht es die Mikroprozessortechnik durch die Möglichkeit, mit wenigen kleinen Bausteinen Universalrechner aufzubauen, nicht nur leicht, solche in Geräte und Anlagen zu integrieren, sondern sie auch zu mehreren oder gar vielen in Mehrprozessor–Strukturen einzusetzen. Neben die integrierte von–Neumann-CPU und Speicherbausteine als Standardkomponenten programmierbarer Universalrechner treten in jüngerer Zeit auch programmierbare Universalschaltungen, die eine große Zahl von Elementarbausteinen für einfache Boolesche Funktionen und Flipflops zusammen mit einem konfigurierbaren Verbindungsnetzwerk bereitstellen (vgl. Kap. 6.7.1).

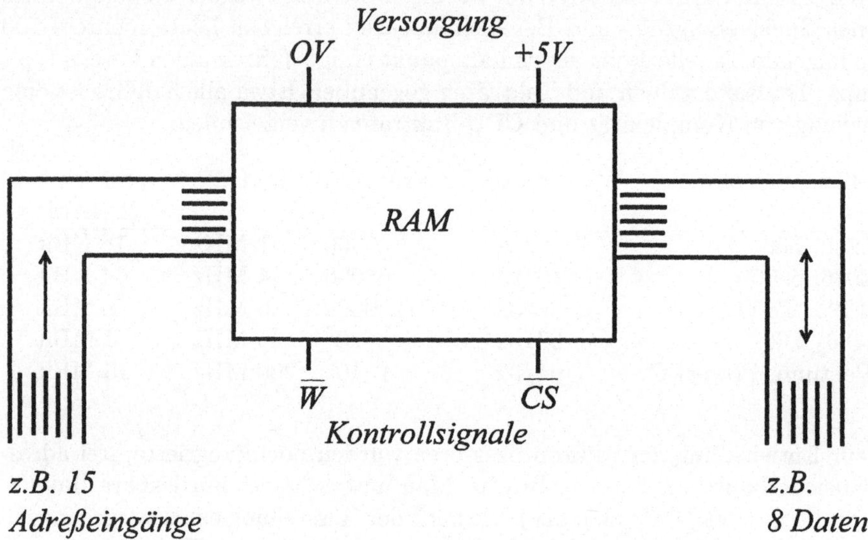

Bild 3.26   Ein- und Ausgänge eines statischen RAM-Bausteins

Ein typischer Speicherbaustein hat die in Bild 3.26 gezeigten Ein- und Ausgänge. Ein statisches RAM mit 15 Adreßeingängen und 8 Datenbits, wie es seit Mitte der 80er Jahre ein Standardbaustein ist, enthält nach dem obigen ca. 10^6 Transistoren. Die Lesedaten der über die Adreßeingänge selektierten Speicherzelle erscheinen auf den 8 Datenleitungen (dem Datenbus), wenn $\overline{CS} = L$ und $\overline{W} = H$ ist (L bezeichnet den Spannungsbereich $0..1V$, H den Bereich $2..5V$). Schreibdaten vom Datenbus werden für $\overline{CS} = L$ und $\overline{W} = L$ in den Speicher übernommen. Bei $\overline{CS} = H$ bleiben die im RAM gespeicherten Daten unverändert, und die Datenleitungen werden elektronisch vom Bus abgetrennt. Man kann dadurch an denselben Daten- und Adreßbus parallel mehrere Speicherbausteine anschließen, indem man nämlich immer nur für einen Baustein das Signal $\overline{CS}$ („chip select") aktiviert. Durch dieses selektive Aufschalten auf den Bus können seine vielen Leitungen also gemeinsam von vielen Bausteinen zum Datentransfer genutzt werden, wobei immer nur einer zur Zeit seine Daten auf den Bus ausgeben darf. Für ein ROM entfällt sinngemäß der $\overline{W}$-Steuereingang.

Ein Mikroprozessor erzeugt an seinen Ausgängen die Adressen und Kontrollsignale zur direkten Ansteuerung solcher Speicherbausteine (s. Bild 3.27). Das $\overline{M}$-Signal

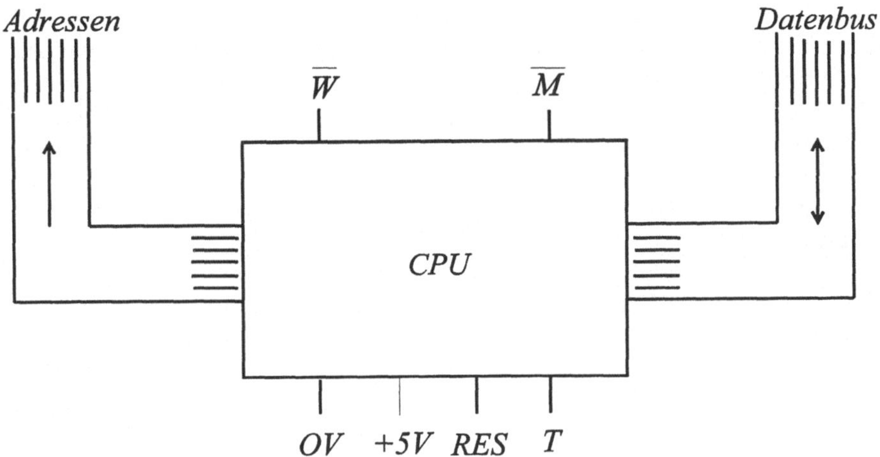

Bild 3.27 Ein- und Ausgänge eines Mikroprozessors

des Prozessors kann mit dem $\overline{CS}$-Eingang eines Speicherbausteins verbunden werden. $\overline{M}$ wird vom Prozessor für jeden Speicherzugriff auf L gesetzt. Währenddessen erfolgen keine Wechsel auf den Adreßausgängen und auf $\overline{W}$. Als zusätzliche Eingänge benötigt der Prozessor das Taktsignal T und den Reset-Eingang RES, dessen Aktivierung ihn in seinen Anfangszustand versetzt. Er beginnt danach, an einer bestimmten Adresse Befehle aus seinem Speicher (z.B. einem ROM) zu lesen.

Um die Chip–Select–Signale für verschiedene Speicherbausteine zu erzeugen, wird eine Schaltung aus einigen Gattern hinzugefügt, die als Eingänge das $\overline{M}$-Signal und Adreßausgänge des Prozessors verwendet. Hat z.B. der Prozessor Adreßausgänge $A0, \ldots, A15$, so könnte man mit den Signalen

$$\overline{CS1} = \overline{M} \vee A15$$
$$\overline{CS2} = \overline{M} \vee \overline{A15}$$

zwei Speicherschaltungen selektieren. Die erste würde bei allen Adressen mit $A15 = L$ und die zweite bei allen mit $A15 = H$ angesprochen. Beide Speicherbausteine können $A0, \ldots, A14$ als Adreßeingänge verwenden.

3.7.2   Ein– und Ausgabeschnittstellen

Zu Beginn der Verarbeitung (nach dem Reset) muß nach dem obigen der Speicher den Programmcode entsprechend dem auszuführenden Algorithmus und die zu verarbeitenden Daten enthalten. Diese könnten in einem fest programmierten Nur–Lese–Speicher stehen, was aber die Universalität des Rechners einschränken würde. Es ist daher zu diskutieren, wie Programme und Daten auf flexible Weise dem Speicher des Rechners zugeführt werden können, und auch, wie nach der Verarbeitung die Ergebnisse entnommen werden können. Die Eingabe sollte wie im Falle der endlichen Automaten in zeitlicher Folge an Eingangsleitungen der Maschine angelegt und durch eine Hilfsvorrichtung in den Speicher übernommen werden können. Eine Vorrichtung, die unter Umgehung der CPU den Speicher schreibt oder liest, macht einen sogenannten direkten Speicherzugriff (DMA = direct memory access). Es liegt allerdings nahe, diese Hilfsfunktion durch ein Hilfsprogramm der Universalmaschine zu realisieren.

Da die von–Neumann–Maschine Eingaben prinzipiell nur aus dem Speicher liest, müssen sich die Eingabeleitungen durch die CPU wie Speicherstellen adressieren und lesen lassen. Man verbindet dazu die Eingangsleitungen über einen Satz von elektronischen Schaltern mit dem Prozessorbus und aktiviert diese durch ein Chip–Select–Signal, welches bei einer bestimmten Adresse aktiv wird (s. Bild 3.28). Eine derartige Vorrichtung wird paralleles Eingabeport genannt. Ein Programm zum Füllen des Eingabespeichers kann nun zyklisch die an den Eingängen anliegenden Werte über das Port einlesen und an fortlaufende Speicherstellen schreiben. Um die Eingabefolge nicht synchron mit der Folge der Leseoperationen des Ladeprogrammes anlegen zu müssen, kann z.B. eine eigene Eingangsleitung dafür verwendet werden, durch Pegelwechsel das Anliegen des jeweils nächsten Eingabewortes zu signalisieren. Das Ladeprogramm kann dann so ausgelegt werden, daß nur nach einem Wechsel des Signalisierungspegels ein Wort in den Speicher übernommen wird. Auf diese Weise kann ein Rechner auch Daten von einer Tastatur in dem durch einen Benutzer (und nicht durch den Rechner) vorgegebenen Tempo übernehmen.

In entsprechender Weise können Daten vom Prozessor an ein wie eine Speicherzelle adressiertes Ausgabeport geschrieben werden. Damit die Ausgabedaten auch nach der kurzen Ausgabe–Schreiboperation der CPU an den Ausgangsleitungen abgegriffen werden können, werden Ausgabeports mit Hilfe von Flipflops realisiert, deren Ausgänge bis zur nächsten Schreiboperation unverändert bleiben (s. Bild 3.29). Die Ausgabe einer Wertefolge aus dem Speicher an das Ausgabeport kann wieder durch ein Hilfsprogramm erfolgen. Auch hierbei kann eine spezielle Ausgabeleitung verwendet werden, um die Ausgabe des jeweils nächsten Wortes durch einen Pegelwechsel zu signalisieren. Falls die Daten an den Ausgängen nicht synchron mit dem Ausleseprogramm abgegriffen werden sollen, kann der Abnehmer der Daten etwa über eine Eingabeleitung seine Bereitschaft signalisieren, ein neues Wort zu übernehmen. Man legt das Ausleseprogramm dann so aus, daß es die Signalisierung abwartet, ehe es den nächsten Wert ausgibt, was als Handshake bezeichnet wird. Auch bei der Ausgabe spielen Schaltungen eine Rolle, die unabhängig von der CPU

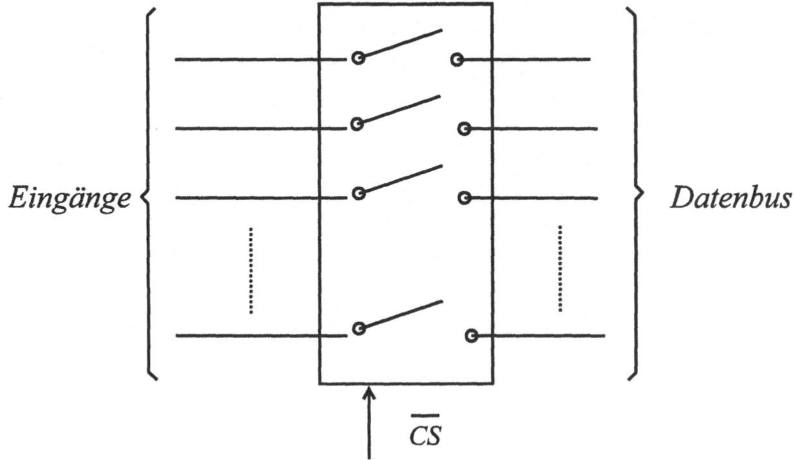

Bild 3.28 Paralleles Eingabeport

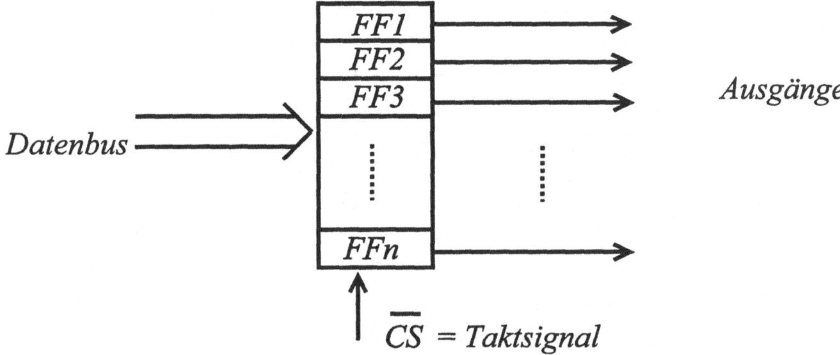

Bild 3.29 Paralleles Ausgabeport

per DMA auf den Speicher zugreifen. Zur Ansteuerung eines Bildschirmes werden die Codes der anzuzeigenden Zeichen z.B. periodisch auf solche Weise aus dem Speicher ausgelesen und von einer Spezialschaltung weiterverarbeitet.

Parallele Ein– und Ausgabeports sind Standardschaltungen, die ebenfalls als integrierte Schaltungen verfügbar sind. Da es nicht sinnvoll ist, sehr viele Ein– und Ausgangsleitungen zu verwenden und integrierte Schaltungen auch in der Zahl der Gehäuseanschlüsse beschränkt sind, beschränkt sich die Integration auf wenige Ports, deren Aufteilung in Ein– und Ausgabeleitungen aber programmgesteuert durch Schreiboperationen in ein mitintegriertes Steuerregister festgelegt werden kann.

Während es zum Füllen und Auslesen des Speichers am zweckmäßigsten ist, ganze Worte mit Hilfe von parallelen Ports zu übertragen, also mit einer Ein- oder Ausgabeoperation gleich 8, 16 oder mehr Leitungen anzusprechen, ist es zur Einsparung von Leitungen wiederum günstig, die Information als Folge möglichst kurzer Worte, etwa einzelner Binärzeichen, zu übertragen. Um die CPU bzw. die Programme von der Zerlegung der Speicherworte in Folgen von Bits zu entlasten, werden spezielle Schaltungen auf der Basis von Schieberegistern verwendet, an die die CPU parallel schreibt und die dann selbständig die einzelnen Bits des Wortes in zeitlicher Folge weitergeben. Ebenso werden mit Schieberegistern empfangsseitig die Bitfolgen wieder zu Worten zusammengesetzt, ehe sie an die CPU weitergegeben werden. Auch diese sogenannten seriellen Schnittstellen sind Standardbausteine, die als integrierte Schaltungen zum Senden und Empfangen von Datenworten angeboten werden und auch die notwendigen Handshakeein- und -ausgänge bereitstellen. Insbesondere müssen für die bitserielle Übertragung dem Empfänger die Zeitintervalle mitgeteilt werden, in denen der Wert jedes Bits der Folge abgegriffen werden kann, z.B. durch ein separates Taktsignal (s. Bild 3.30).

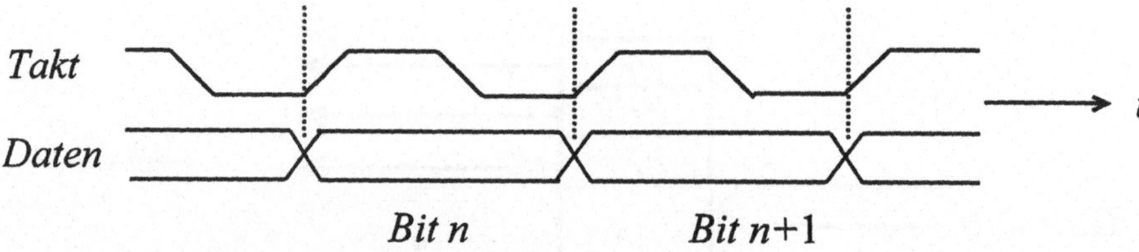

Bild 3.30 Synchrone serielle Datenübertragung

Ein gängiges Verfahren besteht darin, den Anfang einer Wortübertragung durch einen Pegelwechsel kenntlich zu machen, nach dem in konstanten, genau bekannten Zeitabständen die Bits abwechseln. Es genügt dann sogar eine einzelne Signalleitung zur Übertragung der Information (s. Bild 3.31).

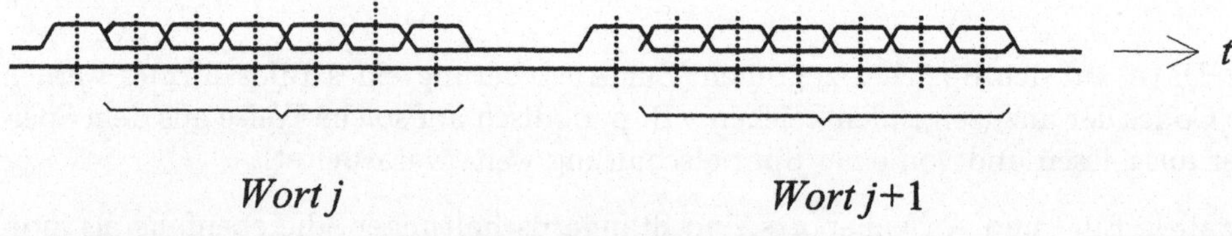

Bild 3.31 Asynchrone serielle Datenübertragung

Ein typisches Mikroprozessorsystem setzt sich nach dem Vorangehenden aus CPU, Speicher, Ein- und Ausgabeschaltungen und Hilfsschaltungen zur Decodierung (Chip–Select–Erzeugung) zusammen (s. Bild 3.32).

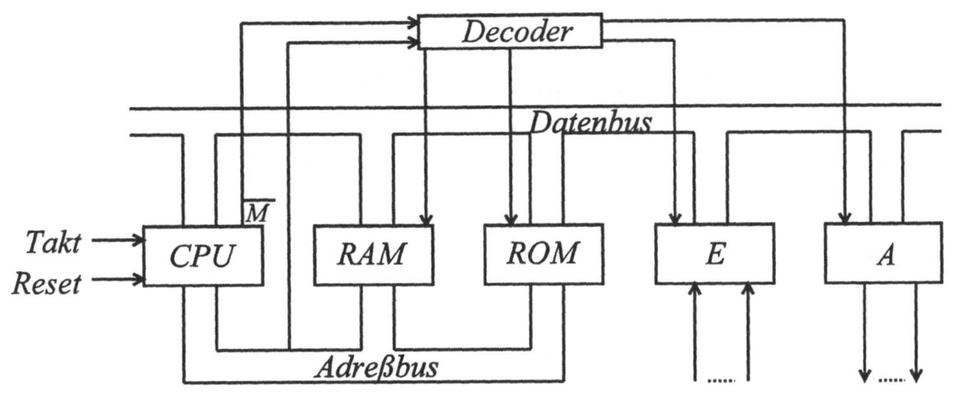

Bild 3.32 Aufbau eines Mikroprozessorsystems

Ein- und Ausgabe sind nicht darauf beschränkt, einmalig den Speicher zu füllen und die Ergebnisse der Verarbeitung auszugeben. Eine häufig anzutreffende Situation besteht darin, daß über eine Eingabeschaltung ein Strom von Datenpaketen zugeführt wird, die der Rechner dann in einen Strom von Ergebnispaketen umsetzt, der ihn über eine Ausgabeschaltung verläßt.

3.7.3 Der Transputer T 225

Im folgenden soll exemplarisch ein spezieller Mikroprozessor, nämlich der Transputer $T225$ des Herstellers SGS/Inmos diskutiert werden. Er kann entsprechend dem obigen Bild mit einem Speicher mit 8–bit–Wortbreite aufgebaut werden und stellt 16 Adreßleitungen und die notwendigen Kontrollsignale bereit. Alternativ kann der Speicher auch in 16–bit–Breite mit 15 Adreßleitungen aufgebaut sein. Der Prozessor (genauer, die ALU) verarbeitet 16–bit–Worte und führt zum Lesen und Schreiben eines 16–bit–Wortes bei Verwendung eines 8–bit–Speichers immer automatisch zwei Speicherzugriffe aus. Der $T225$ integriert auf dem Chip außer der CPU bereits 2048 16–bit–Worte RAM (dafür ca. 130000 Transistoren), so daß bei Anschluß eines EPROMs als Programmspeicher ein vollständiges System mit CPU, Programm und Datenspeicher entsteht. Ferner enthält er bereits serielle Schnittstellen zur Verbindung mit anderen Transputern oder zum Anschluß von Peripherie. Insgesamt hat der $T225$ 68 elektrische Anschlüsse. Der $T225$ wurde ca. 1986 eingeführt und ist Teil einer Prozessorfamilie, die auch Prozessoren mit 32 bit Wortbreite und einem zusätzlichen Fließkommarechenwerk enthält. Der T225 verarbeitet seine Befehle mit einer Rate von ca. 10 MHz (10 MIPS = Millionen Instruktion pro Sekunde). Aufgrund seines integrierten Speichers und seiner Schnittstellen wird er (immer noch) gern als „intelligenter" Daten-Kommunikationsbaustein eingesetzt, während er in anderen Bereichen bereits durch schnellere und höher integrierte Prozessoren abgelöst worden ist. Wir diskutieren ihn hier wegen seiner einfachen, weitgehend unserer Diskussion in 3.6 entsprechenden Registerstruktur und seines einfachen Befehlssatzes.

Der Zustandsspeicher der $T225$-CPU enthält die in Bild 3.33 gezeigten, jeweils 16-bit breiten Register.

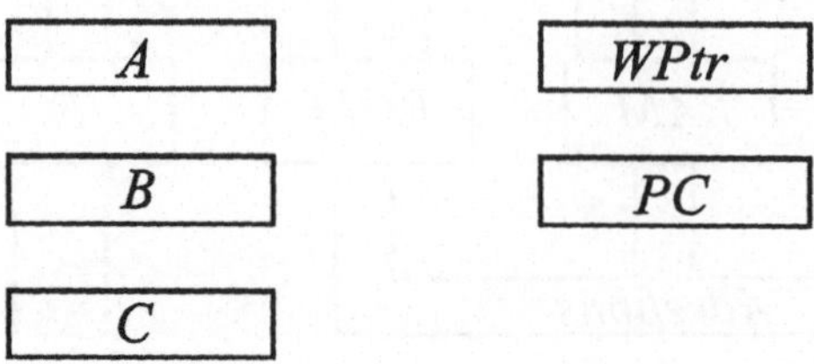

Bild 3.33 Register des Transputers

A, B, C sind die Arbeitsregister der ALU. Alle Speicher- und Rechenoperationen beziehen sich auf A. A wird zweifach durch B und C „gepuffert". Wird ein neuer Wert in A geladen, so wandern die vorigen Werte von A und B nach B und C. Nach Schreiboperationen in den Speicher wandern dagegen der Wert in B nach A und der in C nach B. Arithmetische und logische Verknüpfungen erhalten ihre Operanden stets aus A und B und hinterlassen das Ergebnis in A, während der Wert in C nach B wandert. A, B und C bilden einen Stack (Stapel) der Tiefe 3 (vgl. 4.2.4).

Das Register PC enthält die Adresse des nächsten zu lesenden „Befehls". Nach dem Reset, also dem Anlegen eines H-Pegels an RES für einige Taktzyklen, hat PC den Inhalt $7FFE_{16}$, d.h., der erste Befehl wird von dieser Adresse gelesen. Bis auf Sprungbefehle wird PC nach jedem Befehl auf die Anfangsadresse des nächsten inkrementiert. $WPtr$ enthält eine Adresse im Datenbereich und entspricht dem in 3.6 mit SP bezeichneten Register. A kann durch spezielle Speicherbefehle geladen oder dahin geschrieben werden, wobei als Adresse der Inhalt von $WPtr$ zuzüglich einem wählbaren Offset verwendet wird. $WPtr$ wird auch von speziellen Unterprogrammsprung- und Rückkehrbefehlen zur Adressierung von im Speicher liegenden Sprungadressen verwendet. Der Unterprogrammsprung ist ein Sprungbefehl auf eine neue Codeadresse, bei dem die dem Befehl folgende Adresse an der von $WPtr$ adressierten Speicherstelle abgespeichert wird. Zuvor wird $WPtr$ automatisch erniedrigt. Der Rückkehrbefehl am Ende der Befehlsliste des Unterprogramms ist ein Sprungbefehl, der die Zieladresse aus der von $WPtr$ gezeichneten Speicherstelle liest und $WPtr$ dann wieder erhöht. Durch das Erniedrigen und Erhöhen von $WPtr$ wird erreicht, daß ein Unterprogramm weitere Unterprogrammaufrufe enthalten kann, ohne daß die eigene Rückkehradresse überschrieben wird (Schachtelung von Unterprogrammen).

Die Befehlscodes des $T225$ sind, abhängig von der Größe einer ggf. in den Befehl eingebetteten Konstanten n, 1 bis 4 Bytes lang. Der Parameter n ist je nach dem Befehlstyp ein Adreßoffset, eine Sprungadresse, eine nach A zu ladende Zahlkonstante oder ein Operand einer Additions- oder Vergleichsoperation. Der $T225$ verwendet ca. 100 Befehlsarten mit z.T. sehr spezieller Wirkung, wovon aber in Programmen einige wenige dominieren. Einige dieser häufig gebrauchten Transputerbefehle sind der folgenden Tabelle zu entnehmen (eine vollständige Beschreibung findet man in [INMO]). Wir führen dabei nicht die vom Prozessor gelesenen, binären Befehlscodes auf, sondern Textabkürzungen dafür, wie sie auch in sogenannten Assemblerprogrammen verwendet werden.

Befehl   Wirkung

1. Lade- und Abspeicherbefehle

ldc n	n nach A laden
ldl n	A aus Speicher an der Adresse $WPtr + 2n$ lesen
stl n	A in Speicher an der Adresse $WPtr + 2n$ schreiben
ldnl n	A aus Speicher an der Adresse $A + 2n$ lesen
stnl n	B in Speicher an der Adresse $A + 2n$ schreiben, $A := C$
gajw	$WPtr := A$
rev	A und B vertauschen

2. Arithmetische und logische Operationen, Vergleichsbefehle

adc n	$A := A + n$ (Addition 16-stelliger Binärzahlen)
add	$A := A + B, B := C$
sub	$A := B - A, B := C$
prod	$A :=$ untere 16 Binärstellen von $A \cdot B, B := C$
div	B/A (ganzzahlige Division), $B := C$
rem	Divisionsrest $r(B, A)$
and	bitweise UND-Verknüpfung von A und $B, B := C$
or	bitweise ODER-Verknüpfung von A und $B, B := C$
xor	bitweise exklusiv-ODER-Verknüpfung von A und $B, B := C$
shl	$A := B \cdot 2^A, C := B$
shr	$A := B \cdot 2^{-A}, C := B$
eqc n	für $A = n$ setze $A := 1$, sonst $A := 0$
gt	für $B > A$ setze $A := 1$, sonst $A := 0, B := C$

3. Sprungbefehle

cj n	$PC := PC + n$ für $A = 0$, sonst $A := B, B := C$
call n	Unterprogrammsprung nach $PC + n$
j n	$PC := PC + n$
ret	Rückkehr aus dem Unterprogramm

Beispiel 3.3 *Seien X die Speicherzelle an der Adresse $WPtr + 8$, Y die Zelle bei $WPtr + 10$ und Z die bei $WPtr + 2$. Um die Berechnung*

$$Z := X + Y * 14$$

als Operationenfolge auf 16-stelligen Binärzahlen auszuführen, könnte man nachstehende Befehlsfolge verwenden:

ldl 4	*.. X nach A laden*
ldl 5	*.. Y nach A laden, X nun in B*
ldc 14	*.. 14 nach A laden, Y nun in B und X in C*
prod	*.. Y * 14 in A, X in B*
add	*.. Ergebnis in A*
stl 1	*.. in X ablegen*

Die Schnittstellen auf dem $T225$-Chip dienen zur Übertragung einzelner Bytes oder ganzer Folgen von Bytes (Botschaften). Das Senden und Empfangen über diese Schnittstellen erfolgt hier aufgrund spezieller Befehlscodes, also nicht durch Ansprechen spezieller Speicheradressen. Es handelt sich um 4 identische, bidirektionale serielle Schnittstellen mit je einer Sende– und einer Empfangsleitung. Der Signalverlauf bei der Übertragung eines Bytes ist dabei wie in Bild 3.34 (mit $\triangle = 50ns$).

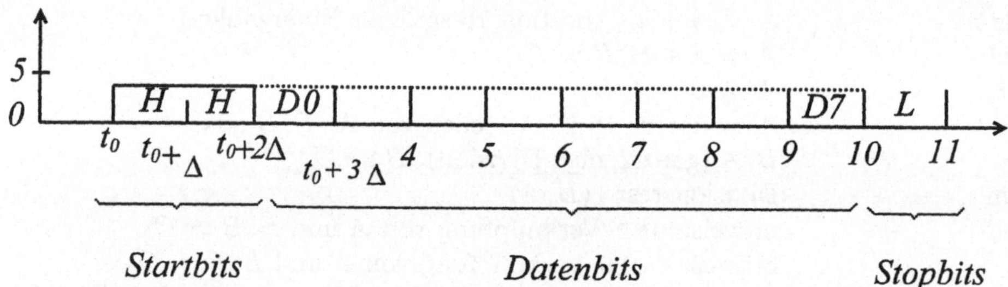

Bild 3.34 Asynchrone Datenübertragung über die Transputerschnittstelle

Es werden also jeweils zwei Startbits mit dem Wert H übertragen, die den Beginn einer Datensendung signalisieren, und den Datenbits folgt ein Stopbit mit dem Wert L. Aufgrund der hohen Übertragungsrate dauert die Übertragung eines 16-bit-Wortes nur wenig mehr als 1 μs. Der Empfänger bestätigt die Sendung jedes Bytes mit einer kurzen Quittierungssendung (s. Bild 3.35).
Bis diese Quittierungssendung erfolgt ist, verzögert eine Schaltung im $T225$ die Übertragung weiterer Bytes, so daß empfangsseitig kein Datenüberlauf eintreten kann. Beim simultanen Datenverkehr in beiden Richtungen werden im Wechsel Datenbytes und Quittierungen übertragen. Über einen Eingang des Transputers kann

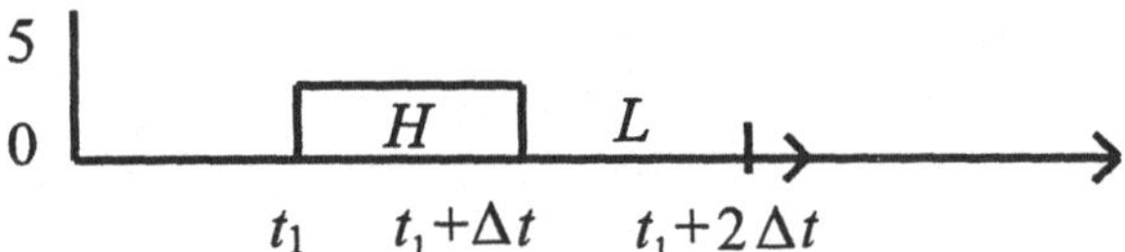

Bild 3.35 Quittierungssendung

eine spezielle Betriebsart angewählt werden, bei der nach dem Reset eine Botschaft über eine der Schnittstellen empfangen und im Speicher abgelegt wird, welche der Transputer dann als Programm ausführt (sogenannter bootstrap). Dies ermöglicht es, einen Transputer ohne EPROM zu betreiben, so daß z.B. in einem Netzwerk von über ihre Schnittstellen verbundenen Transputern nur einer ein EPROM benötigt.

Zusammenfassung

In einem von–Neumann–Rechner wird dieselbe Universalschaltung, durch eine Instruktionsliste gesteuert, immer wieder verwendet, wobei die Zwischenergebnisse einer Berechnung im Speicher abgelegt werden. Bedingte und indirekte Sprünge sowie die Adressierung relativ zu einem Adreßregister schaffen die Voraussetzung dafür, beliebige rekursive Algorithmen realisieren zu können. Ein Mikroprozessor ist eine auf einen Chip integrierte von–Neumann–CPU. Mit modernen Mikroprozessoren lassen sich aus wenigen Bausteinen Rechner mit Speicher und Ein- und Ausgabeschnittstellen aufbauen. Der vorgestellte Transputer ist ein solcher Mikroprozessor, der bereits Schnittstellen und Speicher integriert und durch einen ROM–Baustein zu einem vollständigen System erweitert wird.

Übungsaufgaben zu Kapitel 3

1. Ein Fahrscheinautomat, der nur eine Art von Fahrscheinen ausgeben kann und kein Wechselgeld zurückgibt, soll durch einen endlichen Automaten modelliert werden. Der Automat akzeptiert die Münzen 0,50 DM, 1,00 DM und 2,00 DM. Der Preis eines Fahrscheins beträgt 3,00 DM. Nach dem Einwurf einer nicht akzeptierten Münze werden alle seit der letzten Fahrscheinausgabe eingeworfenen Münzen wieder ausgegeben.

a) Zeichnen Sie das zugehörige Zustandsdiagramm.

b) Bestimmen Sie die minimal benötigte Wortbreite des Zustandsspeichers und die minimal benötigten Wortbreiten zur Codierung der möglichen Ein- und Ausgaben des Automaten.

c) Geben Sie die Wertetabelle für die Übergangsfunktion, Boolesche Gleichungen und eine Gatterschaltung für sie an.

2. Konzipieren Sie einen Automaten zur Multiplikation $*_{16}$ zweier 16–bit–Binärzahlen. Der eine Operand, $(a_0, \ldots, a_{15})$, liegt parallel an, während der zweite $(b_0, \ldots, b_{15})$ seriell eingegeben wird, beginnend bei b_0. Der Automat gibt seriell die Bitfolge $(c_0, \ldots, c_{15})$ für das Ergebnis aus. Bestimmen Sie auch die Komplexität der Übergangsfunktion.

3. Ein Rechner habe einen (praktisch) unendlichen Datenspeicher von 1–bit–Zellen, die durch natürliche Zahlen adressiert werden. Ferner habe er einen Instruktionsspeicher, in dem Listen von Befehlen zweier Arten stehen:

jmpc nn aa: Falls die Datenspeicherstelle nn den Wert 1 enthält, dann springe zum Befehl in der Instruktionsspeicherstelle aa.

move nn mm: Kopiere den Inhalt von Datenspeicherstelle nn in Datenspeicherstelle mm.

Weisen Sie nach, daß dieser Rechner bei entsprechender Programmierung jede beliebige Funktion

$$f : B^i \to B^k$$

berechnen kann $(i, k \in \mathbb{N})$.

4. Gegeben sei der in Bild 3.36 dargestellte Rechner. Verbindungen mit einer angeschriebenen Zahl n bezeichnen darin Leitungsbündel von n Leitungen. Er besteht aus den Komponenten:

Programmzählerregister(PC)	Inkrementierer (INC)
Selektor für Befehlsadresse (SEL)	Befehlsspeicher
Befehlsregister (op–Code und Adresse)	Datenspeicher
Steuerwerk	ALU
Statusregister (Status)	Akkumulator (ACC)).

Das Statusregister besteht aus den beiden Bits C (Carry) und Z (Zero), die bei Additionen und Subtraktionen gesetzt werden. Der Rechner besitzt folgenden Befehlssatz (die 12–bit–Befehle enthalten jeweils ein 8–bit–Adreßfeld)

LAC	Lade ACC aus dem Datenspeicher, setze Z
SAC	Speichere ACC in den Datenspeicher
ADD	Addiere Datenspeicherinhalt zu ACC
SUB	Subtrahiere Datenspeicherinhalt von ACC
ADDC	Addiere Datenspeicherinhalt zu ACC mit Übertrag
SUBB	Subtrahiere Datenspeicherinhalt von ACC mit Übertrag
B	Absoluter Sprung
BC	Sprung, falls $C = 1$
BNC	Sprung, falls $C = 0$
BZ	Sprung, falls $Z = 1$
BNZ	Sprung, falls $Z = 0$

Schätzen Sie die Anzahl von Gattern (NAND– oder NOR– Gatter mit beliebiger Anzahl von Eingängen) ab, die CPU benötigt. Befehls- und Datenspeicher sollen in die Abschätzung also nicht eingehen. Register sollen mit 4 Gatter/Bit abgeschätzt werden.

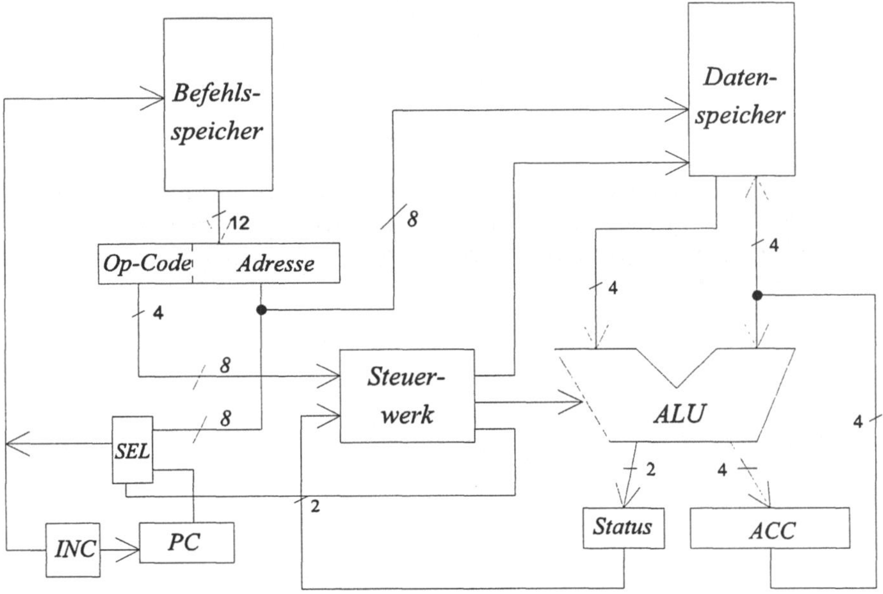

Bild 3.36   4–bit–Harvard–Rechner

5. Für das sogenannte „Spiel des Lebens" sind n^2 endliche Automaten auf einem quadratischen Gitter angeordnet. Jeder der Automaten besitzt zwei Zustände: *aktiv* und *inaktiv*. Jeder der inneren Automaten besitzt acht Eingänge $e_0, \ldots, e_7$, die jeweils an die Zustandsspeicher der acht benachbarten Automaten angeschlossen sind. Alle Automaten des Gitters bestimmen ihren Folgezustand synchron. Dies geschieht für die inneren Automaten nach folgenden Regeln:

a. Der Folgezustand des Automaten ist *aktiv*, wenn sein aktueller Zustand *aktiv* ist und der aktuelle Zustand von zwei oder drei Nachbarautomaten ebenfalls *aktiv* ist.

b. Der Folgezustand des Automaten ist *aktiv*, wenn sein aktueller Zustand *inaktiv* ist und der aktuelle Zustand von drei Nachbarautomaten *aktiv* ist.

c. Ansonsten ist der Folgezustand des Automaten *inaktiv*.

Zeichnen Sie ein möglichst einfaches Zustandsdiagramm für einen der inneren Automaten unter Verwendung einer geeigneten Funktion $f(e_0, \ldots, e_7)$.

6. Schreiben Sie ein Assemblerprogramm für den T225, welches aus zwei 16–bit–Binärzahlen x, y den $\mathrm{ggT}(x,y)$ berechnet. x liege zu Programmbeginn im Speicher an der Adresse *WPtr* $+ 2$, y an der Adresse *WPtr* $+ 4$. Das Ergebnis soll nach dem Programmende auf dem ABC–Stack liegen.

7. Ein Mikrocomputer habe 16 Adreßleitungen $A_0 \ldots A_{15}$, wobei A_0 das niedrigwertigste Bit repräsentiert. Über seinen Bus hat dieser Zugriff auf 3 Bausteine:

   - ein EPROM im Adreßbereich \$0000-\$1FFF,

   - ein SRAM im Adreßbereich \$2000-\$3FFF,

   - ein I/O–Port im Adreß–Bereich \$F000-\$F0FF.

Die Adreßcodes \$xxxx sind als Hexadezimalzahlen geschrieben. Geben Sie für jeden der drei genannten Bausteine eine logische Gleichung für das Chip-Select-Signal an, welches bei Adressierung des entsprechenden Bausteins $0(L)$ und sonst $1(H)$ ist.

4 Grundzüge der Programmierung

„Programmierung" wird hier als das Aufstellen von Instruktionssequenzen für einen oder mehrere von–Neumann–Rechner verstanden, die für das Bearbeiten einer gegebenen Aufgabenstellung eingerichtet werden sollen, ausgehend von einem geeigneten Algorithmus. Das Aufstellen des Algorithmus und seine Verifikation gehen der „Implementierung" durch ein Programm voran. Für letztere müssen die Teilschritte des Algorithmus in eine zeitliche Reihenfolge gebracht werden. Ferner müssen Speicherstellen ausgewählt werden, um die Zwischenergebnisse des Algorithmus für die nachfolgenden Schritte verfügbar zu machen. Wir kommen hierbei auch auf die binäre Codierung der Daten und ihre Anordnung im Speicher zu sprechen, sowie auf die Implementierung der im Algorithmus verwendeten Grundoperationen. Die Operationen eines Algorithmus lassen sich auch auf mehrere Teilrechner verteilen, und ein Teilrechner kann im zeitlichen Wechsel Operationen aus verschiedenen Berechnungen bearbeiten. „Berechnungsprozesse" und „Teilrechner" erweisen sich als unabhängige Konzepte, die bei der Programmierung aufeinander abgebildet werden müssen.

4.1 Das Zeitverhalten von Programmen

4.1.1 Befehls-Schedules

Eine Rechenmaschine für eine Funktion f wird entsprechend einem Algorithmus für f aus Bausteinen konstruiert, die jeweils eine Elementarfunktion $\sigma \in \mathcal{F}_0$ ausführen. Die Menge der verwendeten Bausteine sei mit $\mathcal{E}$ bezeichnet. Verschiedene Elemente $\sigma, \tau \in \mathcal{E}$ können dabei dieselbe Funktion anwenden, aber an verschiedenen Stellen des Algorithmus. Im Beispiel in Bild 4.1 ist $\mathcal{E} = \{r, s, t, u, v, w\}$. Wird der Algorithmus als Menge von Anweisungen formuliert (vgl. 1.2.2), so entspricht jedem Baustein eine Anweisung.

Auf einem Universalrechner mit einer universellen CPU $\mathcal{U}$, die die Elementarfunktionen in $\mathcal{F}_0$ ausführen kann, wird der Algorithmus dadurch ausgeführt, daß dieselbe Schaltung $\mathcal{U}$ zu verschiedenen Zeiten für die Elementaroperationen $\sigma \in \mathcal{E}$ verwendet wird (vgl. 3.3). Deren Argumente und Resultate werden dazu in Speicherzellen zwischengespeichert. Aus der Diskussion der Ein- und Ausgabe-Schnittstellen in 3.7.2 geht hervor, daß auch die Eingabe i und die Ausgabe o wie Speicherzugriffe behandelt werden (s. Bild 4.2).

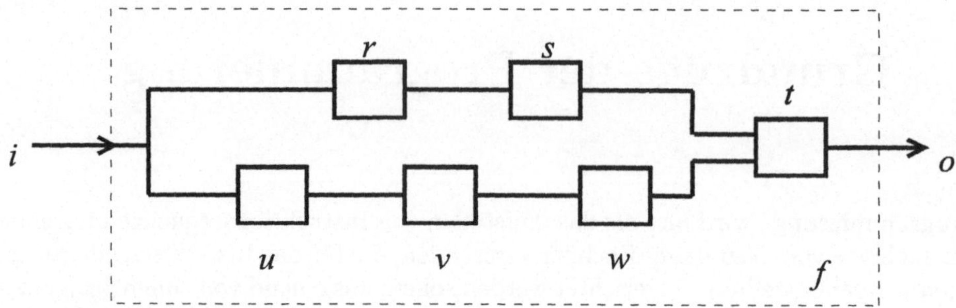

Bild 4.1 Ein Algorithmus

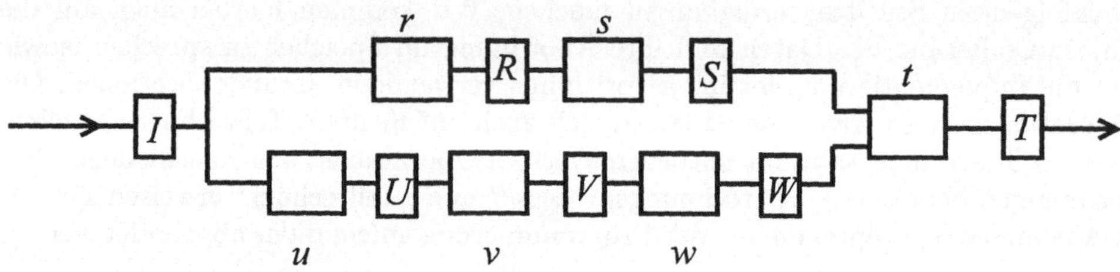

Bild 4.2 Einführung von Speicherzellen

Auf dem von-Neumann-Rechner wird die Verwendung der CPU für die Elementaroperationen durch die Befehlsliste gesteuert, die mit Hilfe des Programmzählers sequenziell aus einem adressierbaren Speicher gelesen wird. Die Befehlsliste definiert den Zeitplan (engl. schedule), nach dem die CPU die Operationen ausführt.

Wir bezeichnen im folgenden den Vorgang der Ausführung der Operationen $\mathcal{E}$ eines Algorithmus einschließlich der Speicheroperationen und der Zugriffe auf Input und Output durch eine Maschine als Prozeß (eine etwas abstraktere Definition folgt in 4.2.6). Auf einem Universalrechner mit einer CPU $\mathcal{U}$ wird er u.a. durch die Angabe der Ausführungszeitpunkte t_σ der $\sigma \in \mathcal{E}$ beschrieben, also durch eine Abbildung

$$t: \quad \mathcal{E} \quad \to \mathbb{R}.$$

Für die Ein- und Ausgabe-Operationen ist nach 3.7.2 eine geeignete Synchronisation (Handshake) des Datenaustausches erforderlich. Dasselbe gilt aber auch für die Ausführung der Elementaroperationen, bei denen nur auf rechnerinterne Speicherzellen zugegriffen wird. Hier kann die Synchronisation aber bereits durch eine geeignete Ausführungs-Reihenfolge gewährleistet werden (vgl. 3.3). Wir definieren dazu eine kausale Abhängigkeitsrelation auf $\mathcal{E}$, die ausdrückt, daß eine Operation τ mittelbar oder unmittelbar auf ein Resultat einer anderen Operation σ angewandt wird:

$$\sigma \to \tau \iff \text{(1) ein Argument von } \tau \text{ ist Resultat von } \sigma \quad oder$$
$$\text{(2) es gibt } \mu \in \mathcal{E} \text{ mit } \sigma \to \mu \text{ und } \mu \to \tau.$$

Die Bedingung an die Ausführungsreihenfolge der Operationen ist dann, daß für

$$\sigma \to \tau \quad \text{stets} \quad t_\sigma < t_\tau$$

gilt, daß also eine vollständige Anordnung von $\mathcal{E}$ gewählt wird (nämlich die zeitliche), die die $\to$-Relation fortsetzt. Im allgemeinen gibt es viele Schedules, die diese Bedingung erfüllen, für die Operationen in Bild 4.1 etwa

$$
\begin{array}{ccccc}
r & s & u & v & w & t \\
u & v & w & r & s & t \\
r & u & s & v & w & t \quad \text{u.a.m.}
\end{array}
$$

Für eine sequenzielle Komposition $h \circ g$ zweier selbst aus Elementarfunktionen zusammengesetzter Funktionen g, h erhält man aus erlaubten Schedules für die Operationen in g und h einen erlaubten Gesamtschedule, indem man erst den Schedule für g und dann den für h ausführt. In einer parallelen Komposition $g \times h$ besteht keine kausale Abhängigkeit zwischen den Operationen in g und denen in h, die beiden Schedules können in einer beliebigen Reihenfolge zusammengesetzt werden. Die Ausführungsreihenfolge durch eine vorgegebene Befehlsliste zu steuern, unterliegt dadurch auch einer gewissen Willkür. Nach diesem Schema läßt sich für jeden Algorithmus jedenfalls ein erlaubter Schedule aufstellen.

Alternativ kann die Steuerung der Operationsreihenfolge auch der Maschine überlassen werden, indem man ihr einen geeigneten Mechanismus gibt, Elementaroperationen mit vorliegenden Operanden zu erkennen und zur Ausführung auszuwählen. Eine so organisierte und damit im Gegensatz zur von–Neumann-Maschine nicht durch eine Instruktionsliste gesteuerte Maschine wird Datenflußrechner genannt. Der von–Neumann-Rechner hat demgegenüber eine einfachere Arbeitsweise, erfordert aber eben das Aufstellen erlaubter Schedules.

4.1.2 Parallele Programmierung

Zwei Universal-Rechner $C1$ und $C2$ können über eine Schnittstelle gekoppelt werden, so daß die Outputs des einen die Inputs des anderen sind (s. Bild 4.3).

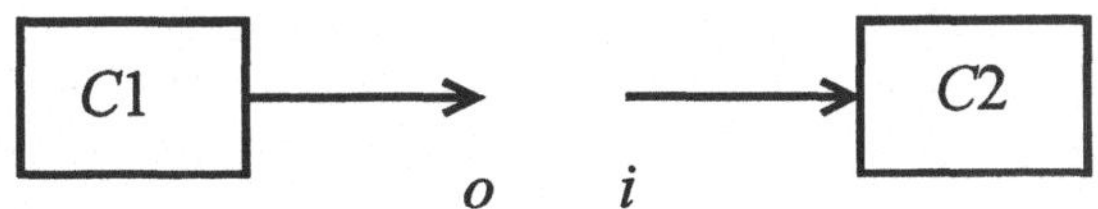

Bild 4.3 Gekoppelte Rechner

Die Schnittstelle kann als ein gemeinsamer Speicher aufgefaßt werden, den der eine schreibt und der andere liest. Der Zugriff muß allerdings synchronisiert erfolgen (Handshake), was nicht mehr nur durch die Reihenfolge der Operationen auf jedem der beiden Rechner gewährleistet werden kann.

Über Schnittstellen gekoppelte, unabhängig durch jeweils eigene gesteuerte Universalrechner sind als MIMD–Parallelrechner bekannt (multiple instruction multiple data). Die seriellen Schnittstellen des T225 (vgl. 3.7.3) erlauben es z.B., mehrere Transputer zu einem solchen Parallelrechner zu verschalten (Bild 4.4). Der MIMD–Rechner ist eine Universalrechnerarchitektur mit mehreren, vielfach verwendbaren Rechenschaltungen (ALUs), die jeweils Steuerwerke und Speicher erhalten. Andere Parallelrechnerarchitekturen verwenden einen gemeinsamen Speicher für mehrere CPUs oder sogar ein gemeinsames Steuerwerk für mehrere Rechenschaltungen.

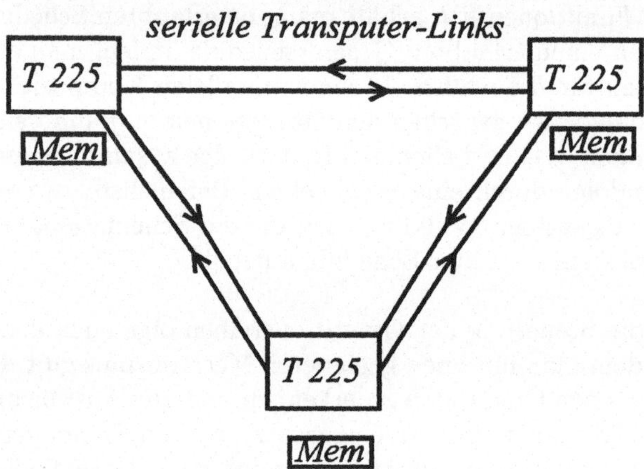

Bild 4.4 MIMD–Parallelrechner

Für einen Rechner mit mehreren separat gesteuerten CPUs liegt es nahe, die Operationenmenge $\mathcal{E}$ eines Algorithmus auf die CPUs zu verteilen und sie dadurch schneller abzuarbeiten. Falls eine Operation auf einer CPU das Resultat einer auf einer anderen CPU berechneten benötigt, muß dieses über eine Schnittstelle übergeben werden. Dabei kann dieselbe Schnittstelle zu verschiedenen Zeiten zur Datenübergabe wiederverwendet werden (was auch für beliebige Speicherzellen gilt). Um die Operationenmenge $\mathcal{E}$ eines Algorithmus in Teilmengen $\mathcal{E}_i$ zu zerlegen, wobei $\mathcal{E}_i$ für $i = 1, \cdots, n$ die Teilmenge der auf Prozessor i auszuführenden Operationen bedeutet, muß für jede Operation festgelegt werden, welche CPU zu ihrer Ausführung verwendet werden soll (s. Bild 4.5). Die Aufteilung erfolgt gewöhnlich unter dem Gesichtspunkt, daß die CPUs zeitparallel kausal unabhängige Operationen bearbeiten und der Datenaustausch über Schnittstellen gering ist, da er schon wegen des Handshakings wesentlich langsamer abläuft als der über den „echten" Speicher. Zudem sind meist nur wenige Schnittstellen zwischen den Teilrechnern vorhanden.

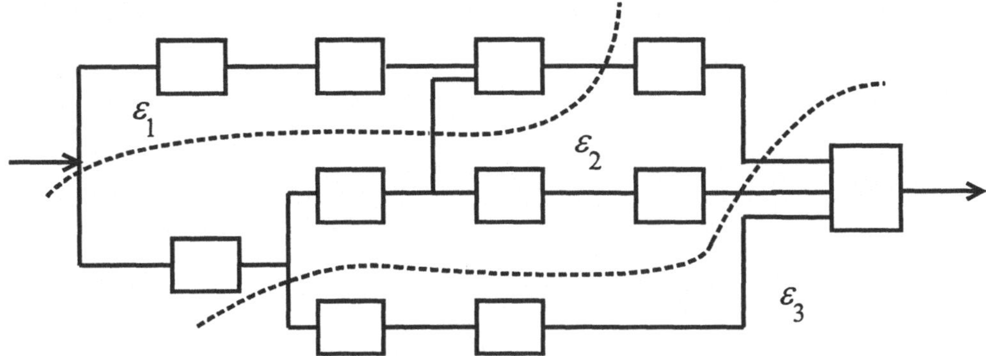

Bild 4.5 Aufteilung der Operationsmenge

Für jede Teilmenge $\mathcal{E}_i$ muß ein Schedule festgelegt werden, nach dem die CPU i die Operationen ausführt, und für jede CPU muß eine entsprechende Instruktionsliste (ein „Programm") aufgestellt werden. Jedes dieser n Programme muß der Kausalitätsbedingung genügen. Sind $\sigma, \tau \in \mathcal{E}_i$ und $\sigma \to \tau$, so muß τ nach σ ausgeführt werden. Zusätzlich erfolgt aber nun eine Synchronisation mit den anderen Prozessoren, da Operanden über externe Schnittstellen statt nur über lokale Speicherzellen übergeben werden und der sendende und der empfangende Prozessor datenabhängig zu unterschiedlichen Zeitpunkten zum Datenaustausch bereit sind. Ist für $\sigma \in \mathcal{E}$ t_σ der Ausführungszeitpunkt, wenn der Algorithmus als Prozeß abläuft, so gilt für $\sigma \to \tau$ auch $t_\sigma < t_\tau$, genauer

$$t_\tau \geq t_\sigma + \alpha + \kappa \quad ,$$

wenn α die Ausführungszeit einer Operation und κ der Zeitaufwand zum Schreiben und zum synchronisierten Lesen der internen oder externen Schnittstelle ist.

Aufgrund dieser Kausalitätsbedingung kann bei einer rein sequenziell komponierten Funktion der Einsatz mehrerer CPUs zu keiner Beschleunigung der Programmausführung führen. Die Reihenschaltung zweier Rechner führt aber dann zu einer Leistungserhöhung, wenn in schneller Folge verschiedene Eingabedaten u, v angelegt werden. Während $C2$ das Ergebnis von $C1$ bei der Eingabe u verarbeitet, kann $C1$ schon v verarbeiten (Fließbandprinzip, engl. pipelining) (s. Bild 4.6). Für die einzelne Eingabe führt dies natürlich zu keiner Beschleunigung.

Das Pipeline-Prinzip kann immer angewandt werden, wenn eine Sequenz von Operationen auf einem Strom von Eingabedaten wiederholt wird. Moderne CPU-Chips verwenden z.B. bereits eine Pipeline, um die Arbeitsschritte Lesen einer Instruktion, Lesen des Operanden, Ausführen und Abspeichern des Resultats mit einer hohen

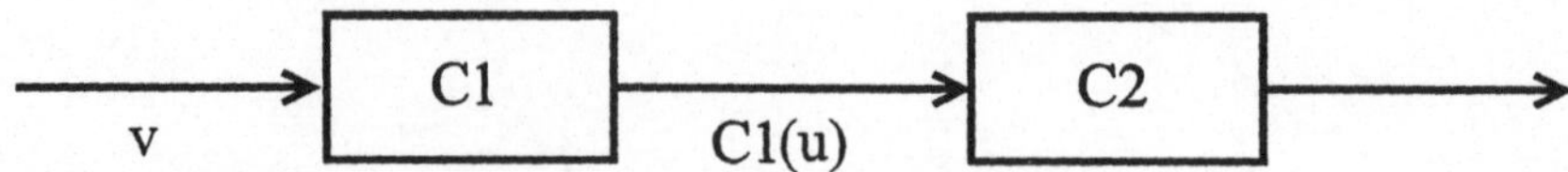

Bild 4.6 Prozessor-Pipeline

Rate parallel ausführen zu können. Wenn die einzelne Instruktion für die Abarbeitung der vier Teilschritte auch genau vier Taktzyklen benötigt, wird es durch die Pipeline möglich, in jedem Taktzyklus eine neue Instruktion zu starten.

4.1.3 Parallele Verarbeitungsprozesse auf einem Rechner

So wie mehrere CPUs für einen Rechenprozeß verwendet werden können, kann auch eine CPU im zeitlichen Wechsel für verschiedene Prozesse verwendet werden. Allgemeiner kann eine Anzahl j von Prozessen auf einem System von n CPUs verarbeitet werden. Wenn die Prozesse sich zeitlich überlappen, spricht man von parallelen Prozessen.

Seien zwei Prozesse mit den Operationsmengen $\mathcal{E}_1$ und $\mathcal{E}_2$ gegeben (s. Bild 4.7). Jeder dieser Prozesse kann auf dem Universalrechner mit einer CPU entsprechend einem Schedule ablaufen, der seiner Kausalitätsbedingung genügt, mit den Zeitfunktionen

$$t_1 \; : \; \mathcal{E}_1 \; \to \; \mathbb{R}$$
$$t_2 \; : \; \mathcal{E}_2 \; \to \; \mathbb{R}$$

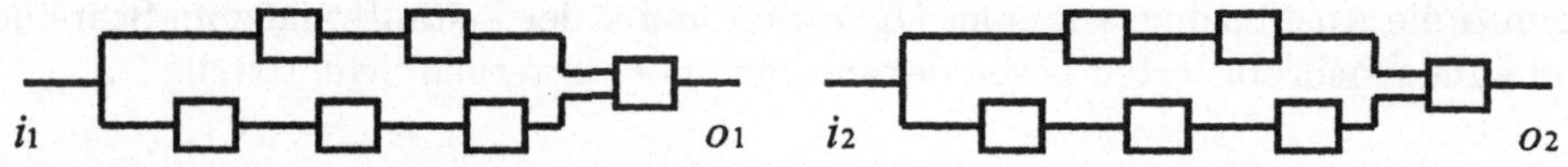

Bild 4.7 Unabhängige Prozesse

Damit beide auf demselben Rechner ablaufen können, muß für alle $\sigma \in \mathcal{E}_1,\ \tau \in \mathcal{E}_2$ $t_1(\sigma) \neq t_2(\tau)$ sein (die CPU wird nur für eine Operation zur Zeit verwendet). Aus den beiden Schedules ergibt sich dann ein zusammengesetzter Schedule auf der (disjunkten) Vereinigungsmenge $\mathcal{E} = \mathcal{E}_1 \cup \mathcal{E}_2$.

Auf einem von-Neumann-Rechner kann dieser Schedule durch eine Instruktionsliste vorgegeben werden, die aus Listen für die einzelnen Prozesse zusammengesetzt gedacht werden kann. Da die Art dieser Zusammensetzung aber für den einzelnen Prozeß ohne Belang ist (solange nicht durch einen Datenaustausch zwischen den

Prozessen Kausalitätsbedingungen entstehen) und überdies vielfältige Variationen erlaubt, sollten die Prozesse durch individuelle Instruktionslisten im Speicher des Rechners gesteuert werden können. Moderne von-Neumann-Rechner erhalten einen zusätzlichen Mechanismus, der es erlaubt, durch ein äußeres Signal (ein sogenanntes Interruptsignal) gesteuert, zwischen der Abarbeitung verschiedener Listen umzuschalten.

Die Möglichkeit, unabhängige Prozesse im zeitlichen Wechsel zu bearbeiten, erlaubt es dann z.B., daß sich mehrere Benutzer einen Rechner teilen können, indem sie ihn zeitgleich zur Ausführung verschiedener Programme verwenden. Prozesse lassen sich aber auch verwenden, um komplexe Verarbeitungsaufgaben in Teilaufgaben zu strukturieren, die durch jeweils eigene Algorithmen bzw. Instruktionslisten bearbeitet werden. Die Ausgaben σ_1 und σ_2 zweier paralleler Teilprozesse können z.B. in einem Speicherbereich abgelegt werden, aus dem ein dritter Prozeß sie als Eingaben entnimmt.

4.1.4 Interrupts und Kontextwechsel

Um also aus der laufenden Instruktionsliste auf eine andere umzuschalten, erhält die von-Neumann-CPU zusätzlich einen Eingang IRQ (interrupt request), der ähnlich wie ein zusätzliches Bit im Instruktionscode die von der CPU auszuführende Operation mitbestimmt (s. Bild 4.8).

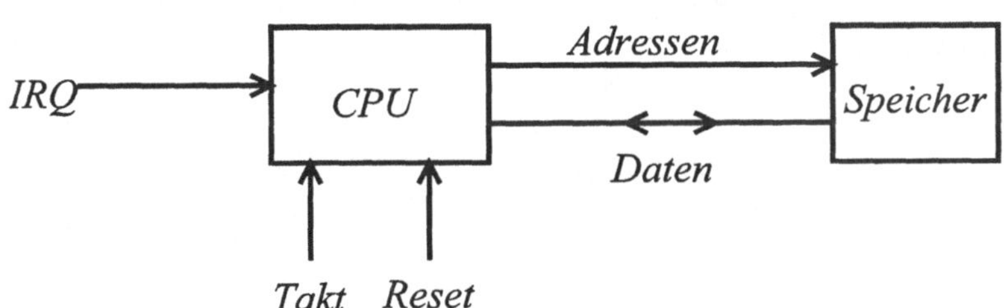

Bild 4.8 Universalrechner mit Interrupteingang

Bei Aktivieren des IRQ–Eingangs (einem *Wechsel* von *L* auf *H*) führt die CPU anstelle der gerade aus dem Speicher gelesenen Instruktion das Äquivalent eines Call-Befehls aus, bei dem sie einen Sprung an eine spezifische Startadresse für die sogenannte Interruptroutine ausführt und zugleich die Befehlsadresse in dem unterbrochenen Programm in einem Register oder im Speicher ablegt, so daß dieses später mit einem Return-Befehl fortgesetzt werden kann. In der Interruptroutine werden gewöhnlich auch die anderen Prozessorregister im Speicher abgelegt und vor der Return-Anweisung wieder zurückgeladen, um sie in der Routine frei verwenden zu können.

Der Interrupt schaltet die Steuerung der CPU also von der gerade verwendeten auf eine spezielle andere Instruktionsliste um. Dies kann z.B. dazu benutzt werden, parallel zu einem laufenden Algorithmus eine zeitkritische Steuerfunktion auszuführen oder Daten von einer Schnittstelle zu übernehmen.

Die Interruptverarbeitung liefert auch eine Möglichkeit, die Rechenzeit zwischen verschiedenen anderen Prozessen zu verteilen. Dazu wird der Interrupt periodisch durch einen Zeitgeber ausgelöst, und die Interruptroutine so ausgelegt, daß sie nicht die Registerbelegung des durch den Interrupt unterbrochenen Prozesses wiederherstellt und in diesen zurückkehrt, sondern dies für einen ausgewählten *anderen* tut (s. Bild 4.9). Die Instruktionen für diesen Kontextwechsel befinden sich also in der Interruptroutine, während die Instruktionslisten für die beiden Prozesse nur den Ablauf im jeweiligen Prozeß definieren. Natürlich beansprucht die periodische Bearbeitung der Interruptroutine auch eine Verarbeitungszeit, die für die Anwendungsprozesse verlorengeht.

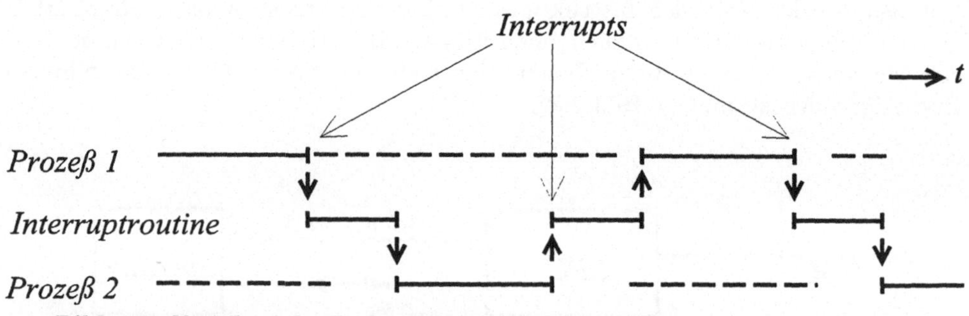

Bild 4.9 Verteilung der Rechenzeit

Die meisten modernen Mikroprozessoren bieten einen oder mehrere Interrupteingänge als Basis und Primitivform der Umschaltung der CPU zwischen parallelen Prozessen. Die Prozessoren der Transputerfamilie gehen hierüber hinaus, indem sie beim Warten auf die Datenübernahme über eine Schnittstelle oder auch ausgelöst durch ein externes Signal gleich den vollständigen Kontextwechsel zwischen Prozessen durchführen, ohne Vermittlung einer Interruptroutine zum Sichern und Wiederherstellen von Registerinhalten usw. Ferner verwaltet der Transputer automatisch die zur Bearbeitung bereiten parallelen Prozesse.

Jeder dieser Prozesse verwendet für seine Daten im Speicher einen „Workspace", welcher während der Bearbeitung durch den Prozessor über das Workspace-Pointerregister *WPtr* adressiert wird (vgl. 3.7.3). Solange der Prozeß nicht bearbeitet wird, wird im Workspace auch der Programmcounter (PC) abgelegt, also die Adresse des nächsten Befehls in der Befehlsliste des Prozesses. Die wartenden Prozesse werden in einer Liste geordnet, wozu in jeden Workspace zusätzlich die Adresse des nächsten eingetragen wird (vgl. auch 4.2.3, 4.2.4). Anfangs- und Endadresse der Warteliste stehen in zwei speziellen Registern (s. Bild 4.10).

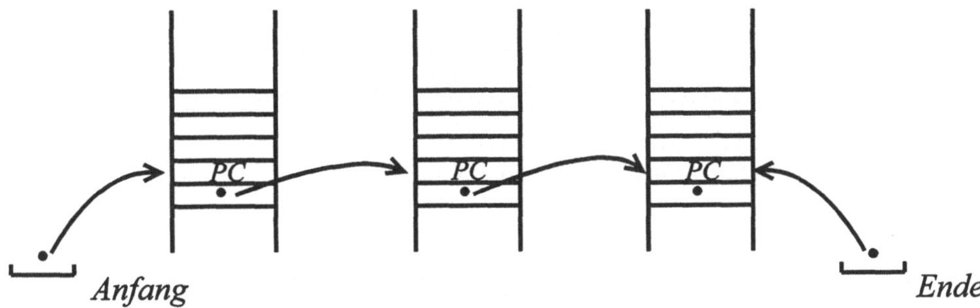

Bild 4.10 Prozeßwarteliste

Bei einem Kontextwechsel wird nun automatisch das PC-Register in den Workspace des gerade laufenden Prozesses abgelegt. Sodann wird der Prozeß am Anfang der Warteliste zur weiteren Verarbeitung selektiert und zugleich aus dieser entfernt. Der *WPtr* wird dazu auf die Adresse von dessen Workspace gesetzt und der darin stehende PC-Wert als Befehlsadresse in das PC-Register geladen.

Wenn ein Prozeß nach dem Warten auf einen Datenaustausch oder die Aktivierung des externen („event-") Eingangs ausführbereit wird, wird er zunächst (automatisch) an das Ende der Prozeßwarteliste angefügt. Auf dem Transputer werden Prozesse hoher und niedriger Priorität unterschieden, und für jede der beiden Prioritätsstufen gibt es eine eigene Prozeßwarteliste. Wenn ein Prozeß hoher Priorität ausführbereit wird, unterbricht er einen gerade laufenden niedriger Priorität. Hiermit kann auch die schnelle Reaktionszeit einer Interruptverarbeitung nachgebildet werden. Zwischen den Prozessen niedriger Priorität kann durch einen auf dem Transputer integrierten Zeitgeber ein zyklischer Kontextwechsel ausgelöst werden, wobei der gerade verlassene Prozeß wieder automatisch an das Ende der Warteliste gestellt wird.

4.1.5 Modellierung durch Petri–Netze

Das Scheduling der Operationen eines Algorithmus auf einem von-Neumann-Rechner oder einem aus mehreren Universalrechnern aufgebauten Parallelrechner unterliegt nach dem obigen der Synchronisationsbedingung, daß eine Teilfunktion erst ausgeführt werden kann, wenn ihre Eingangsspeicherstellen gültige Eingangsdaten enthalten (s. Bild 4.11). Offenbar geht in diese Bedingung die besondere Art dieser Funktion gar nicht ein.

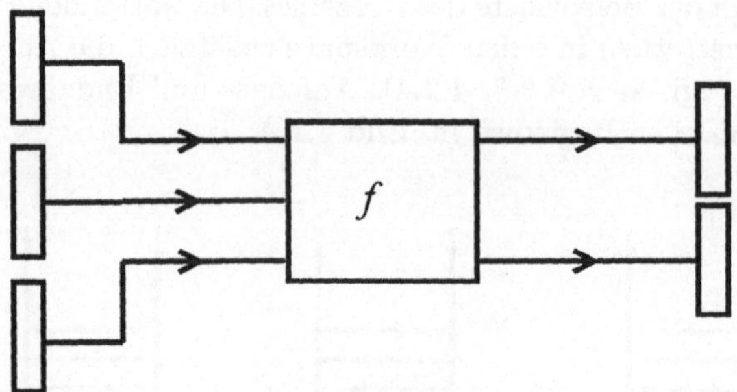

Bild 4.11 Teiloperation mit Ein- und Ausgangszellen

Wir abstrahieren daher nun diese Synchronisationsbedingung von den Besonderheiten der Funktion, der Ein- und Ausgabedaten und der Art der Speicherzellen. Dazu werden Diagramme verwendet, in denen die Speicherzellen durch Kreise (sogenannte Stellen) symbolisiert werden, die entweder leer oder belegt sind, was durch einen eingetragenen Punkt (Token) gezeigt wird. Die Funktion wird auf einen Balken reduziert (eine Transition), der mit den Ein- und Ausgangsstellen durch gerichtete Pfeile verbunden ist (s. Bild 4.12).

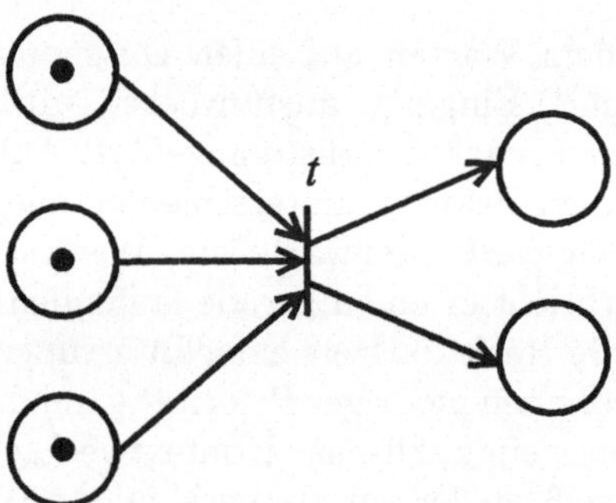

Bild 4.12 Transition mit Ein- und Ausgangsstellen

Wir definieren eine Transition als aktivierbar, wenn alle ihre Eingangsstellen belegt und ihre Ausgangsstellen unbelegt sind. Die Wirkung der Aktivierung beschränkt sich darauf, daß die Ausgangsstellen belegt werden und die Eingangsstellen unbelegt. Dies entspricht der Belegung der Ausgangsspeicherstellen mit den Funktionsresultaten. Wegen der Entnahme der Eingangstokens ist die Transition nicht gleich wieder aktivierbar. Die Bedingung, daß die Ausgangsstellen leer sein müssen, drückt ferner aus, daß früher produzierte Ergebnisse noch nicht weiterverarbeitet wurden und daher nicht überschrieben werden dürfen.

Definition 4.1 *Petri–Netz*

Ein Petri–Netz (nach C.A. Petri) ist gegeben durch

> - *eine Menge S von Stellen*
> - *eine Menge T von Transitionen*
> - *eine Eingaberelation $I \subset S \times T$ und*
> - *eine Ausgaberelation $O \subset T \times S$.*

Für $(s,t) \in I$ wird s Eingangsstelle, für $(t,s) \in O$ wird s Ausgangsstelle von t genannt. Der Einfachheit halber fordern wir, daß eine Eingangsstelle von t nicht auch zugleich Ausgangsstelle von t sein kann.

Während die einzelne Transition einen einzelnen Funktionsaufruf modelliert, kann ein ganzes Netz den Datenfluß in einem Algorithmus oder auch gleich die Gesamtheit der Operationen aus mehreren Prozessoren modellieren.

Definition 4.2 *Belegung*

Eine Belegung eines Petri–Netzes (S,T,I,O) ist eine Funktion

$$b : S \longrightarrow \{0,1\}.$$

Definition 4.3 *Aktivierbarkeit*

Eine Transition $t \in T$ ist aktivierbar bei der Belegung b, wenn für alle $s \in S$

$$
\begin{aligned}
(s,t) \in I &\implies & b(s) &= 1 \\
(t,s) \in O &\implies & b(s) &= 0.
\end{aligned}
$$

Die Folgebelegung tb einer Belegung b nach Aktivierung einer Transition t ist definiert durch

$$
tb(s) = b(s) - \mathcal{X}_I(s,t) + \mathcal{X}_O(t,s) =
\begin{cases}
0 & \text{falls} & (s,t) \in I \\
1 & \text{falls} & (t,s) \in O \\
b(s) & \text{sonst} &
\end{cases},
$$

wobei $\mathcal{X}_I$ und $\mathcal{X}_O$ die charakteristischen Funktionen von I und 0 sind (1.1.3).

Die Aktivierbarkeitsbedingung für eine Transition wie auch die Wirkung ihrer Aktivierung betrifft also nur ihre Ein- und Ausgangsstellen. Unsere Definitionen sagen nichts darüber aus, ob und wann eine aktivierbare Transition aktiviert wird. Hierzu müßten wir, ausgehend von einer Anfangsbelegung b_0, wieder das Äquivalent eines Schedules festlegen, etwa in Form einer Folge $(t_1, \ldots, t_k)$ mit der Eigenschaft, daß für $i = 1 \ldots k$ t_i aktivierbar bei der Belegung b_{i-1} ist, mit $b_i = t_i b_{i-1}$. Nach Anwendung eines solchen „Programmes" ist dann die End-Belegung $b_k = t_k t_{k-1} \ldots t_1 b_0$.

In einem Petri–Netz lassen sich ähnlich wie für die Operationen eines Algorithmus die direkte Abhängigkeit bzw. Unabhängigkeit von Transitionen bei einer vorliegenden Belegung definieren.

Definition 4.4 *Sequenzielle und parallele Aktivierbarkeit*

Zwei Transitionen t_1 und t_2 heißen sequenziell aktivierbar bei einer Belegung b, wenn t_1 aktivierbar ist, nicht aber t_2, dafür t_2 bei der Folge-Belegung bt_1 (s. Bild 4.13).

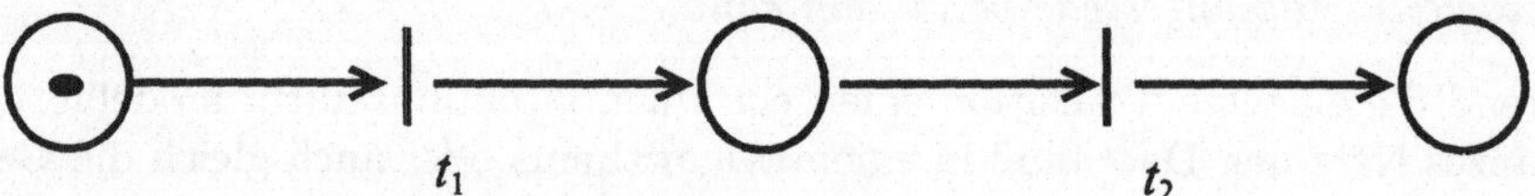

Bild 4.13 Sequenziell aktivierbare Transitionen

t_1 *und t_2 heißen unabhängig oder auch parallel aktivierbar, wenn t_1 und t_2 aktivierbar unter b sind, sowie t_2 unter t_1b und t_1 unter t_2b (s. Bild 4.14).*

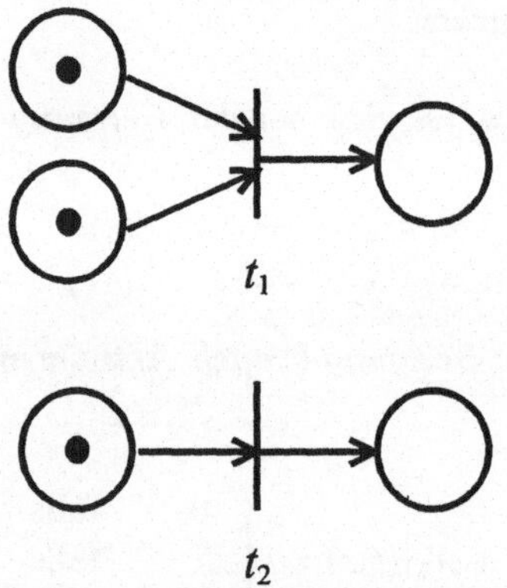

Bild 4.14 Parallel aktivierbare Transitionen

Für parallel aktivierbare Transitionen gilt die wichtige Beziehung

$$t_1 t_2 b \;=\; t_2 t_1 b,$$

die sich unmittelbar aus der Formel für die Folgebelegung ergibt. Allgemeiner ist die Endbelegung b_k nach Aktivierung der Transition $t_1, \ldots, t_k$, unabhängig von dem dafür gewählten Schedule.

In der Literatur treten Petri–Netze in vielen Variationen auf [BAU90]. Es wird zugelassen, daß Stellen mehr als nur einen Token enthalten dürfen, und daß Transitionen mehr als nur einen Token entnehmen oder erzeugen. Zur Modellierung des Zeitverhaltens von Prozessen können Transitionen Ausführungszeiten als Attribute erhalten. Die Petri–Netze nach unserer Definition lassen bereits Fälle zu, die bei der Beschreibung der Datenabhängigkeiten in Algorithmen nicht vorkommen, z.B. zyklisch wiederholte Transitionen oder mehrfache Token in einer Sequenz von Operationen, was zur Modellierung einer Verarbeitungspipeline dienen kann (s. Bild 4.15).

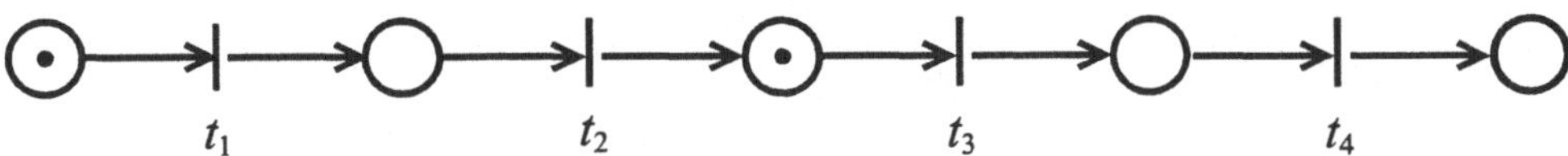

Bild 4.15 Modellierung der Pipeline

4.1.6 Gegenseitiger Ausschluß

Die Definition des Petri–Netzes läßt es auch zu, daß eine Stelle Eingang zu mehreren Transitionen ist (s. Bild 4.16).

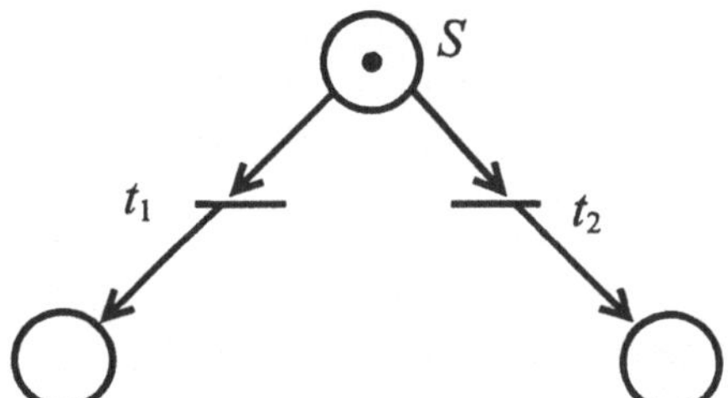

Bild 4.16 Gegenseitiger Ausschluß

Dies modelliert nicht den Fall, daß zwei Operationen auf dieselben Daten angewandt werden, denn es sind hier zwar t_1 und t_2 aktivierbar, nach Aktivierung von t_1 aber nicht mehr t_2 und nach t_2 nicht mehr t_1. t_1 und t_2 schließen sich gegenseitig aus.

Wenn wir mit einem Petri–Netzen die Gesamtheit der Operationen mehrerer Prozesse beschreiben, die auf einem Rechnersystem zur Ausführung gebracht werden sollen, kann diese Konfiguration dagegen den Fall modellieren, daß ein Betriebsmittel, z.B. der schreibende Zugriff auf eine Schnittstelle oder einen Plattenfile, zeitweise ausschließlich einem dieser Prozesse zur Verfügung stehen darf. Die Verfügbarkeit des Betriebsmittels wird durch die Belegtheit der Stelle s repräsentiert (s. Bild 4.17), eine sogenannte Semaphore.

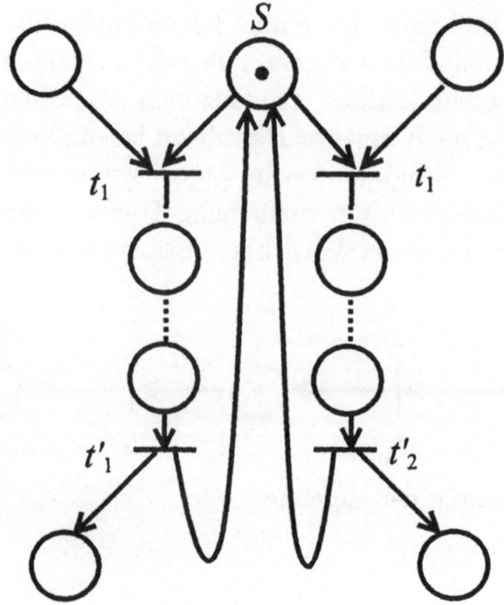

Bild 4.17 Verwaltung eines Betriebsmittels mit einer Semaphore

Wir nehmen an, daß dieses Diagramm Teil eines größeren Petri–Netzes ist, in dem die Transitionen den Teilfunktionen in zwei oder mehreren Prozessen entsprechen. Falls in der gezeigten Struktur ein Prozeß die Operationen $t_1 \ldots t_1'$ enthält, so kann ein anderer Prozeß die Operationen zwischen t_2 und t_2' nicht ausführen, solange der erste die Operationen zwischen t_1 und t_1' ausführt, da die Transition t_1 den Token aus s entfernt und somit t_2 solange nicht aktiviert werden kann, bis der Token durch t_1' zurückgelegt wird. Dieser Mechanismus läßt sich leicht auf einem Rechner umsetzen, indem man eben s durch eine Speicherzelle für Zahlcodes realisiert und das Vorhandensein des Tokens durch einen Wert $\neq 0$ repräsentiert. Der das Betriebsmittel reservierende Prozeß muß testen und abwarten, daß die Variable $\neq 0$ ist und sie dann auf Null setzen.

Im Petri–Netz lassen sich Synchronisationsmechanismen ohne den Ballast der umgebenden Algorithmen und Implementierungsdetails analysieren. Die in Bild 4.18 gezeigte Struktur zur Verwaltung zweier Betriebsmittel A und B mit Semaphoren a und b kann z.B. zur Blockierung zweier Prozesse in einer gegenseitigen Wartesituation führen, da sie die Betriebsmittel in unterschiedlicher Reihenfolge reservieren.

Hat der erste Prozeß mit den Operationen $t_1, t_1', \ldots, t_1''$ die Operation t_1 und der zweite bereits t_2 ausgeführt, so können weder t_1' noch t_2' ausgeführt werden, da die Tokens aus a und b entnommen sind. Eine solche Situation wird als Deadlock bezeichnet.

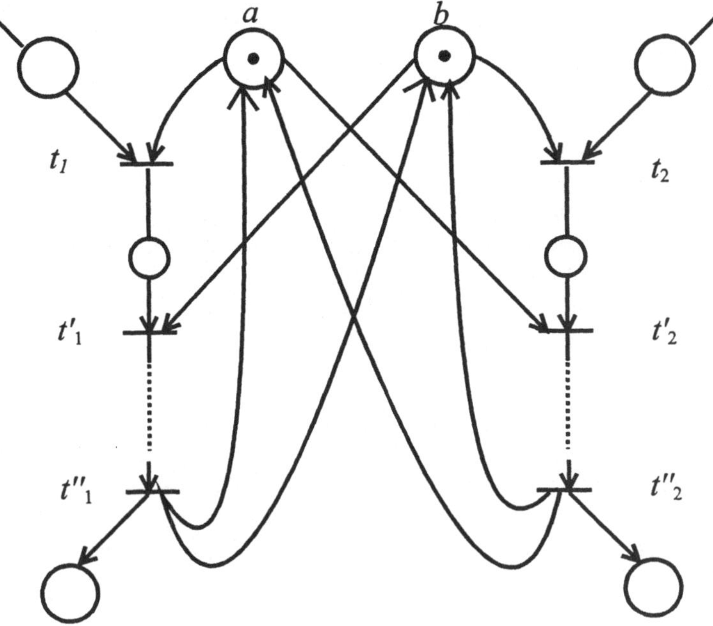

Bild 4.18 Betriebsmittelverwaltung mit möglichem Deadlock

4.2 Die Verwendung des Speichers

4.2.1 Speicheradressierung

Bei der Implementierung eines Rechneralgorithmus muß außer dem Schedule für die Instruktionen auch festgelegt werden, an welchen Adressen die benötigten Speicherzellen stehen sollen. Die Adressen sind Binärcodes, die die CPU an die Decodierschaltungen in den Speicherbausteinen ausgibt, um eine bestimmte Speicherzelle zu selektieren, und codieren nicht Zahlen oder Symbole.

Die Adreßgenerierungsschaltungen in der von–Neumann–CPU legen jedoch eine natürliche Nachbarschaftsbeziehung auf der Menge $\mathcal{A}$ der Adressen fest,

$$\text{next} : \mathcal{A} \longrightarrow \mathcal{A}.$$

Hierdurch muß ein Befehl der Instruktionsliste auch nicht die Adresse des nächsten enthalten; sie ergibt sich als Nachbaradresse. Allgemeiner können wir eine Adresse a um eine Zahl n erhöhen, indem nämlich darauf n-mal die next-Operation angewandt wird.

$$a + n \quad = \quad \text{next}^n(a).$$

Diese Adreßaddition ist gewöhnlich kompatibel mit einer Addition von r-stelligen Binärcodes, wenn die Adreßbits geeignet numeriert werden, und wird als solche von der CPU unterstützt.

Die Daten–Speicherstellen für einen Algorithmus können beginnend bei einer Startadresse fortlaufend an benachbarten Adressen gewählt werden und entsprechend durch die Instruktionen angesprochen werden. Um nicht für jeden Aufruf eines Funktionsbausteins in einem Algorithmus eine eigene Instruktionsfolge mit den dann anzuwendenden Adressen verwenden zu müssen, werden die Adressen relativ zum Inhalt a eines Pointerregisters SP vorgegeben (vgl. 3.4), also in der Form $a+n$. Mit dem Adreßparameter a läßt sich dann das Muster der verwendeten Speicherzellen an eine geeignete Position verschieben.

4.2.2 Wiederverwendung von Speicherzellen

Wenn wir für jeden Funktionsaufruf in einem Algorithmus neue Speicherstellen für seine Resultate verwenden, so wird jede verwendete Speicherzelle während der Programmausführung nur einmal geschrieben. Der endliche Speicher einer realen Maschine beschränkt hierbei jedoch die Anzahl der Funktionsaufrufe.

Nun ist es keineswegs notwendig, Speicherstellen bei der Abarbeitung eines Algorithmus nur einmal zu verwenden. Wenn eine Operation τ ihre Eingabe e aus einer Zelle p geladen hat, die für keinen weiteren Aufruf als Eingabe dient, kann p überschrieben werden, und zwar bereits mit den Resultaten r von τ. Werden die Speicherstellen in aufsteigender Reihenfolge nach dem Stackprozessorprinzip so vergeben, daß die Eingabe am Ende des belegten Speicherbereiches steht, so ergeben sich vor und nach dem Aufruf von τ die in Bild 4.19 gezeigten Belegungen.

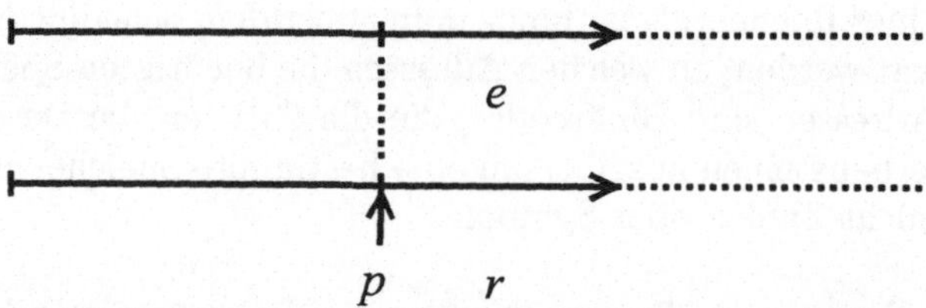

Bild 4.19 Anordnung der Argumente und Resultate eines Funktionsaufrufes

Das Überschreiben von Speicherzellen ist eine häufige Fehlerquelle in Programmen. Wird dieselbe Speicherzelle p mit Resultaten r_1 und r_2 von zwei Operationen τ_1 und τ_2 beschrieben, so ergibt sich für den Instruktions-Schedule nämlich zusätzlich zur Kausalitätsbedingung die Anforderung, daß bei einer Ausführung von τ_1 vor τ_2 diejenigen Operationen, die auf r_1 zugreifen, zwischen τ_1 und τ_2 ausgeführt werden müssen.

Diese zusätzliche Bedingung wird ebenfalls durch die Schaltregel für Petri–Netze modelliert, indem eine Transition (t_3) ja solange nicht aktiviert werden darf, wie ihre Ausgangsstellen durch das Resultat einer zuvor aktivierten Transition (t_1) belegt und noch nicht zur weiteren Bearbeitung (durch t_2) ausgelesen worden sind (s. Bild 4.20).

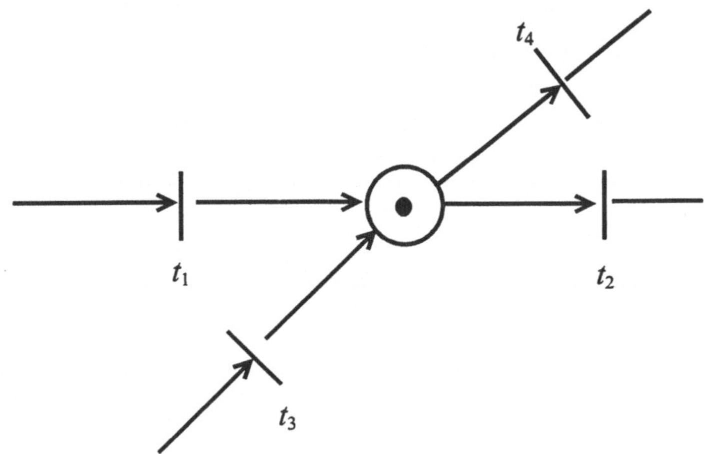

Bild 4.20 Mehrfach verwendete Stelle

Dieselbe Bedingung gilt nach 4.1.2 auch für die Schnittstellen in einem Mehrprozessorsystem, die ja auch als spezielle gemeinsame Speicherstellen der kommunizierenden Rechner gelten können. Die Schnittstelle darf erst dann erneut für einen Datentransfer benutzt werden, wenn der empfangende Prozessor die übertragenen Daten als Eingabe für eine zugehörige Operation entgegengenommen hat.

4.2.3 Anordnung von Codes im Speicher

Wenn durch einen Rechner-Algorithmus eine auf einer Menge M definierte Funktion realisiert werden soll, so müssen die Elemente von M zunächst durch eine Abbildung

$$c : M \longrightarrow D^n$$

codiert werden, wobei $D = B^k$ die Menge der Belegungen einer k-bit-Speicherstelle ist, wie sie durch eine Adresse selektiert wird. Für $m \in M$ sind also n Speicherstellen erforderlich, um $c(m)$ zu speichern. Wir nennen einen Satz von n Speicherzellen, die zur Aufnahme eines Codes $c(m)$ verwendet werden, ein Objekt vom Typ M und m seinen Wert. Zusätzlich zur Codierungsfunktion c muß auch festgelegt werden, nach welchem Prinzip die n Zellen eines solchen Objektes im Speicher angeordnet werden sollen. Sei $c(m) = (c_o, \ldots, c_{n-1})$, mit $c_i \in D$ für $0 \leq i \leq n - 1$.

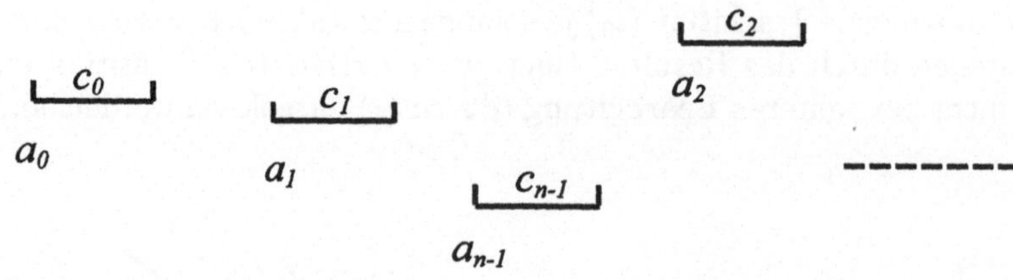

Bild 4.21 Verstreute Anordnung von Codes im Speicher

Bild 4.22 Fortlaufend gespeicherter Mehrwort-Code

Der oben vorgeschlagene Ansatz, die Komponenten c_i an festen, in den Befehlen des Programmes stehenden Positionen $a + n_i$ relativ zu einer Bezugsadresse a anzuordnen, ist nicht immer zweckmäßig oder überhaupt anwendbar. Die Operationen auf den Codes $c(m)$ werden für größere n meist durch rekursive und nicht durch schleifenfreie Algorithmen über den Grundoperationen der *CPU* realisiert und erfordern dazu eine Berechnung der Adressen der c_i als Funktion von i, so daß sie eben nicht in den Befehlscodes stehen können. Ist ferner M unendlich, so müssen als Codes $c(m)$ n-Tupel beliebig großer, von m abhängiger Länge n zugelassen werden, wofür ein festes, endliches Adreßmuster nicht ausreicht. Die wichtigsten Anordnungen von Codes im Speicher sind die folgenden.

- *Verstreute Anordnung.* Die Speicherzellen für $c_o, \ldots, c_m$ stehen an n beliebigen Adressen $a_o, \ldots, a_{n-1} \in \mathcal{A}$ (s. Bild 4.21).

- *Anordnung in benachbarten Speicherzellen.* $c_0, \ldots, c_{n-1}$ stehen in benachbarten Zellen beginnend bei einer Adresse a_0 (s. Bild 4.22). Diese Anordnung hat den Vorteil, daß die Lage des Objekts bereits durch einen einzigen Adreßparameter, nämlich die Startadresse a_0, beschrieben wird. Funktionen, die auf die Komponente c_i zugreifen müssen, berechnen deren Adresse nach der Formel $a_i = a_0 + i$. Die Adreßaddition ist identisch mit der polyadischen Addition von Binärzahlen und wird von den gängigen Prozessoren unterstützt. Die benachbarte Anordnung überträgt sich auf kartesische Produkte. Sind

$$c_1 \; : \; M_1 \; \rightarrow \; \mathcal{D}^{n_1}$$
$$c_2 \; : \; M_2 \; \rightarrow \; \mathcal{D}^{n_2}$$

Codierungen und

$$c_1 \times c_2 \; : \; M_1 \times M_2 \rightarrow \mathcal{D}^{n_1 + n_2}$$

die zugehörige Produktcodierung, so ergibt sich die Anordnung eines Produkt-
codes

$$c_1 \times c_2(m_1, m_2) = (c_1(m_1), c_2(m_2))$$

in benachbarten Speicherzellen als Zusammensetzung der entsprechenden Anordnungen für $c_1(m_1)$ und $c_2(m_2)$ (s. Bild 4.23). So angeordnete Objekte von
einem Typ $M_1 \times \ldots \times M_r$ werden auch als Records bezeichnet. Für das vielfache Produkt $M^r = M \times \ldots \times M$ ergibt sich als Spezialfall die Struktur des
(linearen) Arrays (s. Bild 4.24). Der Code der Komponente m_i steht an der
Adresse $a_0 + i \cdot n$.

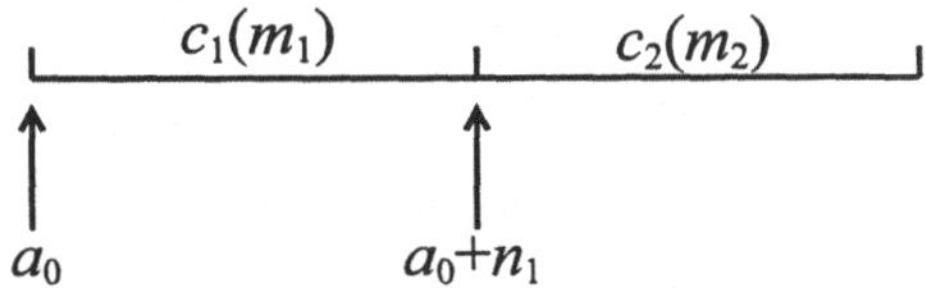

Bild 4.23 Fortlaufend gespeicherter Produktcode

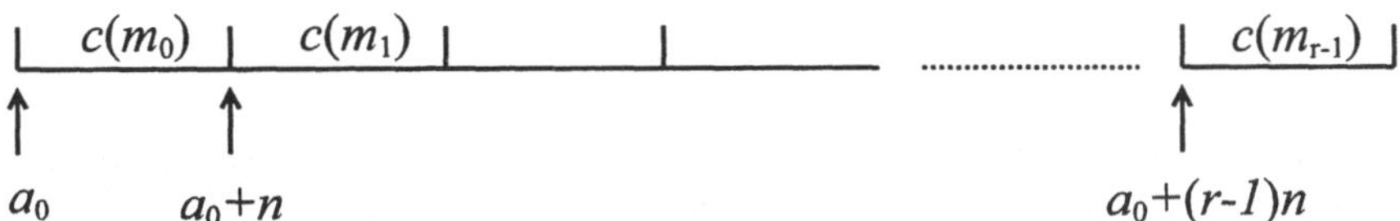

Bild 4.24 Lineares Array

- *Verkettete Anordnung.* Diese macht von Pointervariablen Gebrauch, das sind
  Speicherzellen, die den Adreßcode $a \in \mathcal{A}$ einer anderen Zelle enthalten und
  somit einen (indirekten) Zugriff auf diese erlauben (s. Bild 4.25).

Das Objekt mit dem Inhalt $c(m) = (c_0, \ldots, c_{n-1})$ besteht aus einer Anzahl
von Records, welche neben einer oder mehreren Komponenten von $c(m)$ auch
Pointer aufeinander enthalten (s. Bild 4.26). Die Lage des Objekts wird wieder durch einen Adreßparameter, nämlich a_0, beschrieben, sofern alle Records
längs der Pointer erreicht werden können. Die Pointerverweise definieren mehr
oder weniger lange Zugriffswege, auf denen die CPU durch fortgesetzte Leseoperationen, beginnend in dem Record an der Adresse a_0, die Datenfelder in
den einzelnen Records erreicht. Um im Beispiel in Bild 4.26 das Datenfeld D_3
im Record $R3$ zu erreichen, muß die CPU z.B. zuerst den zweiten Adreßpointer a_1 in $R0$ lesen, dann an der Adresse a_1 den zweiten Adreßpointer a_3 in
$R2$, schließlich die Daten an der Adresse $a_3 + 2$.

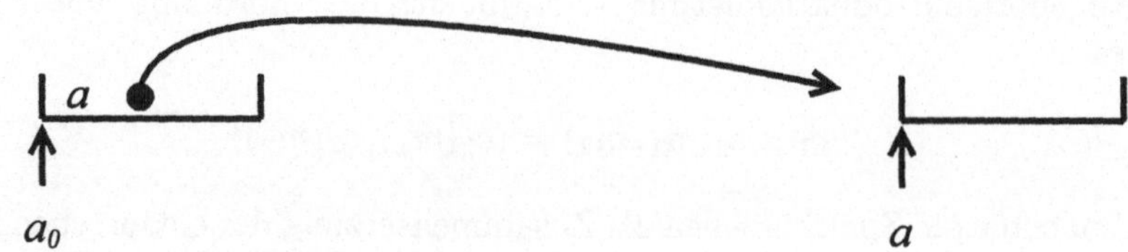

Bild 4.25 Pointervariable

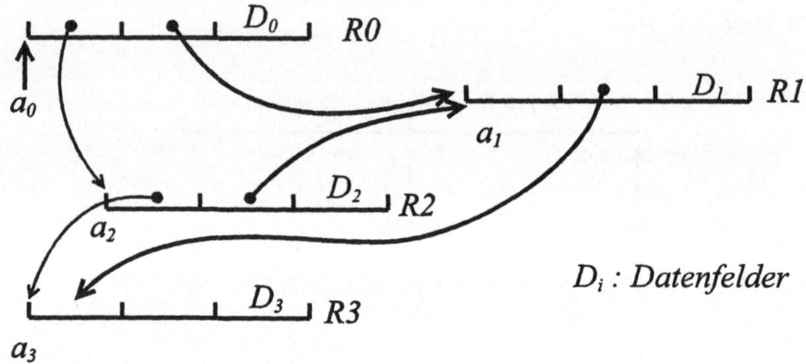

Bild 4.26 Verkettete Records

Zusätzliche Gesichtspunkte ergeben sich bei der Anordnung von Objekten im Gesamtspeicher eines MIMD-Parallel-Rechners. Die Komponenten eines Objekts können hier auch auf die Speicher verschiedener Teilrechner verteilt sein.

4.2.4 Abstrakte Datentypen: Beispiele und Implementierungen

Um Algorithmen abstrakter formulieren zu können, ohne jeden Datentyp sogleich in einer speziellen Codierung und Speicheranordnung und die Funktionsbausteine darauf durch Algorithmen zu beschreiben, ist es zweckmäßig, die Datentypen und ihre elementaren Operationen abstrakt zu charakterisieren. Ein abstrakt definierter Datentyp entkoppelt die Formulierungen der darauf aufbauenden Algorithmen von denen für seine Realisierung und modularisiert die Algorithmenentwicklung. Dasselbe gilt für die Verifikation der Algorithmen, die nun auf die Eigenschaften der Operationen der abstrakten Datentypen aufsetzen kann.

Die Definition eines abstrakten Datentyps M und seiner Operationen umfaßt

- die Angabe (Aufzählung) einer Menge von Konstanten

- Operationen, mit denen sich aus den Konstanten die Elemente von M generieren lassen

- Axiome, die die Gleichheit bestimmter Algorithmen auf der Basis dieser Operationen postulieren und insbesondere Gleichheiten der mit Hilfe der Operationen generierten Konstanten ergeben

- Definitionen weiterer Grundoperationen.

Definition 4.5 *Objekt*

Ein Objekt von einem abstrakten Datentyp M ist eine Speicherstruktur für Werte $m \in M$.

Die binäre Codierung von M und die Anordnung der verwendeten Speicherstellen auf einem Universalrechner ist auf dieser Ebene außer Betracht. Ein Objekt kann durch eine Schreiboperation einen Wert erhalten oder seinen Wert ausgeben. Wir differenzieren nicht zwischen Speicherobjekten und Schnittstellen, die sich im Wesentlichen nur dadurch unterscheiden, daß sie zur Eingabe von Daten, zur Ausgabe oder für beides verwendet werden. Objekte haben ein Zeitverhalten und erfordern einen synchronisierten Zugriff (durch einen Handshake oder einen entsprechenden Schedule). Der Wert eines Objektes vom Typ M kann nur von den Operationen dieses Typs verarbeitet oder erzeugt werden. Wenn wir beschreiben wollen, daß für die Ergebnisse gewisser Operationen auf einem Objekt derselbe Speicher wiederverwendet wird, fassen wir das Objekt als abstrakten Automaten auf (vgl. 3.2) und die Operation als Eingabe, die darin eine Zustandsänderung bewirkt und verdeutlichen dies durch eine geeignete Notation. Im Extremfall treten dann gar keine expliziten Lese- und Schreiboperationen auf, sondern nur Operationseingaben und Ein- und Ausgaben anderer Typen an den Automaten.

Beispiel 4.1 *In Beispiel 1.19 (Kap. 1.3.4) wurde bereits ein abstrakter Datentyp $S(M)$ eingeführt, ausgehend von einer bereits definierten Menge M. Er ist definiert durch*

- *eine Konstante $L \in S(M)$*

- *eine Abbildung $push : M \times S(M) \rightarrow S(M)$ (in 1.3.4 „a" genannt)*

ohne weitere Axiome und erhält die weitere Operation

- *$pop : S(M) \rightarrow S(M) \times M$ (in 1.3.4 „d" genannt), definiert durch*

  $pop(push(s, m)) = (s, m).$

Ein Objekt U vom Typ $S(M)$ (ein „Stack") ist also ein Automat, dessen Speicher ein beliebiges Element $s \in S(M)$ enthält. Die Konstanten und die Operationen auf $S(M)$ sind Eingaben an U. Wir verwenden die folgende Notation, die zugleich U als Empfänger der jeweiligen Eingabe ausweist:

$\mathcal{U}.L$ *Speicher von $\mathcal{U}$ erhält den Wert L*
$\mathcal{U}.push(m)$ *bewirkt Zustandsänderung $s \to push(s, m)$*
$\mathcal{U}.pop$ *bewirkt Zustandsänderung $s \to s'$ und*
                  Ausgabe von $m' \in M$, wobei $(s', m') = pop(s)$.

Stacks treten in vielen Anwendungen auf. Eine typische ist das Ablegen von Rücksprungadressen und ggf. weiteren Daten bei geschachtelten Unterprogrammaufrufen (vgl. 3.4, 3.7.3). Jede Implementierung des Datentyps Stack und von Stackobjekten muß eine Codierung für die $s \in S(M)$ und eine Anordung dieser Codes im Speicher festlegen sowie die Operationen L, $push(m)$ und pop realisieren. Hierbei stellt sich das Problem, daß die Menge $S(M)$ selbst für endliches M unendlich ist. Ein Stackobjekt muß die durch $push$-Eingaben übergebenen Elemente von M in geeigneter Weise speichern, um sie bei nachfolgenden pop-Eingaben wieder ausgeben zu können und kann daher auch unbeschränkt viele Speicherzellen benötigen. Häufig begnügt man sich damit, von vornherein die Anzahl der $push$-Operationen zu beschränken, so daß der benötigte Speicher endlich bleibt. Die Codierung und Anordnung der Codes der $s \in S(M)$ hängt von der für M verwendeten Codierung ab. $S(M)$ kann nach 1.3.4 mit der Menge M^* der endlichen Folgen von Elementen von M identifiziert werden, jedes $s \in S(M)$ also mit einem n-Tupel. Werden die $m \in M$ durch Codes fester Länge codiert, die jeweils in einer festen Anzahl n von benachbarten Speicherzellen abgelegt werden, so kann oben erklärte Codierung als lineares Array verwendet werden. Da aber n-Tupel verschiedener Länge als Stackbelegungen auftreten, wird für die Stackobjekte eine zusätzliche Speicherzelle (Variable) benötigt, aus der die Länge der aktuellen Stackbelegung gelesen werden kann (s. Bild 4.27). Die Eingabe L setzt diese Variable auf 0. $push$ fügt ans Ende des r-Tupels an, muß also den Code des übergebenen $m \in M$ an der Adresse $a + r \cdot n$ ablegen und die Längenvariable auf $r + 1$ setzen. pop liest den M-Code ab Adresse $a + (r - 1) \cdot n$ als Ergebnis aus und setzt die Längenvariable auf $r - 1$. Die übrigen Komponenten der Stackbelegung bleiben jeweils unverändert im (wiederverwendeten) Speicher stehen, was keine Operationen der CPU erfordert.

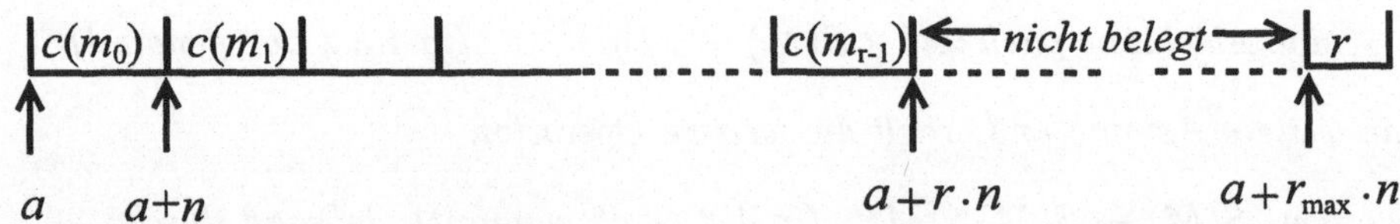

Bild 4.27 Stackimplementierung als lineares Array

Diese Stackimplementierung läßt sich auf den Fall erweitern, daß die Codes der $m \in M$ beliebige Länge haben und in verketteter Anordnung im Speicher liegen. Man trägt dazu in die obige Struktur nicht die Codes $c(m_i)$ ein, sondern beläßt diese in ihrer verketteten Anordnung und trägt nur deren Startadressen in die Arraystruktur ein.

Die Arrayimplementierung eignet sich nicht als Implementierung für Stacks unbeschränkter Länge, da dafür von der Startadresse a an der gesamte Speicher reserviert werden müßte. Stattdessen kann eine verkettete Anordnung für die n-Tupel-Codes verwendet werden (s. Bild 4.28).

Bild 4.28 Stackimplementierung als Liste

Statt einer Längenvariablen wird zweckmäßiger eine Zeigervariable verwendet, die die Adresse des letzten Records enthält, da hierauf bei *push*- und *pop*-Operationen zugegriffen werden muß, und die Adresse nicht mehr wie oben aus der Länge und einer Anfangsadresse berechnet werden kann. Bei der Push-Operation wird ein zusätzliches Record angefügt, dessen Pointerfeld auf den Wert der Zeigervariablen gesetzt wird. Danach wird die Adresse des neuen Records in die Zeigervariable eingetragen. Bei der *pop*–Operation wird das letzte Record wieder abgetrennt.

Der Speicherplatz für jedes zusätzlich benötigte Record kann nun an beliebiger Stelle angesiedelt und auch erst während des Programmlaufs angefordert werden, wenn man den noch nicht belegten Speicher durch geeignete Hilfsfunktionen verwalten läßt. Eine einfache Form der Verwaltung des freien Speichers ergibt sich z.B. dadurch, daß man ihn ganz durch verkettete Records fester Länge ausfüllt. Ein zusätzlich für den Stack benötigtes Record wird dann einfach vom Ende dieser sogenannten „Freispeicherliste" abgenommen, während nach der *pop*–Operation das nicht mehr benötigte Record wieder an das Ende der Freispeicherliste angehängt wird. Die Freispeicherliste wird damit selbst wie ein Stack verwaltet (vgl. [DF77]).

Da in einer Datentypdefinition die Eigenschaften der Operationen genau beschrieben werden müssen und dadurch auch die Grundlage für eine Verifikation entsteht, ist es nützlich, auch „konkrete" Datentypen aus einer Implementierung abstrakt zu definieren. Wir definieren als ein solches Beispiel die Menge $\mathcal{M}$ aller Speicherbelegungen eines Universalrechners mit dem Adreßraum $\mathcal{A} \subset B^r$ und dem Zellen-Datentyp $\mathcal{D} = B^s$, wobei r und s die Wortbreiten der Adressen und Daten sind.

Beispiel 4.2 *Der abstrakte Datentyp* M *ist definiert durch*

Konstante:	$\varepsilon \in M$	*Anfangsbelegung*
konstruierende Operation:	$w : A \times D \times M \to M$	*Schreiboperation*
Axiome:	$w(a, d, w(a, d', m)) = w(a,d,m)$	
	$a \neq a' \Rightarrow \quad w(a,d,w(a', d', m)) = w(a', d', w(a, d, m))$	
zusätzliche Operation:	$r : A \times M \to D$	*Leseoperation*

$$
r(a', w(a, d, m)) = \begin{cases} d & \text{für } a = a' \\ r(a', m) & \text{für } a' \neq a. \end{cases}
$$

Nach dieser Definition ist das Lesen nur an vorher geschriebenen Adressen definiert. Mehrfaches Schreiben an dieselbe Adresse ist erlaubt. Der Gesamtspeicher eines Rechners mit einem Adreßraum A und Datenworttyp D ist damit ein Objekt vom Typ M, welches, aufgefaßt als Automat, die Eingaben w, r mit den zusätzlichen Parametern $a \in A$ und (für w) auch $d \in D$ verarbeitet. Die Implementierung des Datentyps M und seiner Objekte ist durch die Speicherhardware gegeben. Hier ist allerdings (ohne spezielle Maßnahmen) auch die Leseoperation von vorher *nicht* geschriebenen Speicherstellen möglich.

4.2.5 Universelle Datentypen

In diesem Abschnitt sollen Datenstrukturen, die durch über Pointer verkettete Records implementiert werden, speziell die sogenannten binären Bäume, als abstrakter Datentyp definiert werden. Der Zugriff auf die einzelnen Records einer Struktur erfolgt sequenziell, beginnend bei einer Startposition. Die Pointer legen eine Graphenstruktur auf den Records fest, und die Wege in diesem Graphen entsprechen Zugriffsprogrammen auf die einzelnen Records. Der besondere Vorteil solcher verketteter Strukturen liegt wieder in ihrer Erweiterbarkeit durch zusätzliche Records, die durch Überschreiben einiger weniger Pointer in die vorhandene Struktur einbezogen werden können. Da sich also die Zugriffswege leicht verändern lassen, bilden die verketteten Records einen programmierbaren, „universellen" Datentyp.

Im binären Baum gibt es im Gegensatz zu anderen Graphen zu je zwei Knoten nur einen Verbindungsweg und für jeden Knoten höchstens zwei Nachfolgeknoten. Wir können einen gegebenen Baum als das Zustandsdiagramm eines Automaten mit der Wurzel als Startzustand und zwei möglichen Eingaben, l und r auffassen. Ein Objekt vom Typ „Binärer Baum" enthält als Wert einen beliebigen, speziellen Baum, der einen speziellen Automaten beschreibt, und wird Operationen zulassen, die dessen Struktur modifizieren (s. Bild 4.29).

Die Definition eines Datentyps BB (binärer Baum) hängt von der Wahl der konstruierenden Operationen ab. Eine Baumstruktur läßt sich z.B. an den Blättern

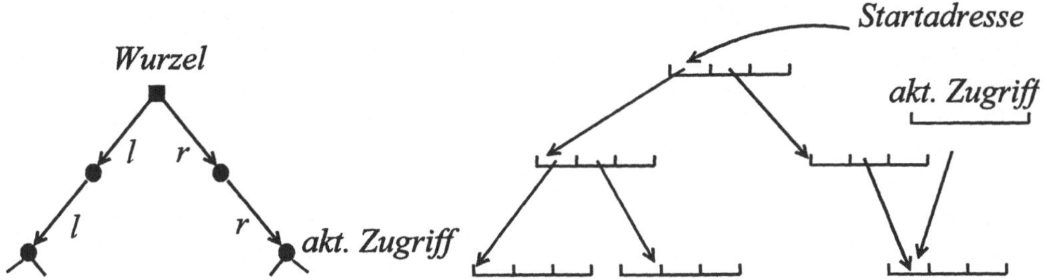

Bild 4.29 Binärer Baum als Zustandsdiagramm und als verkettete Struktur

durch Anhängen weiterer Knoten erweitern, oder an einem beliebigen Knoten durch Einfügen im linken oder rechten Zweig. Eine besonders übersichtliche Definition ergibt sich, wenn man neue Bäume aus je zwei gegebenen und einem zusätzlichen Wurzelknoten konstruiert. Hierbei kann auf eine spezielle Zustandsvariable für die Zugriffsposition verzichtet werden.

Beispiel 4.3 *Der abstrakte Datentyp BB ist definiert durch*

Konstante:	$L \in BB$	*„leerer" Baum*
konstruierende Operation:	$c : BB \times BB \to BB$	
zusätzliche Operationen:	$l : BB \to BB$	*linker Teilbaum*
	$l(c(b_1, b_2)) = b_1$	
	$r : BB \to BB$	*rechter Teilbaum*
	$r(c(b_1, b_2)) = b_2$	

Um einen Datentyp $BB(M)$ zu definieren, für den an jedem Knoten auch noch ein Element einer Menge M gespeichert ist, übernehmen wir die gesamte Definition von BB für $BB(M)$ und fügen lediglich Schreib- und Leseoperationen hinzu.

Beispiel 4.4 *Der Datentyp BB(M) ist definiert durch die Operationen des Datentyps BB und die folgenden zusätzlichen*

konstruierende Operation:	$w : M \times BB(M) \to BB(M),$
	definiert auf allen (m,b) mit $b \neq L$
Axiome:	$w(m', w(m, b)) = w(m', b)$
	$l(w(m,b)) = l(b)$
	$r(w(m,b)) = r(b)$
zusätzliche Operation:	$rd : \quad BB(M) \quad \to M$
	$rd(w(m,b)) = m \quad .$

Die Axiome drücken u.a. aus, daß die Schreiboperation an der Wurzel erfolgt und die Teilbäume unverändert läßt.

Die Implementierung des Datentyps $BB(M)$ ist oben bereits vorweggenommen worden. Ein Objekt b ist durch die Adresse des Wurzelrecords zugänglich, von der aus die weiteren Komponenten durch Leseoperationen der Pointerfelder in den Records erreicht werden. Die Operation l wird als die Leseoperation des linken Pointerfeldes implementiert, welches die Wurzeladresse des linken Unterbaumes enthält. Das eigentliche Teilbaumobjekt steht, über diese Adresse zugänglich, ohne zusätzliche Rechenschritte im (wiederverwendeten) Speicher. Die konstruierende Operation c erzeugt ein zusätzliches Record und trägt die Startadressen der beiden als Argument verwendeten Baumobjekte hierin ein. r und w sind die Lese- und Schreiboperationen von M-Codes in das Wurzelrecord.

4.2.6   Objekte, Funktionen, Prozesse

Objekte treten in einer Rechneranwendung in verschiedenen Situationen auf:

- als Ein- und Ausgabeschnittstellen für Prozesse

- als Speicher für Zwischenergebnisse eines Algorithmus.

Im ersteren Fall erfordert der Zugriff auf das Objekt Synchronisation durch einen Handshake, während im zweiten die Wahl der Ausführungsreihenfolge einen Synchronisationsmechanismus überflüssig macht. Wenn allerdings Zwischenergebnisse zwischen verschiedenen CPUs ausgetauscht werden müssen, wird auch hier Synchronisation erforderlich. Wir haben Prozesse als Rechenvorgänge definiert, die Daten „einlesen", einer Verarbeitungsfunktion unterziehen und deren Ergebnisse „ausgeben". Da Ein- und Ausgaben von bzw. in Objekte erfolgen und das Zeitverhalten der Verarbeitung aus der Verfügbarkeit der Daten in den Eingangsobjekten resultiert, können wir einen Prozeß etwas formaler definieren:

Definition 4.6 *Prozeß*

Ein Prozeß ist gegeben durch ein oder mehrere Eingangsobjekte, eine Verarbeitungsfunktion und ein oder mehrere Ausgangsobjekte.

Wir können einen solchen Prozeß als Transition in einem Petri–Netz beschreiben (s. Bild 4.30), wobei die Transition f für Zwischenergebnisse genaugenommen weitere Objekte bzw. Stellen anspricht. Die Transition kann also in Teilprozesse und Zwischenobjekte verfeinert werden (s. Bild 4.31).

Desgleichen kann eine Stelle bzw. ein Objekt interne Teilprozesse umschließen, die durch Eingaben an das Objekt aktiviert werden und ggf. seinen Zustand verändern (s. Bild 4.32).

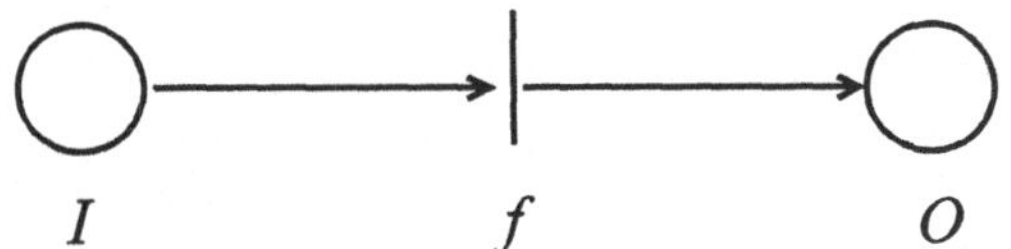

Bild 4.30 Elementarer Prozeß

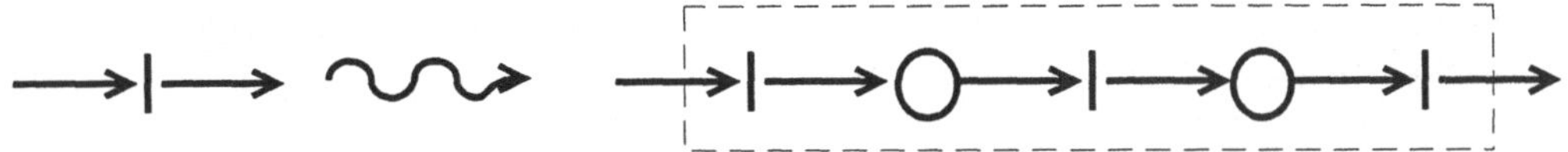

Bild 4.31 Hierarchische Verfeinerung von Transitionen

Im Extremfall werden die Verarbeitungsfunktionen in die Objekte „gezogen", und zwischen den verschiedenen Objekten werden nur noch Nachrichten ausgetauscht. Dies ist die Sichtweise der sogenannten objektorientierten Programmierung (vgl. Kap. 6.4.2). Nach unserer Diskussion erscheint dagegen der Standpunkt natürlicher, Objekte und Funktionen als komplementäre Konzepte zu begreifen und in ihren Rollen zu belassen, so daß die Objekte im wesentlichen passive I/O- und Speicherstrukturen sind und die eigentliche Verarbeitungsaktivität in den Transitionen erfolgt. Zumindest für die Elementaroperationen der CPU und die Speicherstellen für Zwischenergebnisse ist dies der Fall.

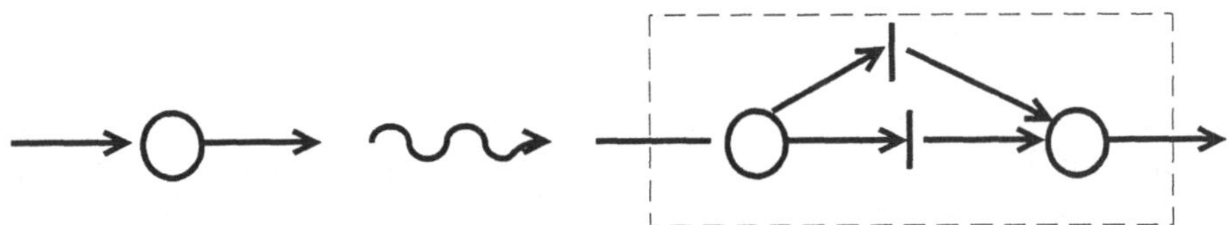

Bild 4.32 Hierarchische Verfeinerung von Stellen

Zusammenfassung

Um einen Algorithmus auf einem von–Neumann–Rechner zu implementieren, muß eine Reihenfolge für die Rechenschritte aufgestellt werden, die einer Kausalitätsbedingung genügt. Für die verwendeten Speicherstellen und Schnittstellen gilt zusätzlich, daß ein Wert erst überschrieben werden darf, wenn er nicht mehr als Eingabe irgendeiner Operation verwendet wird. Neben der Auswahl der Speicherstellen spielt auch die Anordnung der Speicherstellen, die einen mehrere Worte umfassenden Code enthalten, eine Rolle. Durch die Verwendung abstrakter Datentypen können die Fragen der Speicheranordnung der Codes und die Implementierung der zugehörigen Grundfunktionen eines Algorithmus auf dem Rechner von der Implementierung des Algorithmus selbst getrennt werden.

Ein Rechnersystem kann mehrere Prozesse bearbeiten. Die Synchronisationsbedingungen für den Ablauf von Funktionen und Prozessen lassen sich durch Petri–Netze modellieren. Petri–Netze können hierarchisch verfeinert werden, um eine detaillierte Modellierung zu erhalten. Eine Transition mit ihren Ein- und Ausgangstellen entspricht einem Teilprozeß, der Daten von einer Schnittstelle oder einem Objekt mittels einer Funktion verarbeitet und die Resultate an Speicherobjekte oder Schnittstellen ausgibt.

Übungsaufgaben zu Kapitel 4

1. Stellen Sie den Algorithmus

$$f(a,b,c,d,e) = (ab + abc) \cdot (b + d + e)$$

   als Datenflußdiagramm und in Anweisungsform dar, und ermitteln Sie die korrekten sequenziellen Schedules zur Ausführung auf einem von–Neumann–Rechner.

2. Ein Algorithmus möge die Elementarschritte $\mathcal{E}_1 = \{e_1, \ldots, e_p\}$ enthalten und als einzigen sequenziellen Schedule die Folge $e_1, \ldots, e_p$ zulassen, desgleichen ein zweiter Algorithmus die Schritte $\mathcal{E}_2 = \{f_1, \ldots, f_q\}$ und den einzigen Schedule $f_1, \ldots, f_q$. Stellen Sie eine Rekursion für die Anzahl $s(p,q)$ der kombinierten Schedules auf, um beide Algorithmen nacheinander oder als parallele Prozesse zu bearbeiten und berechnen Sie $s(5,5)$.

3. Stellen Sie für das abgebildete Petri–Netz diejenigen Schedules, d.h. Folgen nacheinander aktivierbarer Transitionen, auf, die von der gezeigten Anfangsbelegung zu einer Belegung führen, bei der die Stelle e belegt ist.

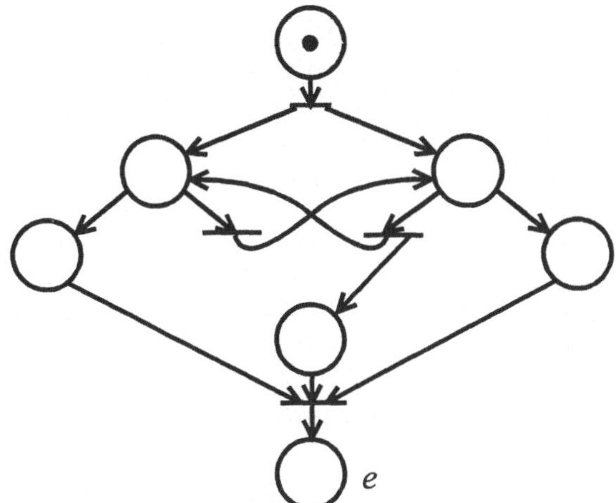

4. Es ist eine Ampelanlage A mit Hilfe eines Petri–Netzes zu modellieren welche aus einer Fußgängerampel A_F und einer Straßenampel A_S besteht.

a) Die Fußgängerampel A_F erzeugt zyklisch die unendliche Farbsignalfolge rot, grün, rot, grün, .. . Modellieren Sie die Fußgängerampel A_F mittels eines Petri–Netzes, welches aus genau zwei Stellen besteht.

b) Die Straßenampel A_S erzeugt zyklisch die unendliche Farbsignalfolge grün, gelb, rot, rot/gelb, grün, gelb, rot, rot/gelb, .. . Modellieren Sie die Straßenampel A_S mittels eines Petri–Netzes, welches aus vier Stellen besteht.

c) Modellieren Sie die gesamte Ampelanlage A als Teil eines Petri–Netzes mit aus den in den vorangegangenen Teilaufgaben entwickelten Netzen. Durch Hinzufügen von zwei zusätzlichen Stellen und zusätzlichen Transitionen soll folgende Synchronisationsbedingung realisiert werden:

   – Die Fußgängerampel A_F darf nur dann grün sein, wenn die Straßenampel A_F rot ist.

d) Die Anfangsbelegung sei so gewählt, daß die Fußgängerampel A_F rot und Straßenampel A_S grün ist. Zeigen Sie, daß man von dieser Ausgangsbelegung keine Folgebelegung erreichen kann, für die keine Transitionen mehr aktiviervar ist.

5. Der Datentyp QU („Warteschlange") von Elementen einer Menge E sei wie folgt definiert:

Konstante:	$L \in \mathrm{QU}$	leere Warteschlange
Konstruierende Operation:	$in : \mathrm{QU} \times E \to QU$	
Axiome:	keine	
Weitere Operationen:	$out :\quad \mathrm{QU} \to QU$	$out(\cdots) = \cdots$
	$read :\quad \mathrm{QU} \to E$	$read\,(\cdots) = \cdots$

Definieren Sie *out* und *read* so, daß die folgenden Wirkungen erreicht werden:

out: Entfernen desjenigen Elementes der Warteschlange QU, welches vor allen anderen Elementen in diese eingefügt worden ist.

read: Lesen desjenigen Elementes der Warteschlange QU, welches vor allen anderen Elementen in diese eingefügt worden ist. Das Element wird durch die Leseoperation *nicht* aus der Warteschlange entfernt.

6. Der Datentyp RL („Ringliste") von maximal p Elementen aus einer Menge E wird definiert durch

Konstante:	$L \in RL$	leere Liste
Konstruierende Operation:	$insert : E \times RL \to RL$	
Axiom:	$insert(e, rl) = \ldots \, falls \, num(rl) = p$	
Weitere Operationen:	$num : RL \to \mathbb{N}_0$	
	$read : RL \to E$	
	$delete : RL \to RL$	

definiert durch:

$$num(L) = 0$$
$$num(insert(e, rl)) = \text{Min}(p, num(rl) + 1)$$
$$delete(insert(e, L)) = L$$
$$read(insert(e, L)) = e$$
$$delete(insert(e_2, insert(e_1, rl))) = insert(e_2, delete(insert(e_1, rl)))$$
$$read(insert(e_2, insert(e_1, rl))) = read(insert(e_1, rl))$$

a) Ergänzen Sie das Axiom an der Auslassung ... so, daß das am längsten im Puffer enthaltene Element bei vollem Puffer verlorengeht. Die Formulierung des Axioms für die konstruierende Operation nimmt hierbei der Einfachheit halber Bezug auf die weiteren Operationen.

b) Konzipieren Sie eine Implementierung des Datentyps *RL* als verkettete Struktur sowie die der Operationen *insert, delete* usw.

5 Spezielle Algorithmen

Die Voraussetzung dafür, eine Maschine zur Berechnung einer Funktion aus Bausteinen konstruieren zu können, ist, einen Algorithmus für die Funktion zu kennen. Der Programmierer eines Universalrechners muß Lösungsverfahren kennen, ehe er diese in Programmen implementieren kann. Wir stellen in diesem Kapitel einige häufig gebrauchte Algorithmen zusammen, wobei ein wichtiger Gesichtspunkt für die Rechnerimplementierung der der Komplexität ist, also der Anzahl der benötigten Elementaroperationen oder der Rechenzeit bei deren sequenzieller Ausführung. Man verfügt heute über einen riesigen Fundus von Algorithmen für diverse Zwecke, so daß diese Zusammenstellung exemplarisch bleiben muß. Weiterführende Literatur zu diesem Kapitel sind z.B. [NH93], [HS78].

5.1 Asymptotische Komplexität

Während bei schleifenfreien Algorithmen (z.B. für Funktionen auf endlichen Mengen) die Anzahl der benötigten Operationen beschränkt ist, ist bei rekursiven Algorithmen auf unendlichen Mengen die Komplexität datenabhängig und eine im allgemeinen unbeschränkte Funktion

$$K : M \quad \to \quad \mathbb{N}_0 .$$

Häufig kann die Komplexität mit einer charakteristischen, datenabhängigen Maßzahl

$$n : M \quad \to \quad \mathbb{N}_0$$

in Beziehung gesetzt werden, z. B. mit der Stellenzahl für die auf M verwendeten Binärcodes oder mit der Vektordimension bei einer Vektoroperation mit Operanden fester Stellenzahl. Bei der asymptotischen Komplexität wird das Verhalten von K für wachsendes n abgeschätzt. Typischerweise ist n unbeschränkt und für jedes $k > 0$ die Menge M_k der $m \in M$ mit $n(m) < k$ endlich. Es gilt $M_k \subset M_{k+1}$ und $M = \bigcup_k M_k$.

Definition 5.1 $O(\lambda)$

Ist $\lambda : M \quad \to \quad \mathbb{N}_0$ eine Funktion, so definieren wir $O(\lambda)$ als die Menge aller Funktionen

$$\mu : M \quad \to \quad \mathbb{N}_0$$

mit der Eigenschaft:

$$\exists c > 0, n_0 > 0 \; \forall m \in M \quad n(m) \geq n_0 \quad \Rightarrow \quad \mu(m) \leq c \cdot \lambda(m).$$

Die Beziehung $K \in O(n)$ bedeutet also z.B., daß K für große Werte von n durch ein Vielfaches von n beschränkt ist. In der Literatur findet man anstelle von $K \in O(\lambda)$ auch die Schreibweise „$K = O(\lambda)$", und anstatt $K \in O(g \circ n)$ auch „$K = O(g(n))$".

Zu gegebenem K läßt sich unter obigen Annahmen an n stets eine Funktion g auf $\mathbb{N}_0$ finden mit $K \in O(g \circ n)$. Man setze $g(k) = \max_{M_k} K(m)$. Neben dieser maximalen Komplexität M_k ist auch die durchschnittliche Komplexität auf M_k, also

$$(\#M_k)^{-1} \cdot \sum_{m \in M_k} K(m)$$

von praktischem Interesse. Wir betrachten nun Funktionsmengen vom Typ $O(g \circ n)$. Ist

$$p(x) = a_k x^k + \ldots + a_0$$

ein reelles Polynom von Grad k, so gilt

$$O(p(n)) = O(n^k) \quad ,$$

da der höchste Term des Polynoms für große Werte von n die anderen dominiert und konstante Faktoren keine Rolle spielen. Da sich Logarithmen zu verschiedenen Basen b nur durch einen konstanten Faktor unterscheiden, schreiben wir $O(\log n)$ anstelle von $O(\log_b \circ n)$. Schleifenfreie Algorithmen haben eine Komplexität $K \in O(1)$, und es gilt

$$O(\log n) \subset O(n) \subset \ldots O(n^k) \subset O(n^{k+1}) \subset \ldots \subset O(\exp \circ n).$$

Ein Algorithmus mit der Komplexitätsfunktion K heißt von polynomialer Komplexität, falls $K \in O(n^k)$ für ein k gilt. Algorithmen von nicht polynomialer Komplexität können einen so hohen Rechenaufwand verursachen, daß es bereits bei einer geringen Erhöhung von n zu einer praktischen Undurchführbarkeit der Berechnung mit technischen Mitteln kommt.

Definition 5.2 *Die Eigenschaft P*

Eine Funktion $f : M \rightarrow N$ hat die Eigenschaft P (bezüglich n), falls es für sie einen Algorithmus mit polynomialer Komplexität gibt.

Eine schwächere Forderung an f ist die Eigenschaft NP („nicht-deterministisch polynomial").

Definition 5.3 *Die Eigenschaft NP*

Eine Funktion $f : M \to N$ hat die Eigenschaft NP (bezüglich n), falls die Aussage

$$f(x) = y$$

für $(x,y) \in M \times N$ durch einen Algorithmus polynomialer Komplexität evaluiert werden kann.

Sofern die Vergleichsoperation „=" mit polynomialer Komplexität berechenbar ist (insbesondere, wenn „=" Grundoperation ist), folgt aus der Eigenschaft P die Eigenschaft NP. Für die Eigenschaft NP genügt es z.B. aber auch, daß f eine Umkehrfunktion f^{-1} mit der Eingeschaft P hat.

5.2 Algorithmen auf Zahlen

5.2.1 Schnelle Multiplikation

Der abstrakte Datentyp $\mathbb{N}_0$ der natürlichen Zahlen wird durch die n–stelligen Binärcodes und ihre polyadische Arithmetik implementiert. Für einen Binärcode $b \in B^* = \bigcup_k B^k$ ist hier $n(b) = k$ für $b \in B^k$ die Codelänge bzw. Stellenzahl. Die polyadische Addition hat die Komplexität $O(n)$, ebenso die Subtraktion. Die Multiplikation hat die Komplexität $O(n^2)$ und die Division mit Rest ebenfalls. Wir skizzieren für die Multiplikation einen non–Standard–Algorithmus geringerer asymptotischer Komplexität.

Er beruht darauf, durch Zerlegen der Operanden in solche halber Stellenzahl und einen mathematischen Trick den Aufwand zu senken. Die beiden Operanden seien

$$2^k \cdot A + B \quad \text{und} \quad 2^k C + D \,,$$

wobei A, B, C, D jeweils k–stellig sind. Das Produkt ist dann

$$2^{2k} \cdot AC + 2^k(AD + BC) + BD \,,$$

ergibt sich also aus 4 Produkten mit jeweils etwa 1/4 der Komplexität. Nun ist aber

$$AD + BC = (A + B)(C + D) - AC - BD \,,$$

so daß nur 3 Produkte, aber 3 zusätzliche Additionen auszuführen sind, die aber ja eine nur linear mit der Stellenzahl wachsende Komplexität haben. Dieselbe Zerteilung der Operanden wird auch für die Operanden der halben, dann der viertel Stellenzahl usw. angewendet. Ein Induktionsbeweis (s. Übung 1) zeigt dann, daß dieser Algorithmus die Komplexität $O(n^{1.59})$ hat. Mit wachsendem n ergibt sich eine beliebig große Beschleunigung gegenüber dem Standardalgorithmus. Die Strategie, eine Aufgabe durch Teilung systematisch zu vereinfachen, ist als das Prinzip des „teile und herrsche" bekannt (eine angebliche politische Maxime im antiken Rom).

5.2.2 Faktorisierung

Wir betrachten nun das Problem, eine gegebene natürliche Zahl m zu faktorisieren, oder, um es als eine zu evaluierende Funktion zu formulieren, den kleinsten natürlichen Faktor $p > 1$ von m zu berechnen. Obwohl in der polyadischen Codierung die Produktbildung zu $O(n^2)$ gehört, ist für die Faktorisierung kein Algorithmus polynomialer Komplexität bekannt. Die Faktorisierung hat nach Definition 5.3 die Eigenschaft NP. Der kleinste Teiler von m muß eine Primzahl sein. Um ihn zu berechnen, genügt es, der Reihe nach für alle Primzahlen $w \leq \sqrt{m}$ die Division von m durch w auszuführen, bis eine gefunden ist, bei der kein Rest verbleibt. Ist dies für keine der Fall, ist m selbst prim. Die Anzahl der Rechenschritte läßt sich abschätzen zu

$$K(m) \leq cn^2 \cdot \pi(\sqrt{m})$$

wobei n die Stellenzahl ist, der Term cn^2 den Aufwand für die einzelne Division abschätzt und $\pi(\sqrt{m})$ die Anzahl der Primzahlen $\leq \sqrt{m}$ ist. Nach einem wichtigen Satz der Zahlentheorie (s. [SC86]) ist

$$\lim_{x \to \infty} \pi(x) \frac{ln\,x}{x} = 1 \quad ,$$

also folgt mit $n \leq log_2(m) + 1$ die Abschätzung

$$K(m) \quad \leq \quad c'\,n \cdot \sqrt{m}$$

und mit $\sqrt{m} \leq (\sqrt{2})^n$ ergibt sich für die Komplexität dieses Algorithmus eine exponentiell wachsende Schranke, die sich auch nicht wesentlich verbessern läßt.

5.2.3 Ein Verschlüsselungsverfahren

Der Umstand, daß Produkte leicht, eine Faktorisierung dagegen ohne zusätzliche Information schwer berechenbar sind, läßt sich ausnutzen, um Botschaften zu verschlüsseln. Wir benötigen hierzu noch einen Satz aus der Zahlentheorie.

Definition 5.4 *Eulersche Funktion*

Sei $w \in \mathbb{N}$, $w > 1$. $\phi(w)$ bezeichnet die Anzahl der $q \in \mathbb{N}, q < w$ mit $ggT(q, w) = 1$. ϕ ist die sogenannten Eulersche Funktion (nach L. Euler, 1707-1783) .

Wir bezeichnen wieder mit $*_w$ die Multiplikation mit anschließender Restbildung auf der Menge $I_w = \{0, 1, \cdots, w - 1\}$.

Satz 5.1 *(Euler): Für jedes Element $q \in I_w$ mit $q \neq 0$ und $ggT(q, w) = 1$ gilt $q^{\phi(w)} = 1$, wobei sich die Potenz auf die $*_w$-Multiplikation bezieht.*

Statt eines Beweises merken wir an, daß die q mit $\mathrm{ggT}(q, w) = 1$ nach 2.1.3 genau die Elemente von I_w sind, die ein Inverses bzgl. $*_w$ haben. Sie bilden mit $*_w$ als Verknüpfung eine Gruppe (s. Def. 2.1) mit $\phi(w)$ Elementen. Der Satz von Euler ist ein Spezialfall der für jede endliche Gruppe mit φ Elementen und dem neutralen Element e gültigen Aussage, daß für alle $q \in G$ $q^\varphi = e$ gilt.

Das Verschlüsselungsverfahren verwendet eine n-stellige Zahl w, die das Produkt von zwei großen Primzahlen u und v ist. Es ist dann $\phi(w) = (u - 1)(v - 1)$, wie man leicht aus dem Chinesischen Restsatz (s. 2.1.6) folgert. Es wird ferner eine große Zahl r mit $\mathrm{ggT}(r, \phi(w)) = 1$ verwendet. Der Empfänger gibt w und r jedem möglichen Sender bekannt. u und v werden dagegen nicht offengelegt und sind damit schwer berechenbar. Die zu verschlüsselnden Nachrichten werden vom Sender in eine Zahl $N \in I_w$ codiert, die zudem $\mathrm{ggT}(N,w) = 1$ erfüllt. Die Verschlüsselung besteht darin, die Potenz $S = N^r$ bzgl. $*_w$ zu bilden. S wird an den Empfänger übermittelt.

Der Empfänger kann mit Hilfe der (nur) ihm bekannten Produktzerlegung von w die Nachricht S dechiffrieren. Er berechnet ein– für allemal $\phi(w)$ und mit dem Euklidischen Algorithmus für den ggT Zahlen $s, t \in \mathbb{N}$ mit $s \cdot r = t \cdot \phi(w) + 1$. Die Dechiffrierung jeder Nachricht S erfolgt dann durch Berechnung von S^s bzgl. $*_w$. Es ist nämlich

$$S^s = N^{r \cdot s} = N^{t \cdot \phi(w)+1} = N \cdot (N^{\phi(w)})^t = N,$$

da nach dem Satz von Euler $N^{\phi(w)} = 1$ gilt.

Die Potenzierung von N mit r und die von S mit s sind leicht berechenbar (haben geringe Komplexität). Sei etwa

$$r = \sum_{i=0}^{n-1} c_i 2^i$$

die Binärdarstellung von r. Dann ist

$$N^r = \prod_{\substack{i=0 \\ c_i=1}}^{n-1} N^{2^i}$$

Die N^{2^i} ergeben sich in $n - 1$ Rechenschritten der Form $x \mapsto x *_w x$, bei denen sich die Stellenzahl nicht über die von w erhöht, so daß sich der Aufwand für Ver- und Entschlüsselung durch n^3 abschätzen läßt.

5.3   Eine Vektortransformation

Viele Berechnungsaufgaben lassen sich auf die Berechnung von Produkten

$$y \;=\; A \;\cdot\; x$$

reduzieren, worin A eine reelle oder komplexe $m \times n$–Matrix und x ein n–Vektor sind und auf dem Rechner eine Codierung und (approximative) Arithmetik fester Wertlänge ausreichen, z.B. eine Festkommacodierung. Eine Berechnung mit komplexen Werten läßt sich auf eine reelle zurückführen, indem man den komplexen n–Vektor als reellen $2 \cdot n$–Vektor darstellt und in der Matrix jeden komplexen Koeffizienten in eine reelle 2×2–Matrix expandiert. Wir verwenden im folgenden komplexe Zahlen und nehmen an, daß diese mit den komplexen Grundoperationen per Hard– oder Software auf dem Rechner implementiert sind (vgl. 6.4.2). Die Berechnung von $A \cdot x$ hat für $n = m$ eine Komplexität in $O(n^2)$. Genauer ergibt sich die Anzahl der benötigen Multiplikationen von Skalaren aus der Anzahl der Matrixkoeffizienten $a \neq 0, 1, -1, i, -i$, da für diese Werte für die Multiplikation kein Rechenaufwand entsteht (i bezeichnet hier die komplexe Zahl mit $i^2 = -1$). Die Anzahl der benötigten Additionen wird durch die Zahl der Koeffizienten $a \neq 0$ beschränkt. Für spezielle Matrizen A läßt sich durch eine geeignete Faktorisierung der Berechnungsaufwand herabsetzen, wobei wieder das Prinzip des „teile und herrsche" zum Tragen kommt.

Sei für $n \in \mathbb{N}$

$$\omega_n = e^{2\pi i/n} = \cos(2\pi/n) + i \cdot \sin(2\pi/n)$$

eine primitive n–te Einheitswurzel (es gilt dann $\omega_n^n = 1$ und $\omega_n^m \neq 1$ für $m < n$), und

$$A_n = \begin{pmatrix} 1 & 1 & 1 & \ldots & 1 \\ 1 & \omega_n^{-1} & \omega_n^{-2} & \ldots & \omega_n^{-n+1} \\ \vdots & \vdots & \vdots & & \vdots \\ 1 & \omega_n^{-n+1} & \omega_n^{-n+2} & \ldots & \omega_n^{-1} \end{pmatrix}$$

Die Multiplikation mit A_n ist die sogenannte diskrete Fouriertransformation (DFT). Für $0 \leq k \leq n - 1$ ist

$$y_k \;=\; \sum_{j=0}^{n-1} x_j \, \omega_n^{-j \cdot k} \quad .$$

Da alle Koeffizienten $\neq 0$ sind, wächst der Berechnungsaufwand quadratisch mit n. Die Bedeutung der DFT ergibt sich aus der Umkehrformel

$$x_j \;=\; \frac{1}{n} \sum_{k=0}^{n-1} y_k \; (\omega_n^k)^j \quad .$$

x als Funktion auf dem Indexbereich I_n ergibt sich also als Überlagerung der komplexen „Schwingungen" $j \mapsto (\omega_n^k)^j$ (welche mit wachsendem j k–mal den komplexen Einheitskreis umlaufen), wobei die „Fourierkoeffizienten" y_k als Gewichte auftreten.

Für die Anwendung des „teile und herrsche"–Prinzips muß nun n eine Potenz von 2 sein, $n = 2^k$. Mit $\omega_n^{n/2} = -1$ und $\omega_n^2 = \omega_{n/2}$ folgt für gerades $k = 2 \cdot l$ bzw. ungerades $k = 2l + 1$

$$y_{2 \cdot l} \quad = \quad \sum_{j=0}^{n/2-1} (x_j + x_{j+n/2}) \quad \omega_{n/2}^{j \cdot l}$$

$$y_{2 \cdot l+1} \quad = \quad \sum_{j=0}^{n/2-1} (x_j - x_{j+n/2}) \cdot \omega_n^j \cdot \omega_{n/2}^{j \cdot l}$$

Die n–dimensionale DFT zerlegt sich also in zwei $n/2$–dimensionale DFT's, die jeweils die geraden und die ungeraden y_k berechnen, sowie Operationen

$$b_\omega : (x, x') \mapsto (x + x', \omega(x - x')) \quad .$$

Die beiden $n/2$–dimensionalen DFT's können nach Anwendung der b_ω auch parallel berechnet werden.

$$A_n \cdot x \quad = \quad C_0 \left(\begin{array}{c|c} A_{n/2} & 0 \\ \hline 0 & A_{n/2} \end{array} \right) B_0 \cdot x \quad ,$$

wobei die Matrix B_0 die $n/2$ Operation $b_{\omega_n^j}$ zusammenfaßt und C_0 die Resultate der $A_{n/2}$ auf die geraden bzw. ungeraden k umordnet. Dieselbe Zerlegung wird nun auch für $A_{n/2}$ vorgenommen, dann $A_{n/4}$ usw., und man erhält schließlich die sogenannte schnelle Fouriertransformation (FFT) als Algorithmus für die DFT:

$$A_n \cdot x \quad = \quad C \cdot B_{k-1} \cdot B_{k-2} \ \ldots \cdot B_0 \cdot x \quad ,$$

wobei C nur eine Permutation der Vektorkomponenten vornimmt und die B_j jeweils $n/2$ Operationen b_ω enthalten. Somit ergibt sich ein Gesamtaufwand in $O(n \cdot \log n)$, da ja $k = \log_2 n$.

Die FFT wird häufig auf die Abtastwerte eines kontinuierlichen Signals angewandt (vgl. 2.2.2), z.B. als Teil einer komplexen Filteroperation oder um eine Spektralanalyse vorzunehmen. Ein typischer Wert von k ist 10 ($n = 1024$), und die FFT reduziert dann bereits den Rechenaufwand um mehr als das Hundertfache.

Da in der FFT die Berechnung der DFT auf die Operation b_ω (das sogenannte FFT-Butterfly, vgl. Bild 5.1) zurückgeführt wird, liegt es nahe, einen programmierbaren Spezialrechner für Anwendungen in der digitalen Signalverarbeitung, insbesondere für FFT-Berechnungen, so auszulegen, daß b_ω für eine geeignete Codierung der Operanden eine der Grundoperationen der ALU ist. Moderne, integrierte Signalprozessoren begnügen sich damit, eine reelle Multiplikation und zwei reelle Additionen parallel ausführen zu können und damit das Butterfly in 4 Schritten zu berechnen.

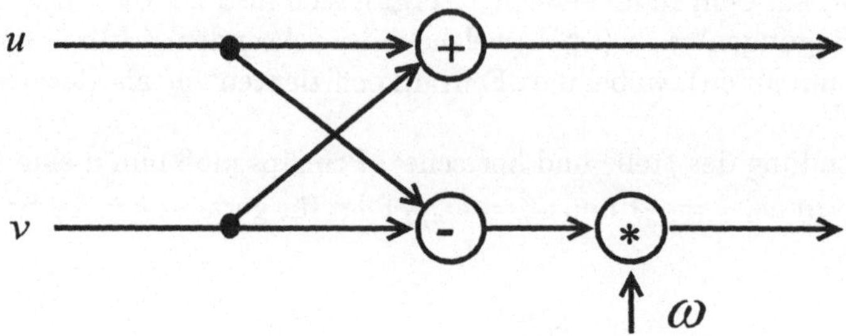

Bild 5.1   Das FFT-Butterfly

5.4   Suchalgorithmen

5.4.1   Implementierungen des Mengentyps

Die Suchaufgabe besteht darin, in einem Datensatz einen bestimmten Wert zu finden, allgemeiner einen Wert mit bestimmten Eigenschaften. Einen gegebenen Wert
m zu finden, bedeutet, die Erfülltheit von $m \in N$ für die Wertemenge N des Datensatzes festzustellen. Sei also M eine Menge und $P(M)$ ihre Potenzmenge. Die $\in$-
Relation als Aussagefunktion auf $M \times P(M)$ wird wie in Kap. 1.3, Beispiel 1.20 als
zusätzliche Operation auf dem abstrakten Datentyp $P(M)$ definiert.

Die Implementierung des abstrakten Datentyps $P(M)$ und, davon abhängig, die
algorithmische Realisierung von ε können auf verschiedene Weisen erfolgen. Für
kleine M können Teilmengen durch Wertetabellen der zugehörigen Aussagefunktionen beschrieben werden, oder durch n-Tupel aus B^n, nach einer Numerierung der
Elemente von M, so daß $M = \{m_0, \ldots, m_{n-1}\}$. Insbesondere können die k-bit-
Datenworte eines Rechners die Teilmengen von Mengen M mit $\#M \leq k$ codieren.
Die Evaluierung von $\varepsilon(m_i, N)$ bedeutet hier einfach das Auslesen des i-ten Eintrags
in die Wertetabelle bzw. des i-ten Bits des codierenden Datenwortes.

Für größere Mengen M, z.B. die Menge der 32-stelligen Binärzahlen, verbietet
sich diese Vorgehensweise aus Speicherplatzgründen. Kleine Teilmengen $N \subset M$
werden dadurch codiert, daß ihre Elemente in einer an die Größe von N angepaßten
Datenstruktur abgelegt werden, z.B. einem n-Tupel, einem Stack oder einem Baum.
Die Teilmenge $i(a_{n-1}, i(\ldots, i(a_0, L) \ldots))$ kann z.B. durch das n-Tupel

$$a = (a_0, \ldots, a_{n-1})$$

dargestellt und wie dieses Tupel codiert und im Speicher als Array angeordnet
werden. Nach den Axiomen für $P(M)$ (Beispiel 1.20) stellen Permutationen eines
n-Tupels verschiedene Konstruktionen derselben Teilmenge dar, und auch Wertwiederholungen sind möglich. Eine eindeutige Codierung kann für eine geordnete
Menge M dadurch erzielt werden, daß man $a_i < a_{i+1}$ für alle i fordert.

5.4.2 Lineare Suche

Die Definition für ε in Beispiel 1.20 übersetzt sich in folgenden Suchalgorithmus für eine Version e von ε für die Wertemenge eines n–Tupels:

$$e(m,a) \;\; = s(m,a,n)$$

$$s(m,a,j) = \begin{cases} 0 & \text{für} \quad j = 0 \\ 1 & \text{für} \quad a_{j-1} = m \\ s(m,a,j-1) & \text{sonst} \end{cases}$$

$s(m,a,j)$ sucht m im j–Tupel $(a_0,\ldots,a_{j-1})$. Da der Vergleich mit m nur mit dem letzten Element dieses Tupels ausgeführt wird, läßt sich dieser Algorithmus auch direkt auf Stacks übertragen, die ihrerseits als verkettete Records (Listen) implementiert werden können (s. 4.2.4).

Diese Form der Rekursion auf dieselbe zu definierende Funktion an einem anderen Argument entspricht nach 1.3.3 einer Programmschleife, und zwar in Verbindung mit einer Zählvariablen j einer bestimmten Iteration. Es werden hier der Reihe nach (von hinten) alle a_j mit m verglichen. Dieser Algorithmus ist als lineare Suche bekannt. Er hat offenbar die Komplexität $O(n)$.

Das n–Tupel a kann auch als die Wertetabelle einer Funktion $a : I_n \to M$ aufgefaßt werden. Eine einfache Modifikation des obigen Algorithmus sucht dann den höchsten Index i mit der Eigenschaft $a(i) = m$ auf:

$$e(m,a) \;\; = \;\; s(m,a,n)$$

$$s(m,a,j) \;\; = \;\; \begin{cases} j-1 & \text{für } j = 0 \text{ oder } a_{j-1} = m \\ s(m,a,j-1) & \text{sonst} \end{cases}$$

$e(m,a)$ liefert das Ergebnis -1, falls es keinen Index i mit $a(i) = m$ gibt. e läßt sich nicht als Funktion auf $M \times P(M)$ beschreiben; n-Tupel mit derselben Wertemenge können natürlich verschiedene e-Werte liefern.

5.4.3 Das Hash-Verfahren

Das Suchen hat bei einer Codierung einer Teilmenge $N \subset M$ von n Elementen durch eine Wertetabelle ihrer charakteristischen Funktion nach dem obigen also die Komplexität $O(1)$, bei einer linearen Auflistung der darin enthaltenen Werte dagegen die Komplexität $O(n)$. Die beiden Verfahrensweisen lassen sich in praktischen Anwendungen so kombinieren, daß der Suchaufwand wesentlich gesenkt wird, ohne jedoch eine vollständige Wertetabelle für die Funktion $m \mapsto \varepsilon(m,N)$ verwenden zu müssen. Dies leistet das sogenannte Hash-Verfahren. Hierzu wird eine leicht zu berechnende Funktion

$$h : \quad M \quad \to \quad Q$$

mit Werten in einer endlichen Menge Q verwendet, die Hash-Funktion. Die Urbilder $h^{-1}(q)$ der $q \in Q$ zerlegen M in disjunkte Teilmengen, und jede Teilmenge $N \subset M$ läßt sich zerlegen als

$$N = \bigcup_{q \in Q} N_q \quad \text{mit} \quad N_q = h^{-1}(q) \cap N,$$

bzw. durch die Funktion

$$N_Q : Q \to \bigcup_q P(h^{-1}(q)), \qquad q \mapsto N_q$$

darstellen. Bei geeigneter Wahl von Q und h sind die N_q wesentlich kleiner als N. Sie werden wie oben durch n–Tupel oder lineare Listen dargestellt, während N_Q durch eine Tabelle beschrieben wird (s. Bild 5.2). Es ist offenbar

$$m \in N \quad \Longleftrightarrow \quad m \in N_{h(m)} \ .$$

Demgemäß wird zur Evaluierung von $m \in N$ zunächst $h(m)$ berechnet und dann in der zugehörigen, kleineren Menge $N_{h(m)}$ eine lineare Suche durchgeführt.

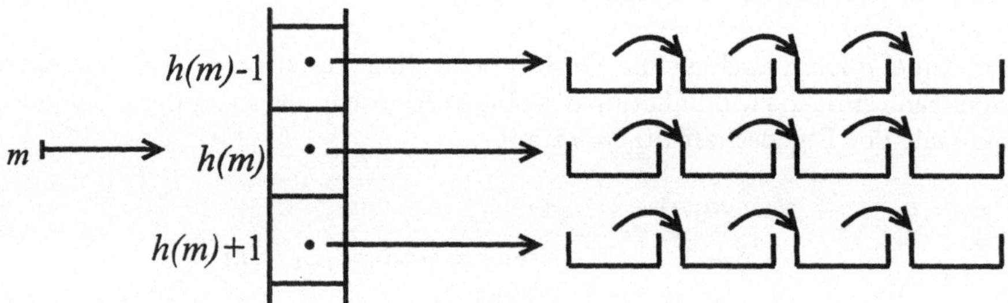

Bild 5.2 Die Hash-Datenstruktur im Speicher

Die Tabelle für N_Q ist ein Array, dessen Indexbereich Q entspricht. Die N_q stehen gewöhnlich als verkettete Recordstrukturen im Speicher, deren Anfangsadressen im Array abgelegt sind.

Beispiel 5.1 *Wortsymbole einer beschränkten Länge lassen sich als n–Tupel von Zeichen (Buchstaben) auffassen und nach Wahl einer Codierung für das Alphabet als lineare Arrays zusammen mit einer Längenvariablen im Speicher ablegen (ähnlich dem Beispiel 4.1). Eine gängige Codierung für Zeichen ist die ASCII–Codierung, die z.B. den Zeichen „A", „B" usw. die 7–stelligen Binärcodes der Zahlen 65, 66 usw. zuordnet.*

Ist M die Menge der Wortsymbole, so wäre eine mögliche Hashfunktion mit $Q = I_{256}$

$$h(w) = r(ASCII(\omega_0) + l \cdot ASCII(\omega_{l-1}), 256),$$

wobei $\omega_0 \ldots \omega_{l-1}$ die Zeichenfolge von ω ist und die arithmetischen Operationen die ASCII-Codes als Binärzahlen interpretieren.

Die Hash–Funktion muß so gewählt werden, daß der zu durchsuchende Datensatz möglichst gleichmäßig in die N_q aufgeteilt wird. Die Komplexität der Suche in N reduziert sich i.w. auf die in der größten Teilmenge N_q. Im ungünstigsten Falle ist $N = N_q$ für ein q, und man erhält dieselbe maximale Komplexität. Bei gleichmäßiger Verteilung auf die N_q sinkt dagegen der Aufwand um den Faktor $\#Q$.

5.4.4 Binäre Suche

Ein wesentlich schnellerer Suchalgorithmus als die lineare Suche ist die binäre Suche auf geordneten Tupeln a der Länge $n = 2^k$. Hierbei wird also $a_i < a_{i+1}$ für alle i angenommen. a wird dabei in jedem Schritt in zwei Hälften geteilt, da nach einem Vergleich von m mit dem mittleren Element festliegt, in welcher Hälfte m weiterzusuchen ist. Der im Algorithmus verwendete Suchschritt $s(m, a, p, l)$ durchsucht das an der Position p beginnende l-Teiltupel von a (s. Bild 5.3).

$$\mid \overset{a_p}{} \qquad\qquad\qquad \mid \overset{a_{p+2^{i-1}}}{} \qquad\qquad \overset{a_{p+2^i-1}}{} \mid$$

Bild 5.3 Teilarray bei der binären Suche

$$e(m, a) \quad = \quad s(m, a, 1, 2^k)$$

$$s(m, a, p, l) = \begin{cases} 0 & \text{falls } l = 1 \text{ und } m \neq a_p \\ 1 & \text{falls } l = 1 \text{ und } m = a_p \\ s(m, a, p, l/2) & \text{falls } m < a_{p+l/2} \\ s(m, a, p + l/2, l/2) & \text{sonst.} \end{cases}$$

Die Rekursion bricht nach höchstens $k = log_2 n$ Schritten ab, wodurch die binäre Suche die Komplexität $O(\log n)$ hat.

Um den Index i mit $a_i = m$ zu suchen, wird der zweite Zweig ersetzt durch „p falls $l = 1$ und $m = a_p$". Setzt man noch einfacher „p falls $l = 1$", so liefert der Algorithmus den Index p mit $m \in [a_p, a_{p+1})$. In dieser Form wird die binäre Suche z.B. verwendet, um eine analoge Eingangsgröße mit kontinuierlichem Wertebereich in k Vergleichsoperationen einem von 2^k Intervallen zuzuordnen und in ein k–bit– Wort zu digitalisieren.

5.4.5 Suchen in Bäumen

Anstelle von n–Tupeln bzw. Arrays mit wahlfreiem Zugriff auf alle Komponenten können auch Bäume $b \in BB(M)$ verwendet werden, um Teilmengen von M darzustellen (vgl. 4.2.5). Ein Baum b repräsentiert die Menge der daraus und aus den Teilbäumen von b lesbaren Werte aus M. Das vollständige Durchsuchen von b nach einem Wert m erfolgt durch die Rekursion

$$
e(m,b) = \begin{cases} 0 & \text{falls } b = L \\ 1 & \text{falls } rd(b) = m \\ e(m,l(b)) \vee e(m,r(b)) & \text{sonst.} \end{cases}
$$

Sei wieder M eine geordnete Menge, z.B. von Zahlen oder von Wertsymbolen in der lexikalischen Ordnung. Ein Baum b heißt geordnet, wenn für $e(m,l(b)) = 1$ stets $m < rd(b)$ und für $e(m,r(b)) = 1$ stets $rd(b) < m$ gilt und auch $l(b)$ und $r(b)$ geordnet sind. In einem geordneten Baum wird e auch durch die folgende Übertragung des Algorithmus der binären Suche berechnet:

$$
e(m,b) = \begin{cases} 0 & \text{falls} \quad b = L \\ 1 & \text{falls} \quad rd(b) = m \\ e(m,l(b)) & \text{falls} \quad m < rd(b) \\ e(m,r(b)) & \text{falls} \quad m > rd(b) \end{cases} ,
$$

d.h., jeder Rekursionsschritt reduziert die Suche auf einen der beiden Unterbäume. Der Aufwand zur Berechnung von $e(m,b)$ ergibt sich aus der Länge des Suchweges von der Wurzel bis zum m enthaltenden Knoten und läßt sich durch den längsten, im Baum vorhandenen Weg von der Wurzel aus abschätzen. Die Anzahl der Knoten auf einem Weg maximaler Länge ist gegeben durch

$$
h(b) = \begin{cases} 0 & \text{für} \quad b = L \\ \max(h(l(b)), h(r(b))) + 1 & \text{sonst.} \end{cases}
$$

$h(B)$ wird auch die Höhe des Baumes b genannt. Die Anzahl der Knoten von b und damit die der Elemente der durch b dargestellten Menge ist

$$
n(b) = \begin{cases} 0 & \text{für} \quad b = L \\ n(l(b)) + n(r(b)) + 1 & \text{sonst.} \end{cases}
$$

Die günstigste Beziehung zwischen h und n ergibt sich für den vollbesetzten Baum $V_i \in BB$ mit $h(V_i) = i$ und $n(V_i) = 2^i - 1$ (s. Bild 5.4). Für einen beliebigen Baum b gilt $n(b) \leq 2^{h(b)} - 1$. $V_i \in BB$ wird konstruiert mittels der Rekursion

$$
V_i = \begin{cases} L & \text{für } i = 0 \\ c(V_{i-1}, V_{i-1}) & \text{sonst} \end{cases} \qquad \text{(vgl. 4.2.5).}
$$

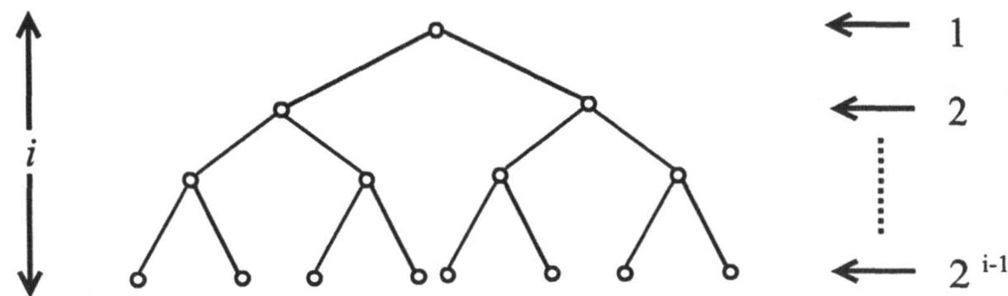

Bild 5.4 Vollbesetzter Baum

5.4.6 Höhenbalancierte Bäume

Der logarithmische Zusammenhang $h \in O(\log n)$ ergibt sich bereits aus der Forderung, daß die betrachteten Bäume höhenbalanciert sein sollen. Dies ist die Eigenschaft, daß

$$|\, h(l(b)) - h(r(b))\,| \leq 1$$

gilt und daß auch $l(b)$ und $r(b)$ höhenbalanciert sind. Ein höhenbalancierter Baum der Höhe i mit minimaler Zahl n_i von Elementen muß die Eigenschaft haben, daß auch $l(b)$ und $r(b)$ höhenbalanciert mit minimaler Elementzahl sind, und zwar mit den Höhen $i - 1$ und $i - 2$. Daraus ergibt sich die Rekursion

$$n_i = \begin{cases} 0 & \text{für} \quad i = 0 \\ 1 & \text{für} \quad i = 1 \\ n_{i-1} + n_{i-2} + 1 & \text{sonst.} \end{cases}$$

Setzt man

$$n_i' = \begin{cases} 0 & \text{für} \quad i = 0 \\ 1 & \text{für} \quad i = 1 \\ n_{i-1}' + n_{i-2}' & \text{sonst,} \end{cases}$$

so ist

$$n_i \geq n_i' \geq \left(\frac{1 + \sqrt{5}}{2}\right)^{i-2} \qquad \text{für } i \geq 1,$$

wie man leicht durch Induktion bestätigt. Für einen beliebigen höhenbalancierten Baum b folgt

$$n(b) \geq \left(\frac{1 + \sqrt{5}}{2}\right)^{h(b)-2},$$

und damit $K \in O(\log n)$, wenn K die maximale Komplexität der binären Suche bezeichnet ($h(b)$ Vergleichsoperationen und ($h(b)-1$) Bewegungen l oder r).

5.5   Einfügen in einen Datensatz

5.5.1   Einfügen von Arrays

Wird eine Menge N durch das n–Tupel

$$(a_0, \ldots, a_{n-1})$$

dargestellt, so wird $i(m, N)$ durch

$$(a_0, \ldots, a_{n-1}, m) \qquad ,$$

dargestellt und die Einfügeoperation läßt sich als das Anhängen eines Elementes an
ein Tupel implementieren mit von n unabhängiger Komplexität $O(1)$. Dasselbe gilt
für eine lineare Kette (Liste) von Records. Der Einfachheit des Einfügens steht hier
die Langsamkeit der linearen Suchoperation gegenüber. Dieselbe geringe Komplexität ergibt sich für das Einfügen in eine nach dem Hash-Verfahren repräsentierte
Menge N, wenn die N_q für $q \in Q$ als ungeordnete Listen gespeichert werden. Zu
gegebenem m wird zunächst $q = h(m)$ berechnet, dann m in N_q eingefügt.

Werden Teilmengen durch geordnete n–Tupel dargestellt und als Arrays implementiert, so erfordert die Inklusion von m zunächst das Auffinden der Position i mit
$a_i < m < a_{i+1}$ mittels einer binären Suche mit dem Aufwand $O(\log n)$ und die
Bildung des $n + 1$–Tupels

$$(a_0, \ldots, a_i, m, a_{i+1}, \ldots, a_{n-1})$$

mit einem dominierenden Aufwand $O(n)$ an Speicheroperationen, nämlich dem Kopieren zumindest der Elemente $a_{i+1}, \ldots, a_{n-1}$ an andere Speicheradressen.

5.5.2   Einfügen in Bäume

Um einen neuen Wert in einer Baumstruktur abzulegen, muß ein neuer Knoten
dafür bereitgestellt werden. Zudem muß in einen geordneten Baum so eingefügt
werden, daß der resultierende Baum wieder geordnet ist. Da Bäume gewöhnlich
durch verkettete Records implementiert werden, stehen neben der konstruierenden
Operation c auch weitere Operationen zur Verfügung, z.B. das Anfügen eines neuen
Records an einer Blattposition mit leeren linken oder rechten Unterbaum. Ferner
können Teilbäume durch Überschreiben von Zeigerfeldern abgeknüpft und umarran-
giert werden. Wir werden im folgenden von solchen Operationen Gebrauch machen,
ohne sie an dieser Stelle weiter zu formalisieren.

Auch das Einfügen in einen geordneten binären Baum erfordert zunächst eine binäre Suche nach der Position, an der ein zusätzlicher Knoten mit dem neuen Wert m anzufügen ist. Dabei ist es einfacher und im Hinblick auf die Balancierung günstiger, an einer Blattposition anzufügen, als den Baum zu zerlegen und unter einer neuen Wurzel zusammenzufügen. Das Anfügen eines neuen Knotens erfordert zusätzlich zur Suche nur einen geringen, konstanten Aufwand, wenn der Baum durch verkettete Records implementiert wird. Um aber in dem nach einer Serie von Einfügeoperationen entstehenden Baum schnell suchen zu können, muß mit jedem Schritt die Baumstruktur überprüft und ggf. modifiziert werden, was einer Optimierung des durch den Baum gegebenen Zugriffsprogrammes entspricht. Ohne eine solche Optimierung würde eine Serie von Einfügungen immer größerer Elemente zu einer linearen Struktur führen, in der mit einem Aufwand $O(n)$ gesucht und damit auch eingefügt werden müßte.

Versucht man, einen möglichst vollständig besetzten Baum zu erhalten, so sind bei ungünstigen Einfügungen fast alle Knoten umzuarrangieren, was einem Aufwand $O(n)$ entspricht. Die Höhenbalancierung läßt sich dagegen mit geringem Aufwand aufrechterhalten. Man markiert hierzu an jedem Record mit Hilfe eines zusätzlichen Code-Feldes, ob der linke Unterbaum eine größere, gleiche oder kleinere Höhe als der rechte hat (symbolisiert durch $\swarrow$, $-$ oder $\searrow$). Beim Einfügen eines Knotens an einer Blattposition werden potentiell die Höhen aller Bäume modifiziert, die auf dem Weg zur Einfügeposition liegen, und es kann dadurch zu einer Debalancierung kommen. Die Korrektur erfolgt rückwärts längs dieses Weges, den man zu diesem Zweck in geeigneter Form speichern muß.

Falls der neue Knoten den *rechten* Teilbaum eines Knotens verlängert, der vorher die Markierung $-$ oder $\swarrow$ trug, so bleibt an diesem die Balancierungsbedingung erfüllt. Im Falle $\swarrow$ muß keine weitere Modifikation oberhalb des Knotens vorgenommen werden. Eine Verletzung der Balancierungsbedingung tritt ein, wenn ein Knoten bereits vorher die Markierung $\searrow$ trug. Für das Rearrangement sind in diesem Falle zwei Situationen zu behandeln, nämlich daß der rechte Folgeknoten eine der Markierungen $\swarrow$ oder $\searrow$ trägt (der Fall $-$ tritt nicht auf, da sich der Teilbaum dann nicht erhöht hätte). Die erste ergibt sich, wenn wie in Bild 5.5 der rechte Teilbaum E unter d nach der Erweiterung und Rebalancierung die Höhe $h+1$ annimmt, wodurch der rechte Teilbaum mit der Wurzel d statt $h+1$ die Höhe $h+2$ erhält. Die Projektion auf die Gerade deutet an, daß die Daten in den Knoten bzw. Teilbäumen in der Reihenfolge A, b, C, d, E geordnet sind. Bei einem Rearrangemement ist diese Anordnung zu respektieren. Das in der Bild 5.5 gezeigte Rearrangement stellt die Balancierung wieder her und zudem die alte Höhe $h+2$, so daß oberhalb von b gar keine weitere Änderung oder gar Rebalancierung auftritt.

Die zweite Situation tritt ein, wenn die rechte Überlast durch den linksseitigen Überhang im Folgeknoten hervorgerufen wird (s. Bild 5.6). Ein geeignetes Rearrangement ist hier desgleichen möglich, wobei es ohne Belang ist, ob C, E oder beide die Höhe h haben, und wieder erübrigt sich weiteres Modifizieren und Korrigieren

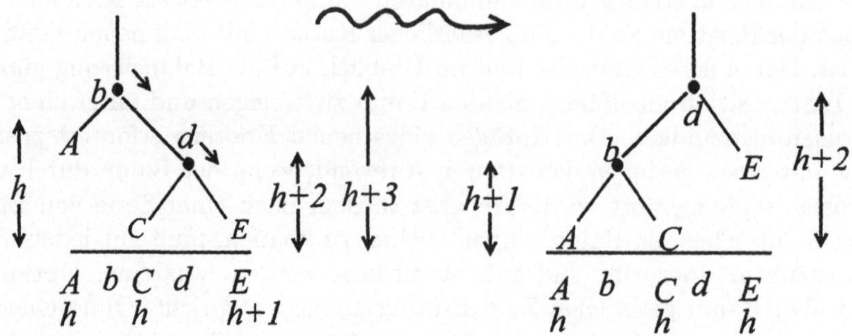

Bild 5.5 Rebalancierung 1. Fall

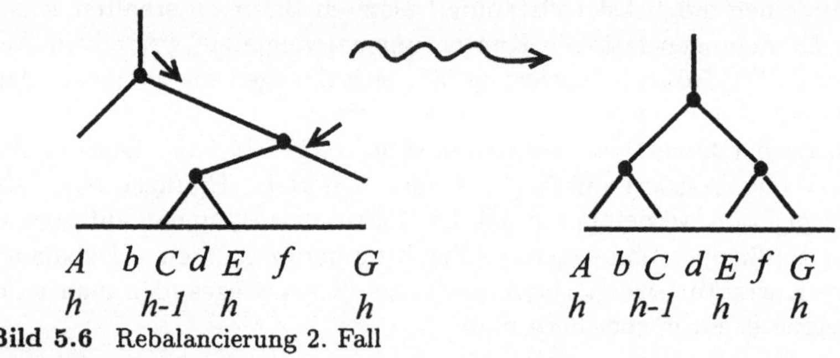

Bild 5.6 Rebalancierung 2. Fall

nach oben, da der rebalancierte Baum die alte Höhe $h + 2$ hat.

Die Länge des Weges von der Wurzel zum Einfügeknoten ist $O(\log n)$, damit auch die Komplexität der Rebalancierung und die der gesamten Einfügeoperation.

5.6 Sortieralgorithmen

Die Sortieraufgabe besteht darin, einen ungeordneten Datensatz von n Elementen in einen geordneten mit denselben Elementen zu überführen. Dies läßt sich z.B. dadurch erreichen, daß aus dem ungeordneten in beliebiger Reihenfolge Elemente entnommen und in einen geordneten eingeordnet werden. Unter Verwendung balancierter Bäume für den geordneten Datensatz ergibt sich offenbar ein Aufwand $O(n \log n)$. Wir geben zwei weitere Algorithmen an.

5.6.1 Bubble Sort

Ein besonders einfacher Algorithmus zum Ordnen eines n–Tupels

$$(a_0, \ldots, a_{n-1})$$

ist unter dem Namen Bubble-Sort bekannt. Er kommt mit Vergleichen und Vertauschungen benachbarter Elemente aus.

$$bs(a_0, \ldots, a_{n-1}) = \begin{cases} bs(a_1, a_0, a_3, \ldots, a_{n-1}) & \text{falls} \quad a_0 > a_1 \\ bs(a_0, a_2, a_1, \ldots, a_{n-1}) & \text{falls} \quad a_1 > a_2 \\ \vdots & \vdots \\ bs(a_0, \ldots, a_{n-3}, a_{n-1}, a_{n-2}) & \text{falls} \quad a_{n-2} > a_{n-1} \\ (a_0, \ldots, a_{n-1}) & \text{sonst} \end{cases}$$

In dieser Rekursion ist jede Zeile durch die Negationen der darüberstehenden Bedingungen ergänzt zu denken. Tatsächlich können die Vertauschungsschritte aber auch in beliebiger Reihenfolge ausgeführt werden. Bubble Sort benötigt maximal $n \cdot (n-1)/2$ Schritte und hat daher die Komplexität $O(n^2)$. Im Spezialfall, daß $(a_0, \ldots, a_{n-1})$ die Wertefolge einer Permutation σ von $\{0, \ldots, n-1\}$ ist, berechnet Bubble Sort deren Inverse als eine Komposition von Vertauschungsoperationen (vgl. 2.2.4).

5.6.2 Merge Sort

Ein Algorithmus zum Sortieren eines als Array abgespeicherten n–Tupels mit der Komplexität $O(n \log n)$ ist das Merge-Sort. Es wendet das „teile und herrsche"-Prinzip an und sortiert Tupel der Länge $n = 2^k$. Die Merge-Operation bildet aus zwei sortierten Arrays der Längen r, s eines der Länge $r + s$, indem jeweils von vorne beginnend aus beiden Arrays das kleinere Element gewählt wird und an den Anfang des verschmolzenen Arrays gestellt wird (s. Bild 5.7).

$$m(u, v) = \begin{cases} u & \text{falls } v \text{ leer} \\ v & \text{falls } u \text{ leer} \\ u_0 \cdot m(u', v) & \text{falls } u_0 \leq v_0 \\ v_0 \cdot m(u, v') & \text{falls } u_0 > v_0 \end{cases}$$

u_0 bezeichnet dabei das erste Element von u und u' das Array $(u_1, \ldots u_{r-1})$ der restlichen, und die Produktschreibweise das Zusammenfügen von einem Element und einem Tupel.

Die Merge–Operation erfordert maximal $r + s$ Vergleichsschritte. Merge Sort teilt den zu sortierenden Datensatz n, sortiert die Hälften $l(u), r(u)$ und verschmilzt sie dann mit der merge-Operation:

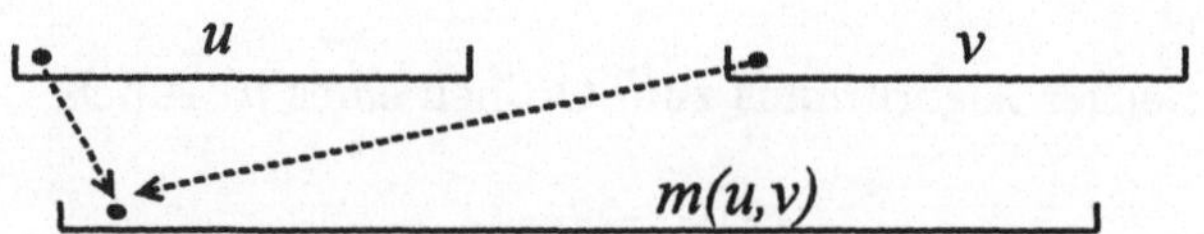

Bild 5.7 Die Merge-Operation

$$ms(u) = \begin{cases} u & \text{falls } u \text{ die Länge 1 hat} \\ m(ms(l(u)), ms(r(u))) & \text{sonst} \end{cases}$$

Die Rekursion bricht nach $k = log_2(n)$ Teilungsschritten ab und führt den Sortiervorgang auf eine wiederholte Merge-Operation zurück (s. Bild 5.8). Auf der i–ten Ebene werden dort 2^i Mergeoperationen von Arrays der Länge 2^{k-i} ausgeführt, was die genannte Komplexität ergibt.

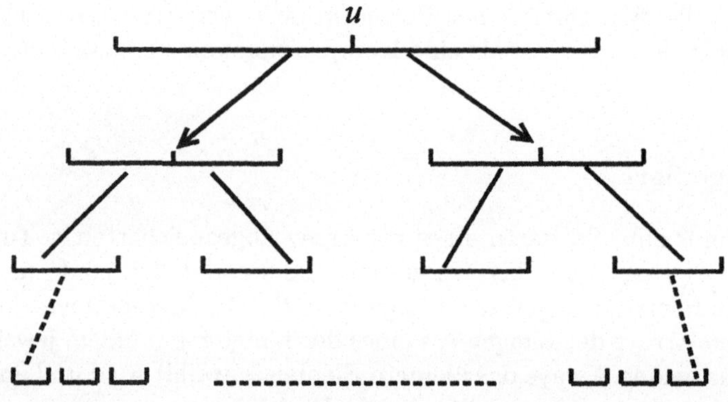

Bild 5.8 Merge-Sort

5.7 Dynamische Programmierung

Eine r–fache Rekursion für eine Funktion f auf einer Menge M legt für jedes $x \in M$ eine Punktmenge $H_x \subset M$ fest, die aus denjenigen $y \in M$ besteht, an denen $f(y)$ in der Rekursion für $f(x)$ berechnet wird. Um z.B. in der Rekursion

$$f(x) = \begin{cases} g(x) & \text{falls } b(x) \\ m(f(p(x)), f(q(x)), x) & \text{falls } \neg b(x) \end{cases}$$

f bei x zu evaluieren, muß f bei $p(x), q(x)$ usw. evaluiert werden. Die Rekursion endet, wenn die Äste des entstehenden Baumes die durch b definierte Teilmenge erreichen (Bild 5.9). Solange dies nicht der Fall ist, generiert eine Rekursion eine mit der Rekursionstiefe exponentiell wachsende Zahl von Aufrufen von f. Dabei kann der Fall auftreten, daß ein Punkt y auf mehreren Wegen erreicht wird (z.B. wenn eine Relation der Art $pq = qp$ gilt). Die Rekursion erfordert es dann jedoch, den bei y beginnenden Teilbaum mehrfach zu durchlaufen. Dies läßt sich nur vermeiden, indem man den für ein Argument berechneten Wert in einer geeigneten Datenstruktur zwischenspeichert und ihn bei erneutem Bedarf hieraus liest, wie etwa im Fibonacci–Algorithmus im Beispiel 1.15. Diese Zwischenspeicherung zu automatisieren, ist Gegenstand der sogenannten dynamischen Programmierung.

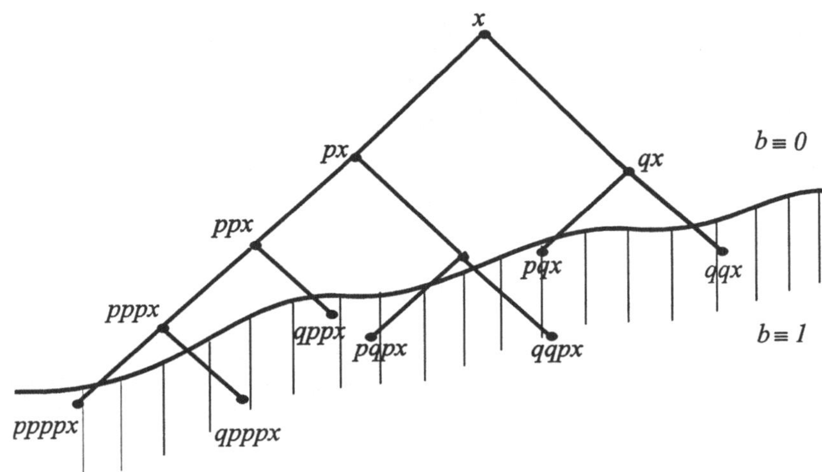

Bild 5.9 Der Rekursionsbaum H_x

Um die Punkte $y \in H_x$ zusammen mit den Funktionswerten $f(y)$ zu speichern, kann jede der in 5.4 diskutierten Datenstrukturen verwendet werden. Falls M geordnet ist, bietet sich z.B. eine höhenbalancierte Baumstruktur an. Die Berechnung von $f(y)$ an einem Element $y \in H_x$ nimmt nun folgenden Verlauf.

- y in der Suchstruktur aufsuchen, falls bereits enthalten, $f(y)$ dort auslesen

- $f(y)$ vermöge der (r–fachen) Rekursion berechnen, dazu f an den $\leq r$ Folgepunkten in H_x berechnen

- $(y, f(y))$ in der Suchstruktur ablegen.

Die Komplexität $H(x)$ der Berechnung von $f(x)$ wird nun wesentlich durch die Anzahl $N(x) = \#H_x$ bestimmt. Falls die Komplexität des Ausdruckes für $f(y)$ bei Vorliegen aller Argumente durch eine Konstante c abgeschätzt werden kann, folgt für eine lineare Suchstruktur

$$k(x) \quad \leq \quad c \cdot N(x) + c' \cdot r \cdot N^2(x) + c'' \cdot N(x) \quad ,$$

wobei der 2. Term den Suchaufwand und der 3. das Einfügen der $(y, f(y))$ berücksichtigt

Beispiel 5.2 *Sei $b(n,m)$ die durch die Rekursion (das Pascalsche Dreieck)*

$$b(n,m) = \begin{cases} 1 & \text{für } m = 0 \text{ oder } m = n \\ b(n-1, m-1) + b(n-1, m) & \text{sonst} \end{cases}$$

definierte Funktion auf $\mathbb{N}_0 \times \mathbb{N}_0$ (vgl. Kap. 1, Übung 5). Es gilt

$$b(n,m) = \binom{n}{m} = \frac{n!}{m!(n-m)!}.$$

Dann ist $N(n,m) = n \cdot m$, während die Anzahl $c(n,m)$ der Aufrufe von b bei der rekursiven Berechnung von $b(n,m)$ ohne Speicherung selbst die Rekursion

$$c(n,m) = \begin{cases} 0 & \text{für } m = 0 \text{ oder } m = n \\ c(n-1, m-1) + c(n-1, m) + 1 & \text{sonst} \end{cases}$$

erfüllt. Die hat als Lösung

$$c(n,m) = b(n,m) - 1$$

Für $n = 2m$ ergibt sich

$$c(n,m) = \frac{2m \cdot (2m-1) \ldots (m+1)}{m \cdot (m-1) \ldots 1} - 1 \geq 2^m - 1 \quad ,$$

während die dynamische Programmierung mit einen linearen Suche bei grober Schätzung einen Aufwand von $O(m^4)$ hat.

5.8 Backtracking im Zustandsgraph

Nach der Diskussion universeller Datentypen in 4.2.5 können die in Objekten enthaltenen Daten den Charakter von Programmen haben. Umgekehrt kann auch eine Folge von Anweisungen als Code für die hierdurch berechneten Daten angesehen werden. Ist

$$f : M \longrightarrow N$$

eine Funktion auf einer endlichen Menge M, so stellt sich für ihre Realisierung durch ein Rechnerprogramm stets die Alternative, sie algorithmisch als Anweisungsfolge zu implementieren, oder eine Wertetabelle für f, also eine Datenstruktur, im Speicher abzulegen und f durch die Lesefunktion in dieser Struktur zu implementieren. Die erste Methode kann (abhängig von f) mit wenig Platz im Programmspeicher auskommen, erfordert aber für jede Evaluierung das Abarbeiten des Algorithmus und somit Zeit. Die Wertetabelle erfordert dagegen für jedes Element $m \in M$ eine eigene Speicherzelle zur Aufnahme des Funktionswertes $f(m)$. Bereits für einfache numerische Funktionen auf einem 32-bit-Zahlbereich wird dieser Platzbedarf zu groß. Häufig müssen die beiden Methoden kombiniert werden. Einfache, in Geräte integrierte Mikroprozessoren haben einen beschränkten Speicherraum mit wenig Platz für Tabellen, dürfen aber ihre ohnehin geringe Rechenleistung nicht bei der Berechnung einzelner komplizierterer Funktionen erschöpfen. Wird z.B. in einer Regelungsaufgabe die Sinusfunktion benötigt, so läßt sich der Rechenaufwand gegenüber einer Fließkommaevaluierung eines approximierenden Polynoms drastisch reduzieren, wenn man etwa für den ersten Quadranten eine Wertetabelle aus 256 Stützstellen verwendet und Zwischenwerte mit einem quadratischen „Spline" in Festkommarechnung interpoliert (s. Bild 5.10, vgl. 2.2.2).

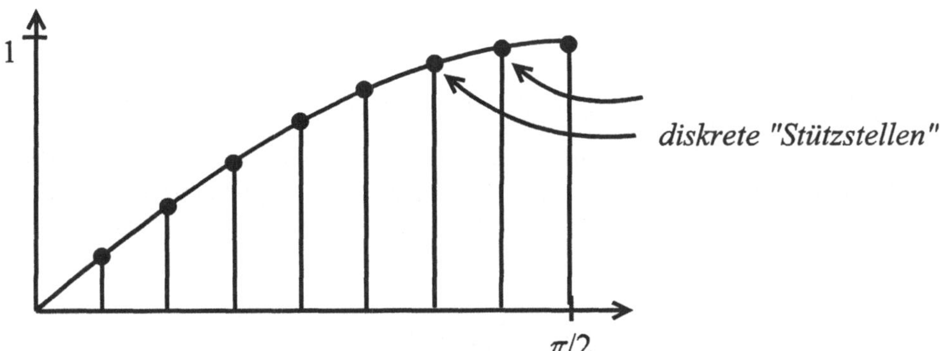

Bild 5.10 Approximation der Sinusfunktion

Dieselben Implementierungsalternativen ergeben sich für Relationen

$$R \quad \subseteq \quad M \times M \quad ,$$

z.B. binäre Bäume, die durch linke und rechte Nachfolgerfunktionen

$$l, r \quad : \quad M \longrightarrow M$$

definiert sind ($R = \{(m, l(m)), (m, r(m)) \mid m \in M\}$). Hier können den Elementen von M Records zugeordnet werden, die jeweils Codes der beiden Nachfolger enthalten. Dies entspricht der Realisierung von l, r und damit R durch Tabellen. Alternativ können die Elemente $r(m)$ und $l(m)$ für ein gegebenes $m \in M$ berechnet werden. Eine Belegung des Knotens m durch Daten $d(m)$ aus einer Menge D

kann ebenfalls entweder in den entsprechenden Records gespeichert stehen oder als Funktion von m berechnet werden.

Die Suchaufgabe in einem Baum besteht darin, einen Knoten mit vorgegebenen Eigenschaften zu finden. Hierzu sind die Knoten in einer bestimmten Reihenfolge durch Anwendung der $l-$ und $r-$Funktionen anzusteuern und der zugehörige Datenwert zu berechnen. Falls nicht, wie etwa bei der binären Suche, an jedem Knoten vorausberechnet werden kann, in welchem Teilbaum die Suche fortgesetzt werden muß, ist der gesamte Baum zu durchwandern. Hierfür gibt es verschiedene systematische Möglichkeiten. Zum Beispiel kann unterhalb jedes Knotens zunächst der linke und im erfolglosen Falle dann der rechte durchsucht werden. Die Rückkehr zu einem Knoten nach erfolgloser Bearbeitung des linken Teilbaumes wird auch als „Backtracking" bezeichnet. Falls die Übergangsfunkionen l und r berechnet werden, der Suchbaum also nicht als Datenstruktur vorliegt, sondern als Zustandsgraph eines Suchprogrammes, dann bedeutet das Backtracking die Rückkehr des Programmes in einen früheren Zustand m, von dem aus die Suche zuvor in den linken Teilbaum verzweigt war, um sie nun im rechten Zweig fortzusetzen. Dies entspricht einer Programmverzweigung, in der die Verzweigungsbedingung erst spät berechnet wird (statt im voraus, um dann den nicht selektierten Zweig gleich zu überspringen).

Als Beispiel für eine Suchaufgabe, bei der der zu durchsuchende Baum nicht tabellarisch als Datenstruktur vorliegt, sondern nur als Zustandsgraph eines Programmes in Erscheinung tritt, welches die Übergangsfunktionen l und r berechnet, diskutieren wir das berühmte 8–Damen–Problem. Es besteht darin, 8 Damen so auf einem Schachbrett zu plazieren, daß sie sich gegenseitig nicht angreifen. Nach den Schachregeln greift eine Dame auf dem 8×8 Felder großen Schachbrett alle Positionen auf den von ihr ausgehenden Diagonalen und Achsparallelen an (s. Bild 5.11).

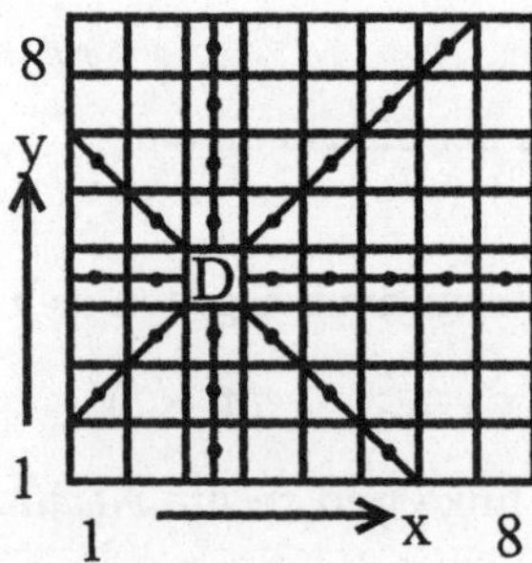

Bild 5.11 Das 8–Damen–Problem

Der Suchraum besteht aus 8-Tupeln von Positionen im $8{\times}8$-Feld, enthält also $64^8 = 2^{48}$ Elemente. Die Eigenschaft, daß sich die Positionen in einem 8-Tupel nicht angreifen, muß aus den Positionen berechnet werden. Da offenbar Konfigurationen der gewünschten Art in jeder Spalte genau eine Dame enthalten müssen, können wir die Suche sogleich auf den Teilraum der $8^8 = 2^{24}$ 8-Tupel mit dieser Eigenschaft einschränken und codieren diese Tupel in der Form

$$(p_1, \ldots, p_8) \qquad ,$$

wobei $d_i = (i, p_i)$ die Position der i-ten Dame ist. Die gesuchte Eigenschaft ist äquivalent damit, daß für $i = 2 \ldots 8$ die Position d_i durch keine der Positionen $d_1, \ldots, d_{i-1}$ gedeckt wird. Hierdurch können wir alle Tupel mit einem Anfangsstück $(p_1, \ldots p_i)$, welches diese Bedingung verletzt, ausschließen. Es ist darum zweckmäßig, den Suchraum um alle Teilbelegungen $(p_1, \ldots, p_i)$, $i < 8$ zu erweitern (insgesamt 19173961 Elemente). Auf der Menge M aller dieser Tupel definieren wir nun die Übergangsfunktionen l und r und damit die Such-Baumstruktur:

$$\begin{aligned} l(p_1, \ldots, p_i) &= (p_1, \ldots, p_i, 1) \quad &\text{für} \quad i < 8 \\ r(p_1, \ldots, p_i) &= (p_1, \ldots, p_i + 1) \quad &\text{für} \quad p_i < 8 \end{aligned}$$

Vollständige Belegungen durch 8 Damen sind genau diejenigen ohne linke Nachfolger. Ein Backtracking erfolgt genau dann, wenn eine Teilbelegung $(p_1, \ldots, p_i)$ nicht zu einer zulässigen Gesamtbelegung fortgesetzt werden kann. Die Rückkehr aus dem linken Teilbaum bedeutet hier, zum Tupel $(p_1, \ldots, p_{i-1})$ zurückzukehren, um nach rechts weiterzusuchen. Da dieses direkt aus $(p_1, \ldots, p_i)$ „berechnet" werden kann, erübrigt es sich, die Rückkehrposition in einem eigenen Stack zu speichern. Für Knoten $(p_1, \ldots, p_i)$, bei denen p_i mit $(p_1, \ldots, p_{i-1})$ kollidiert, muß nach dem obigen der linke Unterbaum der Fortsetzungen gar nicht durchsucht werden. Für jeden durchwanderten $(p_1, \ldots, p_i)$–Knoten ist daher $(p_1, \ldots, p_{i-1})$ kollisionsfrei, und es genügt, die Kollisionsfreiheit von d_i mit $d_1, \ldots, d_{i-1}$ festzustellen.

Zusammenfassung

Für rekursive Algorithmen ist die Komplexität datenabhängig und wird nach ihrem asymptotischen Verhalten beurteilt. Die Berechnung einer Umkehrfunktion kann wesentlich komplexer als die des Originals sein. Dies kann zur Verschlüsselung von Daten ausgenutzt werden. Verschiedene, mehrfach rekursive Algorithmen wie die schnelle Multiplikation oder die binäre Suche zeigen, wie durch systematische Teilung eines Berechnungsproblems dieses in seinem Berechnungsaufwand wesentlich gesenkt werden kann. Durch die Codierung endlicher Mengen durch geordnete Tupel, die in höhenbalancierten Bäumen abgelegt werden, wird sowohl für das Suchen als auch für die Einfügeoperation eine Implementierung geringerer Komplexität erreicht. Für große Mengen ist die Implementierung des Suchbaums als verkettete Datenstruktur jedoch ungeeignet und muß durch eine algorithmische Beschreibung ersetzt werden.

Übungsaufgaben zu Kapitel 5

1. Ein Algorithmus habe abhängig von einer Maßzahl n, welche die Potenzen von 2 durchläuft, eine durch folgende Gleichungen beschriebene Komplexität.

$$T(n) = k \qquad\qquad\qquad \text{für } n = 1$$
$$T(n) = u \cdot T(n/2) + v \cdot n \quad \text{für } n > 1$$

Beweisen Sie, daß

$$T(n) = (\frac{2v}{u-2} + k)n^{log_2 u} - \frac{2v}{u-2}n \quad .$$

Wenden Sie dies auf die schnelle Langwortmultiplikation zweier Operanden a, b der Wortlänge n an. Die Komplexität der auftretenden Additionen, Subtraktionen und Shiftoperationen wird dabei durch ein Vielfaches der Wortlänge abgeschätzt.

2. Sie erhalten den verschlüsselten Code 1251224. Das Codierungsverfahren ist

$$N \to N^r \bmod w$$

mit den Verschlüsselungsparametern

$$r = 1775 \text{ und } w = 1293601.$$

Wie lautet der unverschlüsselte Code?

3. a) Konstruieren Sie, beginnend mit dem leeren Baum, schrittweise einen höhenbalancierten, geordneten Binärbaum von Zahlen, indem Sie der Reihe nach die Zahlen 1, 2, 5, 3, 4, 6, 7 an einer jeweils geeigneten Blattposition anfügen und den erweiterten Baum rebalancieren.

    b) (für C–Programmierer) Höhenbalancierte, geordnete Bäume von Zahlen von int–Typ seien als verkettete Records vom Typ

```
struct mode
{
        int value ;
        struct mode*  left ;
        struct mode*  right ;
        int    balance ;
}
```

repräsentiert. Schreiben Sie eine C–Funktion, welche eine Zahl in einen solchen Baum einfügt und ihn rebalanciert.

4. Entwickeln Sie ein Programm, das alle Lösungen des 8–Damen–Problems bestimmt und in eine Textdatei ausgibt. Jede Lösung wird dabei durch die Folge

$$(x_1, y_1)(x_2, y_2) \ldots (x_8, y_8)$$

der Brettkoordinaten der gesetzten Damen dargestellt.

5. Vier Transputer seien paarweise über Linkschnittstellen verbunden. Im Speicher eines der Transputer steht ein Array von 4096 Zahlen, welches nach dem Merge–Sort–Algorithmus sortiert werden soll. Das Sortieren eines Teilarrays von 1024 Elementen dauert 5 ms, die Merge–Operation von 1024 + 1024 Elementen 1 ms und der Transfer eines Blockes von 1024 Werten über eine Linkschnittstelle 1 ms. Der Transputer kann Merge– und Sortieroperationen ausführen, während er Daten aussendet oder empfängt, einen Datensatz aber erst bearbeiten, wenn er vollständig empfangen ist. Wie lange dauert das Sortieren der Daten, wenn man es mit einem Transputer oder mit 2, 3 oder 4 Transputern ausführt?

6 Programmiersprachen

In diesem Kapitel werden verschiedene Typen von Programmiersprachen diskutiert und gegenübergestellt, also formalisierte Sprachen, mit denen sich die Funktion eines programmierbaren oder konfigurierbaren digitalen Systems ausdrücken läßt. Ein wichtiger Aspekt ist dabei Automatisierung der Generierung der Instruktionscodes bzw. Konfigurationsdaten für den Rechner aus der sprachlichen Beschreibung. Wir betrachten zunächst Programmiersprachen für den von-Neumann-Rechner, wobei wir auf den in Kap. 1 eingeführten Algorithmenbegriff zurückkommen und ihn erweitern, gehen dann aber auch auf Sprachen für Parallelrechner und zur Beschreibung von „Hardware" ein. In diesem Kapitel wird die Vertrautheit des Lesers mit einer gängigen Programmiersprache (der Sprache C, s. etwa [SW91]) vorausgesetzt. Als weiterführende Literatur zu diesem Kapitel sei [SE89] empfohlen.

6.1 Programmiersprachen als Hilfsmittel

Bei den Anwendungen des programmierbaren Universalrechners lassen sich verschiedene Bereiche unterscheiden:

- algorithmische Anwendungen zur Berechnung von komplexen Verarbeitungsfunktionen

- Steuerungsanwendungen mit genauem Zeitverhalten der Ausgaben

- Anwendungen elektronischer Speichermedien wie Datenbanken.

Die beiden letzteren Anwendungsbereiche ergeben sich aus der speziellen Form des Steuerwerks des programmierbaren Rechners und seiner Verwendung eines großen Speichers. In allen Anwendungen besteht die Programmieraufgabe letztlich in der Aufstellung von Instruktionsfolgen. Während bei der ersten die Konstruktion geeigneter Algorithmen im Mittelpunkt steht, ist es bei der zweiten eher das Scheduling der Verarbeitungsschritte. Bei der dritten geht es um die Verwaltung großer Datenstrukturen und die Behandlung von Suchproblemen, die mitunter vielfache Lösungen zulassen.

In der Sichtweise von Kapitel 4 stellen die Instruktionsfolgen Verarbeitungsfunktionen dar, die in einer Anzahl von Prozessen zusammenwirken, und die Programmieraufgabe besteht in der Implementierung dieser Prozeßstruktur und ihrer Objekte und Funktionen. Jede Verarbeitungsfunktion

$$f: \quad M \to N$$

ist dabei durch einen Algorithmus in den Grundfunktionen $\mathcal{F}_0$ der CPU des Universalrechners zu realisieren, genauer eine codierte Version von f, wobei M und N durch geeignete kartesische Produkte D^n und D^m über dem Datenworttyp D der Maschine zu codieren sind. Für die Operationen aus $\mathcal{F}_0$ sind ferner eine Reihenfolge festzulegen, sowie Speicherstellen für Zwischenergebnisse auszuwählen. Algorithmen sind meist nicht direkt über $\mathcal{F}_0$, sondern über Grundoperationen auf abstrakten Datentypen wie Zahlen erklärt, welche dann erst durch geeignete D^n codiert werden müssen und deren Grundoperationen durch Algorithmen über $\mathcal{F}_0$ zu implementieren sind.

In allen drei Anwendungsbereichen des von-Neumann-Rechners wird die Programmierung durch höhere Programmiersprachen unterstützt, die dann Ausdrucksmittel für die jeweiligen Verarbeitungsformen bereitstellen müssen. Höhere Sprachen sind Kunstsprachen mit genau definiertem Textaufbau (Syntax) und präzise definierter Bedeutung (Semantik). Programmtexte sind lesbare (damit kommunizierbare) Dokumente, die sogar zusätzliche Erklärungen der Ausdrücke in der Kunstsprache für den menschlichen Leser enthalten können (Kommentare). Programmtexte werden mit Hilfe von Editorprogrammen in einen geeigneten Rechner eingegeben und dann automatisch (durch Compiler-Programme) in die Bitmuster übersetzt, die der zu programmierende Rechner als Befehle ausführen kann. Hierdurch genau kann das Programm für einen Rechner rein höhersprachlich definiert werden, und die höhere Sprache muß sich nicht auf eine Beschreibung oder Spezifikation davon beschränken. Ein wichtiges Merkmal von Programmiersprachen ist ihre einfache Übersetzbarkeit in Sequenzen von Befehlscodes. Der Zeichenvorrat wird meist auf den von üblichen Texteditoren verarbeitbaren beschränkt und Programmtexte sind als Folgen (lineare Sequenzen) von Zeichen eingeb- und speicherbar. Die Notation kann sich im übrigen an eine mathematische Formelschreibweise oder an eine mengentheoretische Schreibweise wie in Kap. 1 anlehnen, oder sich im einfachsten Falle auf spezielle Ausdrücke zur Beschreibung von Grundoperationen beschränken (Assemblersprache). Der Assemblerprogrammierer muß die Speicherauswahl und das Scheduling explizit behandeln, während gewisse „höhere" Sprachen dieses dem Compiler überlassen und dem Programmierer hierfür keine Kontrollmöglichkeit mehr geben.

Fassen wir Programmiersprachen und die zugehörigen Umsetzprogramme in Maschinencode als Hilfsmittel auf, den Universalrechner für eine bestimmte Anwendung einzusetzen, so sind allgemeine Bewertungskriterien, daß

- das Entwicklungsziel mit ihnen schnell und sicher erreicht wird

- Qualitätsmerkmale wie Fehlerfreiheit und einfache Modifizierbarkeit resultieren

- das Entwicklungsergebnis kommunizierbar ist.

Eine auf Mikroprozessoranwendungen abzielende Programmiersprache sollte zudem

- die Leistung des Prozessors auszuschöpfen erlauben und auch spezielle Hardwaremerkmale unterstützen

- Interruptroutinen und parallele Prozesse formulieren können.

Ein wichtiges Merkmal vieler höherer Sprachen besteht darin, daß sie in ihrer Struktur nicht auf einen bestimmten Prozessor spezialisiert sind, die Programmierung also bis zu einem gewissen Grade vom speziellen Design des verwendeteten Universalrechners unabhängig ist.

Die Möglichkeit, die zur Programmierung eines Rechners zu verwendende Sprache und Abstraktionsebene wählen (ggf. sogar definieren) zu können, stellt einen wertvollen Freiraum her, der zur Herausbildung und Anwendung wirkungsvoller Entwicklungsmethoden ausgenutzt werden kann.

6.2   Abstraktion im Assembler

Alle Programmiersprachen, selbst die Assemblersprachen, die direkt die Operationssequenzen der zu verwendenden CPU beschreiben, bieten Möglichkeiten der Abstraktion, d. h. der Zusammenfassung von Programmbausteinen in Begriffe und der Verwendung dieser in der weiteren Programmkonstruktion. Assemblersprachen verwenden Symbole als Namen für die Grundoperationen der Maschine (vgl. 3.7.3), die üblicherweise von zusätzlichen Operanden begleitet werden. Ferner werden auch symbolische Adressen verwendet. Das Übersetzungsprogramm berechnet den Adreßcode für eine symbolische Befehlsadresse (einen „Label") aus der Anfangsadresse des Programms im Speicher und der relativen Position des Befehls, und legt „Variablen" im Datenspeicher an fortlaufende Adressen.

Einen ersten Abstraktionsmechanismus liefert die Architektur des Universalrechners als Stackmaschine. Ein einzelner CALL–Befehl erhält die Wirkung des gesamten, dadurch aufgerufenen Unterprogramms. Die konsequente Anwendung von Unterprogrammen zur Abstraktion führt zu hierarchisch strukturierten Programmen, die auf jeder Ebene Sequenzen von CALL–Befehlen enthalten, bis ein Unterprogramm schließlich die Ebene der Elementaroperation erreicht. Der Aspekt der Abstraktion ist beim CALL–Mechanismus mit zwei anderen Merkmalen gekoppelt. Das eine ist, daß der CALL–Befehl beim Lesen noch als Operation des Steuerwerks der Maschine Rechenzeit erfordert, ebenso der Rücksprung am Ende des Unterprogrammes, d.h. die Abstraktion durch Unterprogramme kostet Programmlaufzeit. Der andere, von der Abstraktion unabhängige Aspekt liegt in der mehrfachen Verwendbarkeit des Codes in einem Unterprogramm durch wiederholte CALL–Befehle darauf. In dem Extremfall des rekursiven Aufrufes führt dies dazu, daß ein kurzes Programm datenabhängig beliebig oft durchlaufen wird. Die Realisierung von mehrfach verwendeten Teilfunktionen durch Unterprogramme führt also zu kürzeren Programmen

im Speicher des ausführenden Rechners. Grundoperationen für einen nicht direkt
von der Maschine unterstützten Datentyp können als Unterprogrammbibliotheken
bereitgestellt werden. Damit kann z.B. ein einfacher Prozessor wie der $T225$ auch
Fließkommaoperationen ausführen, die jedoch nur als einzelne CALL–Befehle in Erscheinung treten.

Die Möglichkeit der Abstraktion ist nun keineswegs abhängig von einem bestimmten Steuermechanismus der Maschine. Gruppen zusammengehöriger Maschinenbe-
fehle lassen sich auch rein begrifflich zu „Superoperationen" zusammenfassen. Diese
Möglichkeit unterstützen die sogenannten Makroassembler durch eine automatische
Vorverarbeitung des Textes, bei der die zugehörige Begriffsdefinition extrahiert und
Aufrufe der Superoperationen textlich durch die jeweilige Definition substituiert
werden.

Soll etwa ein Mikroprozessor mit Hilfe eines Peripheriebausteins eine Matrix von
Leuchtdioden ansteuern, so kann der Assembler-Programmierer Unterprogramme
LEDAN und LEDAUS aufstellen, die als Parameter die Zeile und Spalte des zu
bedienenden Lämpchens in der Matrix haben:

```
ldc 13        ... Zeile
ldc 5         ... Spalte
call ledan    ... oder: call ledaus
```

LEDAN und LEDAUS sind sogenannte „labels". Sie werden definiert, indem man
sie der ersten Anweisung des dadurch bezeichneten Unterprogramms voranstellt.
Durch Verwendung eines Makros der Form

```
Lampe   MACRO   Zeile, Spalte, Fkt
        ldc     Zeile
        ldc     Spalte
        call    led&Fkt
        ENDM
```

mit beim Aufruf substituierten Textparametern Zeile, Spalte, Fkt werden die obigen
Befehlsfolgen weiter in nunmehr ganz anwendungsorientierte Programmanweisun-
gen abstrahiert:

```
Lampe 13, 5,  an              Lampe 13, 5,  aus
```

Die hierarchische begriffliche Strukturierung (Abstraktion) ist unerläßlich, um ein
Programm verständlich abfassen zu können, zumal einem ja die einzelne Grundoperation in einer längeren, unstrukturierten Sequenz keinen Hinweis auf ihre Rolle
im Gesamtprogramm geben kann. Mit Unterprogrammen und Makros läßt sich bereits im Assembler das Abstraktionsniveau höherer, imperativer Sprachen (vgl. 6.4)
annähern. Nachteile bleiben die Maschinenabhängigkeit in den Grundoperationen
und Datentypen und die Notwendigkeit, jede Implementierung hier aufzusetzen, sowie auch die fehlende Standardisierung bei benutzerdefinierten Kontroll– und Datenstrukturen und Makros.

6.3 Interpreter und Compiler

Wie kann ein Universalrechner mit einem Satz von Grundoperationen $\mathcal{F}_0$ nun genau veranlaßt werden, ein Programm auszuführen, das nicht in seiner Maschinensprache geschrieben ist? Aus unserer Diskussion ist geläufig, daß er durch geeignete Programmierung jeden Universalrechner nachbilden kann, der als „Befehlssatz" $\mathcal{F}$ die komplexeren Grundoperationen einer höheren Sprache hat, wenn jede Operation $f \in \mathcal{F}$ einen Algorithmus über $\mathcal{F}_0$ hat. Je nach dem Abstraktionsniveau der höheren Sprache mag es zusätzlich notwendig sein, für die Grundoperationen der in der Sprache formulierten Algorithmen erst durch Hilfsalgorithmen eine Ausführungsreihenfolge festlegen zu lassen und Speicherzellen für Zwischenergebnisse auszuwählen. Wir wollen bei dieser allgemeinen Antwort nicht stehenbleiben.

Die Vorgehensweise, ein Programm durch Nachbildung eines Rechners auszuführen, der codierte Texteingaben in der gewählten Sprache direkt verarbeitet, wird Interpretation genannt; das Programm, welches den gedachten Rechner nachbildet, ist der sogenannte Interpreter (s. Bild 6.1). Insbesondere werden hier codierte Textsymbole als Codes für die Grundoperationen der Sprache verwendet und müssen durch Hilfsfunktionen in Aufrufe entsprechender Algorithmen umgesetzt werden. Als ein effektiverer Weg, höhersprachliche Programme zu verarbeiten, erweist sich der bereits genannte, das Programm vor seiner Ausführung in ein Programm gleicher Wirkungsweise in der Maschinensprache des Rechners zu transformieren (s. Bild 6.2). Dies ist die Leistung des Compilers.

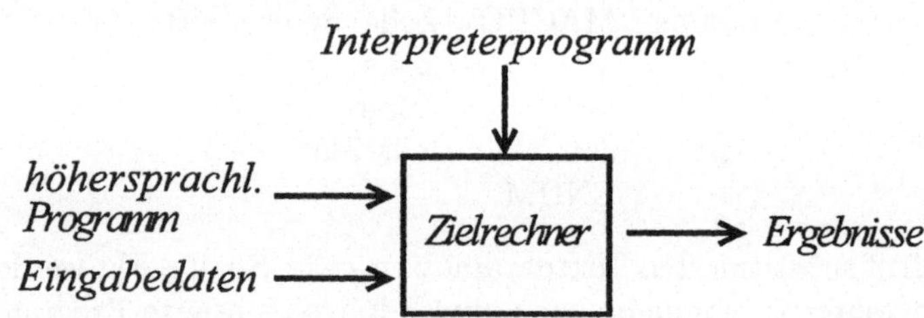

Bild 6.1 Interpretation

Der Compiler fügt also in den Ablauf von der Vorlage eines höhersprachlichen Programmes bis zu dessen Ausführung einen Zwischenschritt ein. Wie ein Interpreter analysiert der Compiler den vorgelegten Programmtext und ermittelt eine seiner Bedeutung entsprechende Folge von Operationen des Rechners. Er führt diese allerdings nicht aus, sondern erzeugt stattdessen eine Maschinenbefehlsfolge, die die Operation erst bei Abarbeitung durch den Prozessor ausführen würde. Wir zeigen diese Vorgehensweise an einem einfachen Beispiel, einem Compiler für eine Bediensprache, der zugleich die nicht-numerischen Verarbeitungsmöglichkeiten eines Computers illustriert.

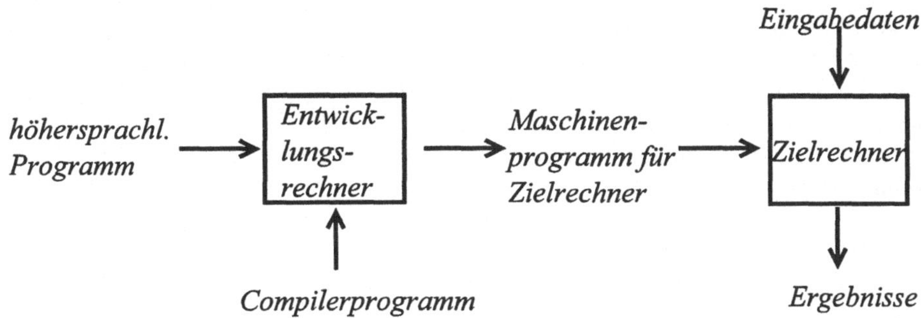

Bild 6.2 Compilation

Diese Sprache möge eine Anzahl von Worten als Namen bereits im Speicher eines Mikroprozessors an bekannten Adressen stehender Unterprogramme festlegen. Wir verwenden auf dieser Wortmenge eine besonders einfache „Grammatik", indem wir als Programme beliebige Folgen dieser Worte zulassen. Die Definition einer Sprache erfordert auch eine genaue Festlegung der Bedeutung ihrer Programme. Die Bedeutung einer Wortfolge soll sein, daß die zugehörigen Unterprogramme hintereinander ausgeführt werden. Parametervorgaben, Verzweigungen, Schleifen oder die Definition neuer Worte sind nicht vorgesehen. Der Wortschatz sei

$$\{W_1, W_2, \ldots, W_n\},$$

so daß

$$W_4 \quad W_7 \quad W_7 \quad W_1$$

ein erlaubtes Programm wäre, welches über eine Tastatur eingegeben sein könnte und dem Compiler als Array von Zeichencodes vorgelegt wird. Sei a_i die zum Wort W_i gehörige Unterprogrammadresse. Das Compilerprogramm benötigt eine Darstellung der Wortmenge und der Adreßzuordnung, die in Form einer verketteten Liste von Records implementiert sein kann (s. Bild 6.3). Er kann nun den vorgelegten Programmtext so verarbeiten, daß er von vorne beginnend jeweils ein Wort entnimmt (dessen Grenzen er aus den umgebenden Leerzeichen ableiten muß). Hierauf erfolgt jeweils eine (lineare) Suche in der obigen Liste, in der das Listenelement mit dem entsprechenden Wortfeld festgestellt wird. Falls die Wortmenge groß ist, wäre eine Darstellung nach dem Hash-Verfahren vorzuziehen. Der Compiler kann nun die zugehörige Adresse lesen und einen CALL–Befehlscode auf diese Adresse produzieren. Obiges Programm wird also in folgendes Maschinenprogramm übersetzt:

$$\text{call}\, a_4 \quad \text{call}\, a_7 \quad \text{call}\, a_7 \quad \text{call}\, a_1$$

welches der Compiler in einem geeigneten Array ablegt und welches hier nur der Lesbarkeit halber als Assemblertext geschrieben ist. Falls dieses Programm ausgeführt wird, werden in unmittelbarer Folge die Unterprogramme abgearbeitet, da die return-Anweisung am Ende jedes Unterprogramms einen Sprung auf die nächste CALL-Anweisung bewirkt. Wünscht man, die gesamte Sequenz mit einem CALL-Befehl aufrufen zu können, so müßte sie noch durch einen ret-Befehl abgeschlossen werden.

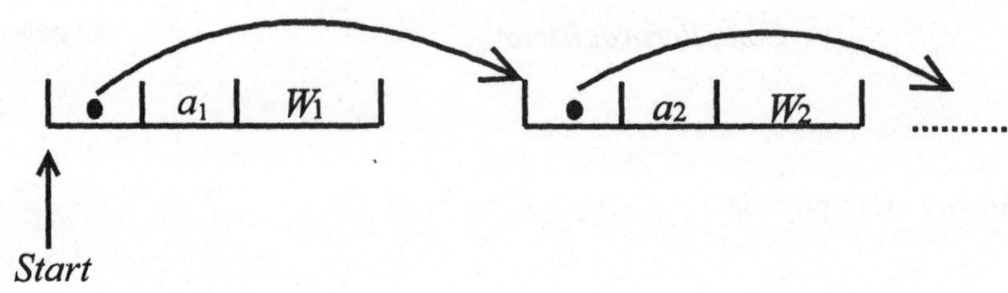

Bild 6.3   Symboltabelle

Ein Interpreter hätte, anstatt CALL-Codes zu produzieren, die entsprechenden Unterprogramme sofort aufgerufen und ausgeführt. Vor jedem neuen Aufruf muß er aber zunächst das nächste Wort im Text aufsuchen und in der Liste finden, so daß er die Aufrufe nicht in schneller Folge tätigen kann.

Die hier beschriebene Übersetzungstechnik bedarf nur geringfügiger Erweiterungen (z.B. zum Erkennen und Umsetzen von Zahlworten), um etwa einen einfachen Assembler für einen Mikroprozessor implementieren zu können.

6.4   Imperative Sprachen

Die sogenannten imperativen Sprachen lehnen sich eng an die Arbeitsweise der Maschine an und sind dadurch auch leicht in die Maschinensprache übersetzbar. Im Gegensatz zu den Assemblersprachen sind sie jedoch maschinenunabhängig.

6.4.1   Codierungsystem, Zuweisungen und Schedules

Wir werden die charakteristischen Merkmale imperativer Sprachen am Beispiel der Sprache C diskutieren.

- Die Sprache stellt eine Anzahl von Grunddatentypen und zugehörige arithmetische und logische Operationen bereit:

```
char, int, long, float, double.
```

Diese Typen beziehen sich ausdrücklich auf spezielle *Codierungsarten* wie 2er–Komplement und Fließkomma und die dafür benötigten Wortbreiten (nicht auf die abstrakten, dadurch codierten Mengen). Diese Typen sind mehr oder weniger identisch mit denen, die von modernen Mikroprozessoren direkt unterstützt werden. Bei einfachen Prozessoren müssen Fließkommaoperationen allerdings per Software realisiert werden. Die Sprache standardisiert somit die gängigen Typen, wobei allerdings jede Implementierung die verwendeten Wortbreiten auf das Rechenwerk der Maschine abstimmen darf. Bitweise logische Operationen werden auf `int`–Codes angewandt (statt auf einen eigenen Bitfeldtyp). C bietet auch den gänzlich maschinenorientierten Typ Adresse an, wobei noch je nach den an den Adressen gespeicherten Codes zwischen verschiedenen Adreßtypen unterschieden wird, `char*`, `int*` usw.

Für die Grundoperationen wird die übliche `infix`–Notation (Operator zwischen den Operanden) verwendet:

```
x + y   ,   x % y   (= r(x,y)), x | y   (oder).
```

Für eine Adresse a bedeutet $a + 1$ die Adresse des benachbarten Codes vom selben Typ (unter Berücksichtigung der Wortbreite). C kennt zudem Sonderformen arithmetischer und logischer Operationen, die direkt Speicherstellen (Variablen) modifizieren, wie `i++` oder `x+=y`, und die mit speziellen Adressierungsarten gängiger Mikroprozessoren korrespondieren.

- Alle Operationen bzw. Funktionsaufrufe sind speicherbezogen, d.h. der Programmierer spezifiziert explizit Variablen, aus denen Operanden zu lesen sind oder die Zwischenergebnisse aufnehmen. Eine C–Programmzeile mit einem Funktionsaufruf lautet etwa

$$z = f(a, b);$$

worin a, b, z Objekte (Variablen oder Records) im Speicher sind, hat also den Charakter eines Prozesses. Geschachtelte Funktionsaufrufe und zusammengesetzte Ausdrücke sind dabei erlaubt. Im einfachsten Fall sind die aus Variablen gelesenen Codes und die Funktionsresultate Skalare (oder Pointer). Funktionsresultate werden dann in Registern übergeben, und C läßt für Funktionen auch den Aufruf ohne Wertzuweisung zu:

$$f(a, b);$$

Das Register mit dem Funktionswert wird hierbei nicht abgespeichert, und der Wert verfällt. Andererseits ist nach einem Abspeichern das Ergebnisregister unverändert, und C erlaubt die mehrfache Zuweisung

$$x = y = f(a, b);$$

Bei den verwendeten Variablen wird zwischen globalen und lokalen unterschieden. Letztere sind nur innerhalb einer Funktionsdefinition definiert und werden gewöhnlich dynamisch im Stack der Maschine angesiedelt, wenn die Funktion aufgerufen wird. Dasselbe gilt für die Aufrufparameter, die sogar als Variablen mitverwendet und überschrieben werden dürfen. C erlaubt es auch, die Ansiedlung von Variablen in Registern zu spezifizieren.

- Die Funktionsdefinitionen eines Programmes sind aus Sequenzen von „Anweisungen" der vorangehenden Art aufgebaut und spezifizieren damit explizit die zeitliche Reihenfolge der auszuführenden Operationen. Die logische Abhängigkeit von Anweisungen wird dagegen nicht explizit kenntlich gemacht. Da alle Operationen sequenziell ausgeführt werden, werden Verzweigungen durch bedingte Sprungbefehle (if...; else...;) auf alternativ auszuführende Befehlssequenzen realisiert.

- Die Abstraktionsmöglichkeiten bestehen in der Definition von Makros und Funktionen bzw. Prozeduren (die in der Umsetzung auf die Maschine meist Unterprogrammen entsprechen), sowie Konstruktionen neuer Datentypen aus den Grundtypen. Die für eine Anwendung benötigten Datentypen müssen stets implementierungsorientiert in einer auf die Grundtypen aufbauenden Codierung behandelt werden. Der abstrakte Typ eines binären Baumes von ganzen Zahlen z.B. wird in C durch die Spezifikation der Recordstruktur eines Knotens beschrieben, der Zeigerkomponenten auf weitere enthält:

```
struct BBint {struct BBint*left; struct BBint*right; int data;};
```

Eine Abstraktion von der Codierungsform ist nicht möglich. Die Grundoperationen auf einem komplexen Datentyp werden als Sequenzen von skalaren Operationen auf seinen Komponenten implementiert. Sie stehen gleichberechtigt neben beliebigen anderen Funktionsdefinitionen eines Programmes, ohne ihren Bezug zum Datentyp oder ihren Bausteincharakter in Algorithmen deutlich zu machen. Es ist allerdings möglich, einen Programmtext aus Teiltexten zusammenzusetzen und die Operationen eines Datentyps in einem Teiltext zu sammeln.

Die vorangehende Diskussion macht die starke Orientierung auf die Maschine hin und die Nähe zu den Assemblersprachen deutlich. Imperative Sprachen und insbesondere C eignen sich denn auch besonders für maschinenorientierte Anwendungen, für laufzeiteffiziente Implementierungen und Steuerungsanwendungen (u.a. im Mikroprozessorbereich), bei denen es auf die genaue zeitliche Festlegung der Programmaktivitäten ankommt. Mikroprozessoranwendungen benötigen allerdings zusätzlich Sprachkonstruktionen oder zumindest spezielle Hilfsfunktionen für parallele Prozesse (s. 6.4.3).

Da kartesische Produkttypen als Datentypen und auch in Zuweisungen und als Parameter und Resultate von Funktionen verwendet werden können, lassen sich algorithmische Konstruktoren ohne wesentliche Einschränkungen formulieren.

Die sequenzielle Komposition von zwei Funktionen, $h = g \circ f$, lautet hier

```
int  h(int x)  { return  g (f(x)); }        ,
```

wobei die Syntax von C allerdings den Bezug auf eine Argumentvariable x notwendig macht. Für Argument und Resultat werden die Codierungstypen festgelegt (hier: `int`).

Für die Verzweigung

$$h = \left\{ \begin{array}{ll} f & \text{falls} \quad b \\ g & \text{falls} \quad \neg b \end{array} \right.$$

sieht C außer der Realisierung über eine `if`–Struktur auch die kompaktere Form eines bedingten Ausdrucks vor:

```
int h(int x)  { return   (b(x) ? f(x) : g(x)) ; }  .
```

Bevor die parallele Komposition $h = f \times g$ zweier Funktionen formuliert werden kann, müssen deren Argument– und Resultattypen als Produkttypen definiert werden, etwa als `td` und `tb` mit den Selektoren x, y für die Komponenten eines Paares.

```
tb  h( td u ) { tb v ;  v.x = f (u.x) ; v.y = g ( u.y) ; return v ; }
```

Für die beiden Anwendungen von f und g muß hier willkürlich eine Reihenfolge gewählt werden, und für das Resultat wird eine Hilfsvariable v benötigt.Vektoren (arrays) können nicht als Funktionsresultate oder in Zuweisungen auftreten, jedoch als Komponenten von Records. Reelle Vektoroperationen müssen z.B. komponentenweise als Sequenzen skalarer Operationen ausgeführt werden, was gewöhnlich in einer Programmschleife erfolgt.

Rekursion ist ebenfalls verfügbar. Der Euklidische Algorithmus

$$ggT(a,b) = \left\{ \begin{array}{ll} a & \text{für } b = 0 \\ ggT(b, r(a,b)) & \text{für } b \neq 0 \end{array} \right.$$

lautet z. B. in der Syntax von C

```
int  ggT(int a,int b) { return  ((b==0) ? a : ggT(b,a%b)) ;}  .
```

Rekursion erfordert stets eine Funktionsdefinition; ein unbenannter Block kann nicht rekursiv sein. Die Rekursion wird durch diverse Schleifenstrukturen (`for(;;)` usw.) ergänzt, die als effiziente Realisierungen der Endrekursion angesehen werden können.

Charakteristisch für die algorithmische Konstruktion von Funktionen ist der weitgehende Verzicht auf Variablen, zumindest die Beschränkung auf lokale Variablen, die nicht überschrieben werden. Sie kann für die algorithmischen Teile eines Programmes als ein Programmierstil empfohlen werden, der aus dem versehentlichen Überschreiben von Variablen resultierende Fehler vermeiden hilft. Insbesondere würde man auf das im Prinzip mögliche Überschreiben der Funktionsargumente verzichten. Man kann dies explizit machen und durch den Compiler automatisch prüfen lassen, indem man den Argumenten jeweils das Wort 'const' voranstellt. Wir merken ferner an, daß (Pointer auf) Funktionen als Parameter an Funktionen übergeben und damit generische algorithmische Stukturen definiert werden können, die für verschiedene Funktionsbausteine verwendet werden können.

Als ein Beispiel für einen in C formulierten, rekursiven Algorithmus folgt eine Implementierung der FFT (vgl. 5.3), unter Verzicht auf das Umordnen des Ergebnisvektors. Die FFT–Funktion erhält als Parameter einen Zeiger auf den zu transformierenden Vektor und dessen Länge n. Ein Aufruf hätte die Form FFT(signal, 1024). Um umständliche Kopieroperationen zu vermeiden, wird der zu transformierende Vektor mit dem Resultat der FFT überschrieben. Die Header–Datei complex.h möge die Definitionen eines Datentyps complex mit Komponenten re und im enthalten, sowie Prototypen für komplexe Operationen add, sub, mul und die Funktion expj(x) $= e^{2\pi i x}$, das sind Deklarationen dieser Funktionsnamen mit Angabe der Parameter– und Resultattypen. Sie sind nötwendig, um den Text korrekt compilieren zu können.

```c
#include <complex.h>

void fft (complex *v, int size)
{
    int j;
    complex z;

    if (size==1) return;                    /* Abbruch der Rekursion */


    for (j=0; j<size/2; j++)                 /* Butterflies berechnen */
    {
                z = sub(v[j],v[size/2]);
            v[j] = add(v[j],v[j+size/2]);
        v[j+size/2] = mul(z,expj(j/size));
    }


    fft(v,size/2);                          /* rekursive Aufrufe */
    fft(v+size/2,size/2);
}
```

6.4.2 Verwendung abstrakter Datentypen

Bei den sogenannten objektorientierten Sprachen finden wir das Konzept des abstrakten Datentyps. Dies bedeutet, daß

- Datentypen und zugehörige Grundfunktionen als Einheit verstanden werden,

- die spezielle Art der Codierung des Datentyps und die algorithmische Implementierung seiner Grundfunktionen als unabhängige Teilaufgabe abgetrennt und separat von der Verwendung des Datentyps in sonstigen Teilen des Programmes behandelt wird,

- der Zugriff auf den Datentyp ausschließlich über seine Grundfunktionen erfolgt und spezielle Funktionen und Datenkomponenten aus seiner Implementierung unzugänglich gemacht werden.

Dieser Umgang mit Datentypen kann auch ohne besondere Sprachmittel als Programmierstil eingesetzt werden.

Objektorientierte Sprachen fassen hierüber hinausgehend Objekte eines komplexen Datentyps als Automaten auf, deren Zustandsspeicher durch eine Operation modifiziert wird, das Ergebnisobjekt dieser Operation also denselben Speicher wiederverwendet. Ist z.B. stk ein Objekt vom abstrakten Datentyp $\mathcal{S}(M)$ (vgl. 4.2.4), so sind die Grundfunktionen push und pop Eingaben an stk, die seinen Speicherinhalt modifizieren. Die übliche Syntax hierfür in objektorientierten Sprachen ist

```
stk.push (m) ;
m = stk.pop() ;
```

Die Verwendung abstrakter Datentypen soll an einer konkreten Sprache, nämlich C++, gezeigt werden. C++ ist eine Erweiterung von C um objektorientierte Elemente, welche C als Teilmenge umfaßt. Die charakteristischen Merkmale von C als imperativer Sprache bleiben dadurch unberührt.

- Programme sind als Folgen von Anweisungen aufgebaut, die die zeitliche Folge der Programmschritte festlegen.

- Die Schritte eines Programmes sind speicherbezogen, verwenden explizit Objekte als Quelle und Ziel von Daten.

Dies gilt auch für andere objektorientierte Sprachen, die z.T. eine natürlichere Syntax für die Definition von Datentypen verwenden und die Definition eines Datentyps und seiner Operationen noch deutlicher von deren Implementierung absetzen. Die objektorientierten Sprachelemente runden damit die Abstraktionsmöglichkeiten eines im Kern imperativen Sprachansatzes ab.

Ein erster Schritt, den C++ auf die freizügige Verwendung anwenderdefinierter Typen und zugehöriger Operationen hin unternimmt, besteht darin, denselben Funktions(oder Operator–)Namen für Funktionen unterschiedlicher Typen und entsprechend verschiedenen Definitionen verwenden zu dürfen, so wie ja auch z.B. in der mathematischen Formulierung für die Addition von Zahlen und Vektoren dasselbe Operatorsymbol verwendet wird.

Die Definition des abstrakten Datentyps „Stack von ganzen Zahlen" (genauer: Stack von int–Codes) in C++ ist eine sogenannte Klassendefinition, ähnlich einer structDefinition mit zusätzlichen Funktionsprototypen, bei der die auf die Objekte der Klasse anwendbaren Grundfunktionen durch das Schlüsselwort „public" eingeleitet werden:

```
class  IntStack
{
    int*s, *sp, *l ;

    public:
    IntStack ( int n = 32 ) ;
    void  push  ( int ) ;
    int    pop    ( ) ;
    ~IntStack ( ) ;
}
```

Eine solche Klassendefinition hat den Charakter einer Deklaration und wird typischerweise in einem Header-File gegeben, der in alle Programme aufgenommen wird, die den durch die Klasse repräsentierten Datentyp IntStack verwenden.

Die Zugriffsoperationen der Klasse müssen natürlich an anderer Stelle auch implementiert werden, was dann in einem separaten Textmodul geschieht. Eine besondere Rolle spielt dabei diejenige, die selbst den Klassennamen IntStack trägt. Sie kreiert einen leeren Stack von maximal n Elementen, wobei $n = 32$ den Default-Wert bedeutet. Die Implementierung könnte wie folgt sein:

```
IntStack :: IntStack ( int n ) {s = sp = new int[n]; l = s + n;}
```

Klassenfunktionen sind an dem dem Funktionsnamen vorangestellten Klassennamen kenntlich. 'new' ist eine dynamische Speicherbereitstellungsfunktion in C++. s und sp zeigen auf den Anfang des Speicherblocks, l auf seine Obergrenze.

```
void    IntStack :: push (int m)   { *(sp++) = m ; }
int     IntStack :: pop ( )        { return (*(--sp)) ; }
```

sp wird also als Stackpointer in das bei s beginnende, lineare Array verwendet, indem die mit „push" eingeschriebenen Elemente fortlaufend abgelegt werden. Um den unerlaubten Fall einer push–operation in einem bereits bis zur bereitgestellten Kapazität gefüllten Stack zu behandeln, müßte man in push die Bedingung sp==1 prüfen und in eine Fehlerroutine verzweigen; entsprechend bei einer pop–Operation im Falle sp==s. Die letzte Funktion, IntStack, dient dazu, ein dynamisch allokiertes IntStack–Objekt wieder zu deallokieren:

```
void IntStack :: ~IntStack ( )   { delete s ; }   .
```

Die Deklarationen lokaler oder globaler Stackobjekte von 32 oder 64 Elementen lauten hiernach

```
IntStack    stk  ;
IntStack    uvw (64) ;            ,
```

eine push–Operation

```
uvw.push (14) ;
```

Wird in einer Funktionsdefinition ein lokales Stackobjekt verwendet, so wird dies beim Verlassen der Funktion automatisch mit ~IntStack deallokiert. Für jedes Stackobjekt wird auch die Recordstruktur aus den drei Pointern s, sp, 1 allokiert und automatisch deallokiert. Diese Pointer sind „interne" Komponenten der Datenstrukturen vom Typ IntStack, auf die nur in der Implementierung der Zugriffsfunktionen zugegriffen werden kann (und wird). Wir stellen also fest, daß in der C++–Definition eines abstrakten Datentyps

- implementierungsbezogene, interne Strukturen enthalten sind,

- Vorbedingungen für die Anwendung der Grundoperationen nicht genannt werden; entsprechende Tests werden bei Bedarf bei der Implementierung ausgeführt

- für die Initialisierung von Objekten mit speziellen Werten Funktionen verwendet werden müssen, deren Name mit dem Klassenamen übereinstimmt

- eine auf die Speicherverwaltung bezogene, also rechnerorientierte Operation vorkommen muß, falls zusätzlich zur Recordstruktur Speicher benötigt wird.

Bisweilen sollen die Grundoperationen einer Klasse nicht fest an Objekte (Automaten) dieser Klasse gekoppelt werden und z.B. auf Argumente anwendbar sein, die erst in Objekte der Klasse konvertiert werden müssen. Hierfür gibt es in C++ die sogenannten friend–Funktionen einer Klasse, für die der nachfolgende Datentyp von komplexen Zahlen ein Beispiel liefert. friend–Funktionen dürfen im Gegensatz zu den sonstigen Funktionen eines Programmes auf die interne Record-Struktur der Klassenobjekte zugreifen.

```
class complex
{
    double   re, im ;

    public :
    complex (double r, double i ) { re = r ; im = i ; }
    complex ( double r )  { re = r ; im = 0 ; }
    friend complex operator+ ( complex, complex ) ;
    friend complex operator* ( complex, complex ) ;
    ...
}
```

Hier gibt es zwei Konstruktoren mit demselben Namen `complex`, aber unterschiedlichen Argumenttypen. Die spätere Deklaration einer komplexen Zahl z und ihre
Initialisierung könnten dann lauten

```
complex  z  ;     z = complex ( 0.5, 4 ) ;
```

oder zusammengefaßt

```
complex  z( 0.5, 4 ) ;
```

Die innerhalb einer Klassendefinition vollständig ausgeführten Funktionsdefinitionen haben die Eigenschaft, bei einem Aufruf „inline", d.h. ohne Unterprogrammaufruf eingesetzt zu werden (ähnlich wie ein Makro).

Die Funktionen mit Namen der Form `operator` zeigen, wie die `infix`–Operationen
`+`, `-`, `*` usw. auf einen neuen Datentyp erweitert werden können. Die Anwendung
kann hiernach lauten:

```
z = z * z + z + 1  ;
```

Für die reelle „1" wird automatisch die Konvertierung `complex( double )` verwendet. Die in der Klassendefinition ausgewiesenen Funktionen müssen wieder im
Programmtext definiert werden. Die Addition wäre etwa

```
complex  operator+ ( complex a, complex b )
{ return (complex (a.re + b.re, a.im + b.im )) ; }
```

Für Klassen, deren Objekte zusätzlich zur internen Recordstruktur weitere (dynamisch allokierte) Komponenten haben, bedürfen auch Operatoren wie die Vergleichsoperation `==` und die Wertzuweisung `=` einer Definition.

Neue Datentypen werden häufig durch Erweiterung/Verfeinerung vorhandener definiert, wie etwa im Falle der Typen BB und $BB(M)$ (vgl. 4.2.5). Der Mechanismus,
eine Klasse B aus einer Klasse A abzuleiten, so daß jedes B–Objekt auch ein spezielles A–Objekt ist, auf das denn auch alle A–Operationen angewandt werden können,
wird „Vererbung" genannt. Die `C++`–Version der Vererbung ist

```
class B : public A  { .... } ,
```

wobei die interne Record–Struktur von B diejenige von A verlängert. Ausgehend von einer Klasse kann durch fortgesetzte Verfeinerung eine baumförmige Klassenhierarchie gebildet werden, aus einer Klasse von Vektoren z.B. Klassen von Matrizen, Tabellenfunktionen usw. Es ist möglich, eine Operation f der Klasse A in B umzudefinieren, wenn man sie in der Definition von A mit dem Zusatz „virtual" kennzeichnet. Für solche Funktionen muß zur Laufzeit getestet werden, ob die A- oder die B–Definition anzuwenden ist. Sie erfordern deshalb eine besondere Behandlung durch den Compiler und ein wenig zusätzliche Laufzeit.

Häufig entstehen verschiedene Klassen nach einem gemeinsamen Konstruktionsprinzip und unterscheiden sich nur in einem in diese Konstruktion eingehenden Datentyp. Dieser Typ kann zum Parameter einer gemeinsamen, „generischen" Klassendefinition gemacht werden. Beispiele sind die Konstruktionen von $\mathcal{S}(M), P(M)$ oder $BB(M)$ für einen beliebigen Ausgangstyp M. Generische Definitionen werden in C++ mit sogenannten templates gegeben, die einen Typparameter erhalten:

```
template  <  class T  >
class stack
{ T * s, * sp ;
  public
  stack ( int n=32 ) { s = sp = new T [n] ; }
  void  push  (T k ) { * sp++ = k ; }
  T pop ( )          { return * = sp ; }
  ~stack ( )         { delete s ; }
}
```

Ein Stack von 32 Fließkommazahlen kann hierdurch wie folgt deklariert und verwendet werden:

```
stack <float> S ;  S.push(3.14*r)  ;  y = S.pop() ;
```

Klassen werden in C++ nicht nur zur Implementierung abstrakter Datentypen verwendet, sondern generell zur Modularisierung von Programmen. Ein C++–Programm definiert ein Rahmenobjekt (dazu auch eine Rahmenklasse), welches weitere Objekte als Komponenten hat und mit seiner Konstruktorfunktion die Anwendung startet.

Eine ausführliche Behandlung der Sprache C++ findet sich im [ST97].

6.4.3 Nicht-sequenzielle Programmstrukturen

Die strikte Vorgabe der Ausführungsreihenfolge von Operationen unterliegt einer willkürlichen Wahl. Es erhebt sich die Frage nach Sprachstrukturen, die ausdrücken, daß Gruppen von Operationen unabhängig voneinander in beliebiger Reihenfolge

ausgeführt werden können. Für Mikroprozessoranwendungen sind ferner Sprachstrukturen wünschenswert, welche Anwendungen mit parallelen Teilprozessen unterschiedlicher Ausführungsprioritäten erlauben.

Die Elementaroperation

$$y = f(x_1, \ldots, x_n)$$

eines imperativen Programmes kann als Prozeß mit den Eingabe– und Ausgabeob-
jekten $x_1, \ldots, x_n, y$ und der Verarbeitungsfunktion f verstanden werden. Die vom
Hersteller des Transputers für diesen herausgebrachte Sprache OCCAM ist eine impe-
rative Sprache mit ähnlichen Datentypen und Elementaroperationen wie C, welche
Programme als Prozeßdefinitionen versteht. Prozesse werden, ausgehend von obigen
Elementarprozessen (und zusätzlichen Ein– und Ausgabeoperationen), hierarchisch
durch sequenzielle und auch *parallele* Verknüpfung von Teilprozessen konstruiert.
Die Konstruktoren haben die Form

$$
\begin{array}{ccc}
\text{seq} & \text{bzw.} & \text{par} \\
p_1 & & p_1 \\
p_2 & & p_2 \\
\vdots & & \vdots \\
p_n & & p_n
\end{array}
$$

Der sequenzielle Konstruktor ergibt einen Prozeß, der der Reihe nach die Teilprozesse p_1 bis p_n ausführt (im einfachsten Falle Anweisungen wie oben), während der
parallele Konstruktor p_1 bis p_n zugleich startet, so daß sie unabhängig voneinander
gleichzeitig oder in beliebigem zeitlichen Wechsel ausgeführt werden. Der Gesamt-
prozeß endet, wenn der letzte Teilprozeß „fertig" ist.

Ein aus zwei sequenziellen Teilprozessen zusammengesetzter Prozeß hat z.B. folgende Struktur:

$$
\begin{array}{l}
\text{par} \\
\quad \text{seq} \\
\qquad P_1 \\
\qquad \vdots \\
\qquad P_n \\
\quad \text{seq} \\
\qquad Q_1 \\
\qquad \vdots \\
\qquad Q_m
\end{array}
$$

Die beiden Konstruktoren können systematisch dazu verwendet werden, auszu-
drücken, daß Teilprozesse zur Berechnung von Teilfunktionen eines Algorithmus
logisch voneinander abhängig sind oder eben nicht, wie in der „Anweisungsform"
des parallelen Konstruktors für Funktionen:

$$par$$
$$y = f(x)$$
$$v = g(u) \qquad .$$

Auch Programmschleifen werden in OCCAM sequenziell oder parallel konstruiert.

$$\text{seq } i=1 \text{ for } n \qquad \text{bzw.} \qquad \text{par } i=1 \text{ for } n$$
$$p[i] \qquad\qquad\qquad\qquad p[i]$$

Im letzteren Falle werden n identische Teilprozesse mit jeweils verschiedenen Indexparametern als parallele Teilprozesse gestartet, was sich z.B. auf komponentenweise Vektoroperationen anwenden läßt.

Anwendungen mit mehreren unabhängigen Teilprozessen lassen sich mit dem *par*–Konstruktor ebenfalls realisieren. Zwischen den Teilprozessen erfolgt typischerweise ein gelegentlicher Datenaustausch, für den sie synchronisiert werden müssen. Hierfür verwendet OCCAM sogenannte CHANNELs, das sind wie spezielle Datenstrukturen deklarierbare (Software–)Schnittstellen. Faßt man die kommunizierenden Prozesse als Teilrechner auf, so entspricht ein CHANNEL einer direkten Schnittstelle zwischen diesen (s. Bild 6.4). Falls die Prozesse auf verschiedenen Transputern laufen, kann CH als eine der seriellen Schnittstellen realisiert werden.

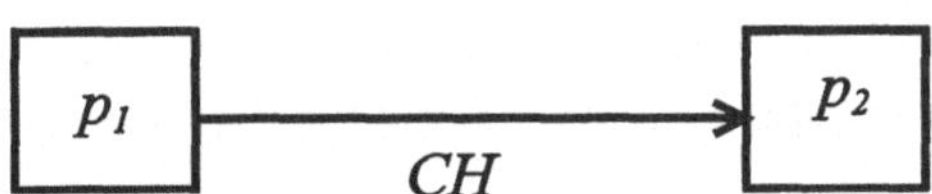

Bild 6.4 Kommunizierende Prozesse

Die Kommunikation eines Ganzzahlcodes zwischen zwei Prozessen wird wie folgt formuliert:

```
CHANNEL   CH  of   INT:
par
        seq
          :
          !  x                    .. Ausgabe von x
             CH

          :
        seq
          :
          ?  y                    .. Eingabe an y
             CH

          :
```

Die Prozesse synchronisieren sich an den korrespondierenden Ein– und Ausgabeanweisungen, indem der empfangende Prozeß die Sendung erwarten muß, aber auch
der sendende abwarten muß, bis der Empfänger bereit ist. Falls beide Prozesse auf
demselben Transputer laufen, bedeutet dieser Datentransfer das Kopieren von der
Variablen x in y *und* die besagte Synchronisation. Das direkte Kommunizieren über
den Speicher durch Schreiben von y im ersten Prozeß ist in OCCAM verboten, da
hierdurch eine logische Abhängigkeit von Anweisungen in den als unabhängig ausgewiesenen Teilprozessen entsteht.

Eine elegante imperative Sprache mit einem Prozeßkonzept, welche zugleich wie
C++ auch das Arbeiten mit abstrakten Datentypen unterstützt, ist ADA. Hier treten Prozesse als sogenannte *tasks* neben lokalen Variablen und Unterprozeduren in
Prozedurdefinitionen auf.

```
procedure     Name(I/O-Parameter)
              Deklarationen lokaler Variablen
              Definitionen  lokaler Prozeduren

              task-Definitionen
begin
   :
end
```

Wird eine solche Prozedur aufgerufen, so werden alle darin enthaltenen Tasks als
parallele Prozesse gestartet, und sie endet erst, nachdem der letzte seine Anweisungsfolge abgeschlossen hat und auch die Anweisungen zwischen begin und end
abgearbeitet sind.

Jeder Task stellt gewisse Dienstleistungen bereit, die jeweils von beliebigen anderen,
nebenläufigen Tasks (auch mehreren) mit der Syntax von Prozeduraufrufen angefordert werden können. Hierbei werden zwischen den Prozessen Aufrufparameter
und Resultate kommuniziert. Die Art dieser Kommunikation bleibt versteckt. Bei
der Definition eines Tasks wird zwischen einem Kopf unterschieden, der nur die
aufrufbaren Dienstleistungen nennt, und dem Körper, der seine Implementierung
als Anweisungsfolge enthält.

```
task  SerSS  is
   entry  REC  ( C: out Charakter )
end  SerSS ;

task body  SerSS is
begin
   :
   accept REC ( C: out Charakter ) do
   C := x
   end REC ;
   :
end SerSS ;
```

Die `accept`-Statements im Implementierungsteil korrespondieren mit den `entries`
im Kopfteil. Der Aufruf der Dienstleistung `REC` aus einem anderen Prozeß heraus
lautet

```
y  :=  serSS.REC() ;
```

Auch hier erfolgt eine Synchronisation der beiden Prozesse. Der „Server" wartet
beim `accept`-Statement auf den entsprechenden Auftrag, und der „Client" wartet, daß der Server seinen Auftrag erfüllt. Diese Synchronisation läßt sich für beide
Sprachen (OCCAM und ADA) bei einer Petri–Netz–Modellierung als gemeinsame
Transition beschreiben (vgl. 4.1.5), für deren Aktivierbarkeit beide Eingangsstellen
belegt sein müssen (s. Bild 6.5).

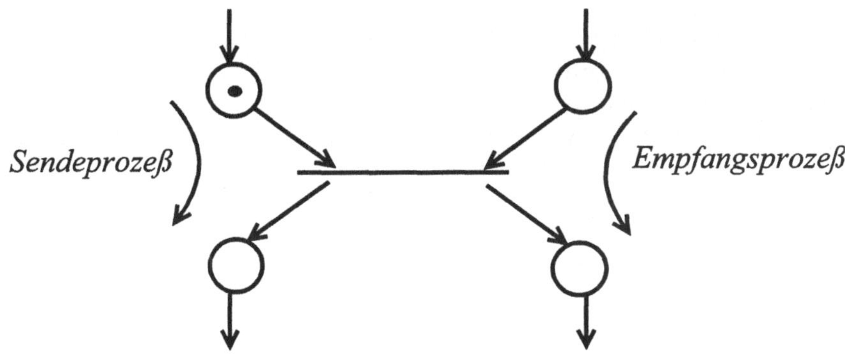

Bild 6.5 Synchronisation in OCCAM und ADA

Im Mikroprozessorbereich gibt es noch weitere Sprachen, die Echtzeitanwendungen
mit parallelen Prozessen unterstützen (PEARL, FORTH und einige andere). Meist
wird hier jedoch die Sprache C in Verbindung mit einem sogenannten *Echtzeit–
Betriebssystem* eingesetzt. Hierbei werden Hilfsfunktionen zum Verwalten von Prozessen auf verschiedenen Prioritätsstufen bereitgestellt, z.B. unter Verwendung von
Prozeßwartelisten für jede der Prioritätsstufen wie im Falle des Transputers (vgl.4.1.4).
Die Leistungen des Betriebssystems, wie Installation, Datenaustausch von Prozessen
und Synchronisation oder der Zugriff auf Betriebsmittel unter gegenseitigem Ausschluß, werden als Bibliothek von aufrufbaren Teilfunktionen im Betriebssystem
bereitgestellt. Die Installation eines Prozesses der Priorität 5 und einer durch eine
Funktion `f` ohne Parameter und Resultat (`void f();`) gegebenen Anweisungsfolge
könnte z.B. die Form

```
start_proc ( f , 5 ) ;
```

haben. Hier wird also die Prozeßstruktur nicht durch spezielle Sprachmittel spezifiziert und sichtbar gemacht, sondern versteckt sich in speziellen Anweisungen an das

Betriebssystem. Das Betriebssystem bietet neben der Verwaltung von Prozessen
gewöhnlich noch andere Dienstleistungen an, z.B. die Verwaltung des Speichers,
den Zugriff und die Datenverwaltung auf Massenspeichern wie Festplatten und
Kommunikationsfunktionen über Schnittstellen. Ein solches Betriebssystem kann
sprachunabhängig verwendet und als Erweiterung der Maschine um komplexere
Grundoperationen verstanden werden [TA92].

6.5 Funktionale Programmierung

Mit der funktionalen Programmierung kommen wir auf den Ausgangspunkt zurück,
die Rechneraktivität als Realisierung einer Verarbeitungsfunktion zu verstehen und
diese algorithmisch aus Grundfunktionen zu konstruieren. Funktionale Sprachen erlauben die Definition von Algorithmen, wobei die logische Abhängigkeit der Funktionsbausteine definiert wird, nicht aber deren zeitliche Abfolge auf einem sequenziellen Rechner. Die algorithmische Formulierung wird dadurch von dem getrennt,
was erst für den Ablauf auf der Maschine wesentlich ist. Steueranwendungen mit
genau definiertem Zeitverhalten werden nicht unterstützt, und schon die Steuerung
von Ein– und Ausgabeschnittstellen des Rechners läßt sich nicht durch Funktionen beschreiben (und definieren). Ein– und Ausgabe werden gewöhnlich durch vorgegebene Hilfsprogramme gesteuert oder bedürfen zusätzlicher, nicht-funktionaler
Sprachkonstruktionen. Funktionale Sprachen sind denn auch im Mikroprozessorbereich kaum anzutreffen. Es gibt allerdings einen „Trick“, um die Notation einer
funktionalen Sprache kompatibel mit einer zeitlichen Vorgabe von Verarbeitungs-
schritten zu machen. Die sequenzielle Komposition

$$g \; \circ \; f$$

von Funktionsbausteinen, die stets eine logische und damit zeitliche Reihenfolge
definiert, wird dabei in der Ausführungsreihenfolge

$$f \qquad g$$

geschrieben. Sind f, g Funktionen, so spezifiziert das ihre Komposition. Sind f, g
beliebige, auch nicht-funktionale Aktivitäten eines Rechners, so kann dieselbe Notation ihre zeitliche Hintereinanderausführung vorgeben. Da das Argument von g
durch den im Text vorangehenden Aufruf von f berechnet wird, der Funktionsaufruf
also hinter seinem Operanden steht, spricht man hier auch von der Postfix–Notation.
Sie wird z.B. in der Mikroprozessorspracher FORTH verwendet. Für arithmetische
Operationen ergibt sich konsequenterweise die Schreibweise

$$14 \quad 17 \quad + \quad 5 \quad * \quad .$$

Wie bereits angemerkt wurde, kann ein funktionaler Programmierstil mit gewissen
Einschränkungen auch in einer imperativen Sprachumgebung, wie sie für Mikroprozessoren üblich ist, realisiert werden.

Die Syntax einer funktionalen Sprache kann sich eng an die mathematische Notation anlehnen, die ja schon weitgehend formalisiert ist. Statt einer solchen Sprache, die unserer Algorithmennotation wenig Neues hinzuzufügen hätte, diskutieren wir die wohl älteste und meistverbreitete funktionale Sprache, LISP.

Jede funktionale Sprache muß bei der algorithmischen Konstruktion auf Grunddatentypen und –operationen aufsetzen, ggf. mit der Möglichkeit, zusätzliche abstrakte Datentypen zu definieren. LISP verwendet als Grundtyp eine Menge $\mathcal{A}$ von sogenannten Atomen, die ihrerseits aus Zahlen und Wortsymbolen zusammengesetzt ist. Bei den Zahlen wird über das Eingabeformat zwischen ganzen und rationalen unterschieden, ohne jedoch ihre Wortlänge einzuschränken. Die Erweiterung auf Wortsymbole hat zur Folge, daß ganze Texte als n–Tupel von Worten als Daten manipuliert werden können. Hieraus ergibt sich als weitere Besonderheit von LISP, daß Programmtexte (algorithmische Funktionensdefinitionen) selbst Ein– oder Ausgabedaten von Funktionen sein können.

Über dem Grunddatentyp $\mathcal{A}$ werden nun beliebige kartesische Produkte gebildet, deren Elemente als geklammerte Ausdrücke geschrieben werden. Sind z.B. $A, B, C,$ D, E Atome, so ist

$$(A(BC)\ ((AB)D)E)\ \in\ \mathcal{A} \times \mathcal{A}^2 \times (\mathcal{A}^2 \times \mathcal{A}) \times \mathcal{A}.$$

Die Gesamtheit der Atome und Listen bildet die Menge S der sogenannten symbolischen Ausdrücke. Die in LISP vorkommenden Funktionen sind stets S-wertig und auf einer Teilmenge von S definiert. Spezialfall wären etwa $\mathcal{A}$–wertige Funktionen auf $\mathcal{A}^n$, oder Funktionen auf der Menge $\mathcal{A}^\star = \bigcup_0^\infty \mathcal{A}^n$ der endlichen Folgen von Atomen. Funktionen werden durch Wortsymbole, also Atome, benannt, oder durch S–Ausdrücke beschrieben (s. u.), die eine Teilmenge $F \subset S$ bilden. Die „natürliche" Auswertungsabbildung

$$\text{EVAL: } (f, s_1, \ldots, s_n)\ \mapsto\ f(s_1, \ldots, s_n)$$

ist auf $U = \{(f, s_1, \ldots, s_n)\ |\ f \in F,\ (s_1 \ldots s_n) \in D(f)\} \subset S$ definiert. Sie ist also eine spezielle Funktion der vorher diskutierten Art, die „universelle" Funktion, die alle LISP-Funktionen zusammenfaßt.

LISP-Programme sind selbst S–Ausdrücke. Ihre Bedeutung wird mit Hilfe von EVAL definiert. Sie besteht darin, daß ein „Programm"

$$(f\ s_1\ \ldots\ s_n)$$

durch EVAL zu evaluieren, also der Wert der Funktion f an der Stelle $(s_1 \ldots s_n)$ zu berechnen und auszugeben ist. Vorkommende s_i, die nicht Atome sind, sind dabei zuerst selbst zu evaluieren; eine Klammer $'(\ldots'$ ist also überall gleichbedeutend mit $'$EVAL $(\ldots'$. Zahlen werden nicht weiter evaluiert, Wortsymbole können in LISP wie Variablen einen S–Ausdruck als Wert haben und werden durch diesen ersetzt. Falls ein S–Ausdruck nicht evaluiert oder durch eine Bedeutung ersetzt werden soll, muß

dies ausdrücklich dadurch angegeben werden, daß man ihm ein Hochkomma „'" voranstellt.

Wir zeigen nun die Konstruktion und Anwendung von Funktionen an einigen Bei-
spielen und benötigen dazu einige Grundfunktionen. Die spezielle Funktion mit dem
Namen ATOM ist auf ganz S definiert und liefert den Wert $T \in \mathcal{A}$, wenn ihr Argument
ein ATOM war („true"), und sonst NIL (für „false"). Verschiedene Programmeingaben
und resultierende Ausgaben wären damit

```
( ATOM  3.14)                        (Eingabe)
      T                              (Ausgabe)
(ATOM  '(A    B )  )
     NIL
(ATOM     (ATOM   3.14 )  )
      T                .
```

LISP stellt weitere Funktionen bereit, S—Ausdrücke um zusätzliche Elemente zu
erweitern bzw. in Komponenten zu zerlegen, und die dazu dienen können, die Elemente spezieller Produktmengen in S zu konstruieren. CONS hat zwei Parameter,
einen beliebigen S—Ausdruck und eine Liste, und liefert als Resultat die am Anfang
um den Ausdruck erweiterte Liste:

```
( CONS  '(A  B)   '(C  D ) )
   ( (A  B)  C  D )
```

Die Funktionen CAR und CDR erwarten eine beliebige Liste als Argument und liefern
als Ergebnis ihr erstes Element bzw. die Restliste hinter dem ersten Element, sind
also Projektionsabbildungen:

```
( CAR  '(A  B  C ))
     A
( CDR  '(A  B  C))
    (B  C)
( CONS  (CAR  '(A  B  C )) (CDR  '(A B C )) )
     ( A  B  C ).
```

Arithmetische Operatoren werden in Lisp als spezielle Funktionen mit zwei Argumenten behandelt:

```
(+  2.5   3.7)
   6.2
(*  4   6)
   24
```

Insbesondere stehen sie ihren Argumenten voran (Präfix-Notation). + und * dürfen sogar eine beliebige Zahl von Operanden haben und berechnen deren Summe bzw. Produkt.

```
(*   3   4   5 )
     60
```

Funktionen werden in LISP nicht mit Hilfe der Konstruktoren „ o ", „ × " usw. definiert, sondern dadurch, daß man mittels formaler Parameter ihre Wirkung auf Elemente ihres Definitionsbereiches festlegt. Letzterer wird dadurch nur implizit festgelegt. Funktionen werden durch sogenannte *lambda*−Ausdrücke beschrieben, das sind spezielle S−Ausdrücke aus drei Komponenten, dem Wortsymbol *lambda*, einer Liste von Wortsymbolen (den formalen Parametern) und einem beliebigen S−Ausdruck, der die Parameter enthalten kann:

```
( lambda   ( X Y ...) (......) )
```

Der folgende *lambda*−Ausdruck beschreibt eine Funktion, die ihr numerisches Argument um 1 erhöht:

```
( lambda (X)   ( + X   1))
```

Um eine Funktion auf ein Argument anzuwenden, muß sie keinen Namen erhalten:

```
( ( lambda (X)  (+   X   1)) 12  )
         13
```

Um einem *lambda*−Ausdruck einen Namen zu geben, weist man mit dem Wort SETQ den Ausdruck dem Namen als Bedeutung zu

```
(SETQ   PLUS1   '(lambda  (X) (+  X   1 ))  )  ,
```

oder verwendet gleich die Definitionsfunktion DEFUN:

```
( DEFUN   PLUS1  (X)   (+ X  1 )   )              .
```

Die sequenzielle und parallele Komposition von zwei Funktionen f und g lassen sich wie folgt definieren:

```
( DEFUN  H  (X)  (f  (g  X )) )
( DEFUN  H  (X Y) (CONS ( f X ) ( CONS (g X ) '()))).
```

Um rekursive Funktionen definieren zu können, müssen noch verzweigte Funktionsausdrücke bereitgestellt werden. Sie haben die Form

```
( COND ( BED_1 S_1 )

            ⋮

       ( BED_n S_n )
   )                        ,
```

wobei $BED_1 \ldots BED_n$ $S-$Ausdrücke sind. Ist BED_i der erste Ausdruck, der nicht NIL ergibt, so wird S_i evaluiert und dessen Ergebnis ist das von COND. Jede Bedingung setzt damit auf die Negation der vorangehenden auf.

Wir geben nun die rekursive Definition der Fakultät-Funktion in LISP.

```
( DEFUN   FAK   (N)
      (   COND ( ( = N  1) 1                                    )
               ( T           ( * N ( FAK (- N 1 ) ) ) ) )
      )
)
```

Die folgende Funktion vergleicht zwei $S-$Ausdrücke auf gleiche Klammerstruktur, stellt also fest, ob sie Elemente derselben Produktmenge darstellen. NULL testet dabei, ob eine Liste die leere Liste () = NIL ist.

```
( DEFUN  GKS   ( X  Y )
   ( COND  ( ( ATOM X ) ( ATOM Y )  )
           ( ( ATOM Y ) NIL         )
           ( ( NULL X ) ( NULL Y )  )
           ( ( NULL Y ) NIL         )
           ( T           ( AND (GKS ( CAR X ) ( CAR Y ) )
                               (GKS ( CDR X ) ( CDR Y ) )
                         )
           )
   )
)
```

LISP-Funktionen können nicht nur mehrere Parameter haben und damit äquivalent zu funktionswertigen Funktionen sein, oder auch explizit *lambda*$-$Ausdrücke als Ergebnis konstruieren, sondern auch Funktionen als *Argument* haben. Eine solche Funktion ist MAPCAR, die als Argumente eine Funktion und eine Liste hat und die die Funktion auf jedes Element der Liste anwendet (also die $n-$fache parallele Komposition der Funktion mit sich selbst):

```
( MAPCAR  ' PLUS1    ' ( 2 3 4 ) )
( 3 4 5 )
```

LISP stellt viele weitere Funktionen bereit. ASSOC z.B. erlaubt es, aus einer Liste von Listen eine zu selektieren, indem man das gewünschte erste Element vorgibt. Eine Funktion, die Wortsymbole Wi in „Befehle" (CALL Ai) umsetzt (vgl. 6.3), wäre

```
( DEFUN CP ( W )
   ( CONS 'CALL ( CDR ( ASSOC W '( ( W1 A1 )...( WN AN ) ) ) ) )
)
```

Zusammen mit MAPCAR lassen sich ganze Wortlisten compilieren:

```
( MAPCAR 'CP '( W4 W7 W3 ) )                              (Eingabe)
    ( ( CALL  A4 )   ( CALL  A7 )    (CALL  A3 ) )        (Ausgabe).
```

Wir schließen mit einer LISP-Version des 8-Damen-Programms (vgl. 5.7). Der Such-weg durch den Baum wird als Weg einer Rekursion durchschritten, wobei die Back-tracking-Operation sich als Rückkehr aus dem erfolglosen rekursiven Suchaufruf in einem Unterbaum darstellt. Es werden wieder von links beginnend, Spalte für Spalte Damen eingesetzt. k kollisionsfrei eingesetzte Damen werden als ein k–Tupel (eine Liste) C mit ihren y–Koordinaten repräsentiert. Der (rekursive) Suchaufruf erfolgt in der Situation, daß bereits $i-1$ Damen gesetzt sind und in der i–ten Reihe an der Position $\geq j$ eine weitere Dame gesetzt werden soll, die sich erfolgreich zu einer vollständigen Besetzung durch 8 Damen ausbauen läßt. Diese kann dann gleich als Ergebnis zurückgereicht werden, andernfalls (falls sich die Belegung nicht fortsetzen läßt) der Wert NIL.

Die Suchfunktion QU hat 5 Parameter, I, J, C, L und R. Bei jedem Aufruf enthält C I-1 Elemente, nämlich die Positionen bereits kollisionsfrei plazierter I-1 Damen. L und R sind die Listen der davon gedeckten fallenden und steigenden Diagonalen. Der Aufruf testet also, ob eine I-te Dame an einer Position $\geq$ J stehen darf und liefert dann eine Liste mit 8 Positionen zurück, die C fortsetzt, andernfalls NIL. Der Aufruf des 8-Damen-Programms erfolgt dann als

$$(QU \ 1 \ 1 \ NIL \ \ NIL \ \ NIL \ ) \quad ,$$

d.h. beginnend mit 0 gesetzten Damen, und liefert die zuerst gefundene Brettbe-legung als Ergebnis. QU verwendet eine Funktion MEMBER, welche feststellt, ob ein Atom in einer durch eine Liste repräsentierten Menge von Atomen vorkommt.

```
(DEFUN QU ( I J C L R )
  (COND ((  =  I  9 ) C )
        (( =  J  9 )  NIL  )
        (( OR ( MEMBER  J  C  )
              ( MEMBER  ( + I  J )   L )
              ( MEMBER  ( - I  J )  R )
          )
          ( QU  I  ( + J  1 )  C  L  R )
          )
  (( QU (+ I 1) 1 (CONS J C) (CONS (+ I J) L) (CONS (- I J) R))          (*)
        ( QU (+ I 1) 1 (CONS J C) (CONS (+ I J) L) (CONS (- I J) R))
        )
        ( T   ( QU   I  ( + J  1 )  C  L  R )  )
  )
)
```

Nach (*) muß (QU(+ I 1)...) bei erfolgreicher Suche zweimal berechnet werden, einmal als Bedingung und einmal, um die Brettbelegung als Resultat zu übernehmen. Dies läßt sich vermeiden, indem man die Berechnung herauszieht und über einen lambda–Parameter zweimal darauf zugreift.

```
( T ( ( lambda(X) ( COND (X X)
                        (T (QU I (+ J 1) C L R))
              )
       )
     ( QU (+ I 1) 1 (CONS J C) (CONS (+ I J) L) (CONS (- I J) R))
    )
)
```

Der Programmaufruf von QU liefert als Funktionsaufruf ein wohldefiniertes Resultat, obwohl es viele Lösungen des 8–Damen–Problems gibt. QU kann so modifiziert werden, daß es die k–te Lösung auf dem Suchweg liefert, jedenfalls aber nur eine.

Eine Einführung in LISP mit vielen Anwendungen ist [WH81]

6.6   Probleme mit vielfachen Lösungen

Die Problemstellung, 8 Damen kollisionsfrei auf einem Schachbrett zu plazieren, hat mehrere verschiedene Lösungen (insgesamt 92). Sie kann in dieser Form nicht als zu realisierende Funktion beschrieben werden. Dieselbe Situation tritt auf, wenn wir fragen, an welcher Position eines Vektors eine spezielle Zahl vorkommt, eine Nullstelle einer Funktion berechnen wollen oder in einer Datenbank nach einem Eintrag mit bestimmten Eigenschaften (Suchschlüssel) suchen. Auch wenn ein Computer einen Roboterarm an einem Hindernis vorbeisteuern soll, kann es dafür mehrere Wege geben.

6.6.1   Mehrwertige Funktionen und Relationen

Eine Möglichkeit, einen Sachverhalt darzustellen, der zu gegebenen Eingangsgrößen verschiedene Lösungen hat, besteht darin, ihn als eine Funktion

$$f: \quad M \quad \rightarrow \quad P(N)$$

aufzufassen, die zu dem $m \in M$ eine Teilmenge $f(n) \subset N$ als Resultat hat, die eben aus den sämtlichen Lösungen besteht. Wir nennen eine solche Funktion eine mehrwertige Funktion mit Werten in N. Gewöhnliche Funktionen können mit solchen mehrwertigen Funktionen identifiziert werden, die einelementige Resultatmengen haben. Für $m \in M$ kann das Resultat $f(m) \subset N$ einer mehrwertigen Funktion auch die leere Teilmenge sein. Dies ist davon zu unterscheiden, daß m nicht zum Definitionsbereich von f gehört.

Unser Algorithmenbegriff läßt sich leicht auf mehrwertige Funktionen ausdehnen (vgl. Kap. 1, Übung 2), und ein Computer kann dann einen Algorithmus für eine berechenbare, mehrwertige Funktion ausführen, um zu gegebenem m die Teilmenge $f(n)$ zu berechnen. Ein Problem hierbei ist die umständliche Codierung von Teilmengen und deren Inkompatibilität mit der Codierung der Resultate von gewöhnlichen Funktionen. Häufig wünscht man auch gar nicht die gesamte Lösungsmenge (die sogar unendlich sein könnte), sondern begnügt sich mit einer Auswahl oder sogar einzelnen Lösungen, sofern nur prinzipiell weitere Elemente der Lösungsmenge nachgefordert werden können (z.B. bei einer Datenbanksuche). Der Rechner muß also nach wie vor Einzellösungen berechnen, aber in der Lage sein, in eine Berechnung zurückzukehren und alternative Resultate zu produzieren.

Überall definierte, mehrwertige Funktionen stehen in direkter Entsprechung zu Relationen. Ist

$$f : \quad M_1 \times \ldots \times M_k \to \mathcal{P}(M_{k+1} \times \ldots \times M_n)$$

eine Funktion, so ist

$$r_f = \{(m_1, \ldots, m_n) \mid (m_{k+1}, \ldots, m_n) \in f(m_1, \ldots, m_k)\}$$

eine n–stellige Relation. Für gewöhnliche Funktionen (mit einelementigen Ergebnismengen) ist dies die der Funktion nach 1.1.3 entsprechende Relation (ihr „Graph"). Sei umgekehrt eine n–stellige Relation $r \subset M_1 \times \ldots \times M_n$ gegeben, sowie eine Aufteilung der Indexmenge $\{1, \ldots, n\}$ in zwei Teilfolgen $i_1 < \ldots < i_k$ und $j_1 < \ldots < j_l$. Dann ist

$$r_{i_1, \ldots, i_k} : \quad M_{i_1} \times \ldots \times M_{i_k} \quad \to \quad \mathcal{P}(M_{j_1} \times \ldots \times M_{j_l})$$
$$(m_{i_1}, \ldots, m_{i_k}) \quad \mapsto \quad \{(m_{j_1}, \ldots, m_{j_l}) \mid (m_1, \ldots, m_n) \in r\}$$

eine mehrwertige Funktion. Jeder n–stelligen Relation r entsprechen so 2^n mehrwertige Funktionen, die jeweils die Aufgaben beschreiben, ein teilweise vorgegebenes n–Tupel zu einem in r zu ergänzen. Ein leeres kartesisches Produkt wird dabei als einelementig verstanden.

Sei z.B. $PROD \subset \mathbb{Z}^3$ die dreistellige Relation

$$\{(u, v, w) \mid uv = w\}.$$

Dann sind $PROD_{1,2}$ die gewöhnliche Multiplikation, $PROD_{1,3}$ und $PROD_{2,3}$ die Division, und $PROD_3(z)$ ist die Menge aller Paare (a, b) mit $a * b = z$, also aller Faktorisierungen von z. Die zu einer Relation gehörigen Funktionen sind also im allgemeinen von unterschiedlicher Komplexität und benötigen verschiedene Algorithmen.

6.6.2 Logische Programmierung

Bei der sogenannten logischen Programmierung werden Relationen definiert, und der Rechner erhält die Aufgabe, hierzu gehörige (mehrwertige) Funktionen zu berechnen. Eine logische Programmiersprache stellt Elementarrelationen bereit, erlaubt die aufzählende Definition endlicher Relationen und hat Mechanismen (Konstruktoren), aus vorhandenen Relationen komplexere zusammenzusetzen. Da Relationen als Aussagen über n–Tupel verstanden werden können, haben diese Konstruktionen die Form von Schlußregeln. Gebräuchlich sind die sogenannten Horn-Klauseln. Sie haben die Form

$$U \wedge V \wedge W \ldots \quad \longrightarrow A \, ,$$

wobei $U, V, W \ldots, A$ Aussagen sind, die freie Variablen enthalten dürfen. Die Regel gilt dann für alle Belegungen dieser Variablen. Um A für eine beliebige Belegung der in A auftretenden Variablen aus der Regel abzuleiten, müssen die zusätzlichen freien Variablen in $U, V, W \ldots$ mit „es gibt" quantifiziert werden. Ein Beispiel mit expliziten Quantoren wäre

$$\forall X, Y \, (\exists Z \quad U(X, Z) \wedge V(Z, Y)) \to A(X, Y) \, .$$

Eine Relation kann mehrere solche Schlußregeln erfüllen, die bei einer Ableitung der Aussage wahlweise verwendet werden könnten und damit in einer ODER–Relation stehen.

Wir diskutieren als Beispiel für eine logische Sprache die Sprache PROLOG. Eine ausführliche Einführung in PROLOG ist [CM81]. Relationen sind hier über einen Grunddatentyp definiert, der wie in LISP aus Zahl– und Wortsymbolen besteht.

Relationen werden aufzählend durch sogenannte Fakten definiert, spezielle Tupel, für die die Relation erfüllt sein soll. Eine Relation kann durch beliebig viele Fakten beschrieben werden. Die Definition eines Fakts erfolgt in einem PROLOG–Programm in der Form

```
rname ( arg1, ..., argn).
```

PROLOG unterscheidet Variablen von Wortsymbolen durch einen großen Anfangsbuchstaben und verwendet für Horn-Klauseln eine Syntax entsprechend dem folgenden Beispiel:

```
a(X, Y) :- u(X, Z, g), v(Z, Y), w(13, Y) , ...  .
```

Nachdem ein PROLOG–Programm auf diese Weise eine Relation r definiert hat, können die zugehörigen mehrwertigen Funktionen wie folgt als sogenannte „Ziele" vorgegeben werden:

```
?-      r(arg , ... , X , ... )   .
```

In der Argumentliste kommen eine oder mehrere Variablen vor, was bedeutet, daß
eine Belegung dieser Variablen zu finden ist, die nach den Fakten und Schlußregeln
des Programmes die Relation erfüllt. Gleiche Variablen an verschiedenen Positionen
müssen mit demselben Wert belegt werden. Falls keine Variablen vorkommen, wird
geprüft, ob die Aussage sich aus den Fakten und Regeln des Programmes ergibt. Es
kann auch ein mehrfaches Ziel vorgegeben werden, etwa

```
?-      f(X,3), g(4,X) .
```

Bei einem Aufruf einer Relation wird das Programm nach überhaupt anwendbaren
Regeln durchsucht. Sind z.B. die Fakten

```
r( a )  .
r( a, b )  .
r( b, a )  .
r( a, b , c )  .
```

gegeben und lautet der Aufruf

```
?- r( b , X ) .    ,
```

so ist nur der dritte Fakt anwendbar und liefert die Belegung

```
X  =  a     .
```

Daß anwendbare Fakten und Regeln anhand übereinstimmender Parameterzahlen
und gleicher Werte an den nicht-variablen Positionen ausgewählt werden und der
Aufruf eine Belegung der Variablen entsprechend ihrer Position zur Folge hat, wird
„Aufruf durch Mustervergleich" genannt. Er faßt alle zugehörigen mehrwertigen
Funktionen in einer gemeinsamen Syntax zusammen.

Von ihrem Typ her anwendbare Klauseln des Programmes werden in PROLOG als
eine Sequenz von mehrwertigen Funktionsaufrufen interpretiert, indem der Reihe
nach die Teilausdrücke der rechten Seite erfüllt werden. In

```
a( ...) :- b(...), c(...).
```

wird also erst eine gültige Belegung für die Variablen in b und dann für die in c
gesucht. Im Programm

```
papa (alf, egon) .
mama (alf, berta) .
papa (berta, max) .
opa (X, Y)  :-  papa (X,Z), papa (Z,Y) .
opa (X, Y)  :-  mama (X,Z), papa (Z,Y) .
```

wären die letzten beiden Regeln bei einem Aufruf

```
?-        opa (alf, Z) .
```

anwendbar, der dabei X mit 'alf' belegt (Parameterübergabe). Die Abarbeitung beginnt bei der ersten anwendbaren Regel und definiert als erstes Teilziel

```
papa (alf,Z) .                              ,
```

welches nach Auswertung der Fakten im Programm durch die Belegung Z = 'egon' erreicht wird. Hieraus ergibt sich als nächstes Teilziel

```
papa (egon,Y) .
```

Auch wenn dieses keine Lösung findet, muß deshalb die Regel nicht erfolglos bleiben, denn es könnte für

```
papa (alf,Z)
```

eine weitere Lösung geben. Hier entsteht also der Bedarf nach einer Wiederaufnahme des Algorithmus für die mehrwertige Funktion $papa_1$, um ein weiteres Ergebnis zu produzieren (backtracking). papa liefert hier kein weiteres Ergebnis, und es wird nun die nächste anwendbare Regel für opa versucht und darin das erste Teilziel mama(alf, Z) mit der Lösung Z = berta. Die Suche für

```
papa (berta,Y ) .
```

hat die Lösung

```
Y = 'max',
```

und diese liefert als Ergebnis der Anwendung der Regel die Variable Z (Resultatübergabe):

```
Z = 'max'.
```

Eine angewendete Regel bricht also erfolglos ab, wenn ein Teilziel nicht erreicht werden kann und auch kein Backtrackung auf ein vorher erreichtes Teilziel mehr möglich ist; es kann dann weitere anwendbare Regeln geben, die Erfolg liefern. Eine erfolgreich verwendete Regel wird wiederaufgenommen, wenn sich das erzielte Ergebnis im weiteren Verlauf als unbrauchbar erweist, um andere Lösungen zu produzieren. Das Finden einer Lösung kann als das systematische Ausprobieren aller anwendbaren Regeln aufgefaßt werden. Der erfolgreiche Pfad im Suchbaum definiert eine Folge von Regelanwendungen, die das gefundene Ergebnis aus den Fakten im Programm beweist (welche aber falsch sein könnten).

Über die zugehörigen Relationen können auch gewöhnliche Funktionen definiert werden, wobei alle algorithmischen Konstruktoren nachgebildet werden können und auch Rekursion erlaubt ist. Wenn alle in die Berechnung einer Funktion eingehenden Aufrufe Funktionsaufrufe sind (eindeutige Lösungen haben), wie im Beispiel der folgenden Fibonacci-Relation fib beim Aufruf der mehrwertigen Funktion fib_1, so findet ein Backtracking nicht statt.

```
fib(0, 1).
fib(1, 1).
fib(N, Y):-  fib(N-1, G), fib(N-2, H), sum(G,H,Y).
```

Es genügt also die Unterlegung eines geeigneten (in PROLOG sequenziellen) Suchalgorithmus, um einen Aussagenkalkül aus den Grundlagen der Mathematik in eine attraktive Programmiersprache für moderne Digitalrechner zu überführen. Demgegenüber ist die spezielle für die Aussagen verwendete Syntax (Relationsname vor Argumentliste) eher nebensächlich. Bei Beschränkung auf eine implizit verwendete, universelle Relation, die ähnlich der universellen Funktion in LISP alle speziellen Relationen zusammenfaßt, könnten z.B. Relationsnamen und Argumente gleichbehandelt (auch erfragt) werden und an beliebiger Stelle zwischen den Argumenten stehen, wie dies auch in manchen PROLOG–Varianten der Fall ist.

PROLOG kann nur konstruktiv, ausgehend von den Fakten unter Anwendung der Regeln Lösungen finden, dagegen nicht ableiten, daß eine Relation für ein gegebenes n-Tupel nicht erfüllt ist. Bestenfalls kann die Aussage „nicht ableitbar" gewonnen werden, was bereits einer Hilfskonstruktion bedarf, des sogenannten „cut" ('!'). Der Cut unterbindet das Backtracking zu einem vorangehenden Teilziel einer Regel oder alternativen Regeln. Ist r eine Relation, so wird eine Relation nr („r nicht ableitbar") definiert durch

```
nr   :-   r , ! , fail .
nr.
```

Offenbar ist es notwendig, die verschiedenen mehrwertigen Funktionen zu einer Relation durch individuelle Vorgabe von Algorithmen unterscheiden zu können. Dies kann mit dem PROLOG–Wort „is" erfolgen. Links von is muß eine (freie) Resultatvariable stehen, während auf der rechten Seite ein arithmetischer Ausdruck stehen muß, in dem alle Variablen Werte haben.

```
f ( X ,Y)  :-  Y  is  X * X .
```

Bei vorgegebenem Y oder variablem X liefert die is-Regel kein Ergebnis und erzwingt ein backtracking.

PROLOG verwendet neben den Atomen die von LISP her bewährten Listen als zusammengesetzte Datenstruktur. Die Elemente einer Liste werden in eckige Klammern eingeschlossen und durch Kommata getrennt, wie in

```
[ X , a , [ 1, 2 , 3 ] ]
```

PROLOG hat wie LISP auch einen Konstruktor für Listen, „|", der eine beliebige Zahl von Komponenten vorne an eine Liste anhängt. Das Anhängen zweier Elemente a, b an eine Liste [u, v, w] schreibt sich als

```
[ a , b | [u, v, w ]]
```

und hat als Resultat

```
[a, b, u, v, w ]    .
```

Wie üblich bei der logischen Programmierung , ist „|" eigentlich eine Relation zwischen den Argumenten und der zusammengesetzten Liste und kann zugleich die Umkehroperation, also das Zerlegen einer Liste beschreiben.

```
[ X, Y | Z ]
```

führt bei Vorgabe der vorangehenden Liste zur Belegung

```
X = a, Y = b, Z = [u, v, w]   .
```

Die folgende Definition beschreibt die Operation des Aneinanderhängens zweier Listen.

```
append ( [ ] , L , L ) .
append ( [ X | L1 ], L2 , [ X | L3 ]) :- append ( L1, L2, L3) .
```

Eine Anwendung der append-Relation zeigt die folgende Bubble-Sort-Realisierung. Sie berechnet aus einer Liste L von Zahlen eine geordnete Liste S.

```
bsort    ( L , S ) :-
         append ( X , [ A , B | Y ] , L ) ,
         order ( B , A ) ,
         append ( X , [ B , A | Y ] , M ) ,
         bsort ( M , S ) .
bsort    ( L , L ) .
```

Der erste append–Aufruf erzeugt immer neue Zerlegungen der Liste L, solange order (B , A) versagt, also A $\leq$ B gilt. Wenn eine Zerlegung mit B<A erreicht ist, steht der zweite append-Aufruf dagegen eine Liste neu zusammen, in der A und B vertauscht sind. Darauf erfolgt die nächste bsort-Iteration. Wenn die Liste L vollständig geordnet ist, springt die zweite Regel für bsort ein. Die Funktionsweise dieses bsort-Algorithmus hängt offenbar von der Reihenfolge der Regeln im Programm ab.

Es gibt eine Variante von PROLOG, PARLOG, in der auf die Vorgabe einer Bearbeitungsreihenfolge der mehrwertigen Aufrufe verzichtet werden kann, wenn keine logische Abhängigkeit vorliegt [GR87].

6.7 Rechner mit verschaltbaren Logikelementen

In diesem letzten Kapitel kommen wir noch einmal auf die Hardware eines Digitalrechners zurück.

6.7.1 Konfigurierbare Digitalschaltungen

Die algorithmische Konstruktion von Funktionen bzw. abstrakten Maschinen aus Bausteinen läßt sich auf die (parallele und serielle) Verschaltung von Digitalbausteinen anwenden, z.B. auf UND–, ODER– und NICHT–Bausteine (vgl. 1.2.3). Entsprechend lassen sich auch formale Sprachen zur Beschreibung von Hardware konzipieren. Verarbeitungsprozesse können durch eine sequenzielle Verarbeitung auf dem Universalrechner oder eine entsprechend aufgebaute Digitalschaltung realisiert werden.

Die formale Beschreibung von Hardwarestrukturen in geeigneten Sprachen ist für die Entwicklung moderner Rechnerchips unerläßlich geworden. Digitalschaltungen für spezielle Aufgaben müssen aber weder als spezielle Chips noch aus vielen separaten Standardbausteinen aufgebaut werden. Sie können stattdessen mit Hilfe von PLDs (programmable logic devices) oder FPGAs (field programmable gate arrays) realisiert werden, Standardbausteinen, deren logische Funktion anwendungsspezifisch konfigurierbar ist. FPGAs enthalten bis zu mehreren 1000 Logikelementen, die innerhalb gewisser Grenzen frei verschaltet werden können. Das einzelne Logikelement stellt ein Flipflop und eine einstellbare Boolesche Funktion von wenigen Variablen bereit. Die Konfiguration der Zellen und ihre Verschaltung wird durch elektronische Schalter vorgenommen, die durch Flipflops gesteuert werden, welche mit entsprechenden Konfigurationsdaten geladen werden. Damit werden Hardware–Beschreibungssprachen auch für den Anwender solcher Bausteine bedeutsam, und mit geeigneten Werkzeugen zur Übersetzung einer Hardwarebeschreibung in einen Konfigurationsfile für das PLD/FPGA zur Programmiersprache für Hardwarefunktionen. Für Rechnerbaugruppen mit FPGAs ergibt sich der Freiheitsgrad, anwendungsspezifisch zeitkritische Funktionen ganz oder teilweise in der konfigurierbaren Hardware zu realisieren, unter Verwendung ähnlicher Programmierwerkzeuge wie für Softwarefunktionen. Die Zusatzschaltungen zum Konfigurieren der Funktionen der Logikelemente und zu ihrer Verschaltung übersteigen an Komplexität die eigentliche Anwendungsschaltung. FPGAs sind dadurch kostenintensiv und werden in Massenanwendungen eher als Prototypen eingesetzt und danach durch fest verschaltete, integrierte Gate–Arrays ersetzt.

Mit hochintegrierten, anwendungsspezifisch konfigurierbaren Digitalschaltungen als Standardbausteinen verschiebt sich genaugenommen das Bild dessen, was ein programmierbarer Universalrechner ist. Moderne, in Geräte oder Anlagen eingebettete Prozessorbaugruppen können neben einem oder mehreren von-Neumann-Mikroprozessoren mit Programm- und Datenspeicher auch FPGAs für spezielle Algorithmen oder Peripheriefunktionen bereithalten (s. Bild 6.6). Die Konfigurationsdaten für das FPGA können bei vielen Typen beim Start über ein Interface zum Mikroprozessorbus durch den Prozessor aus seinem Programmspeicher ins FPGA geschrieben werden.

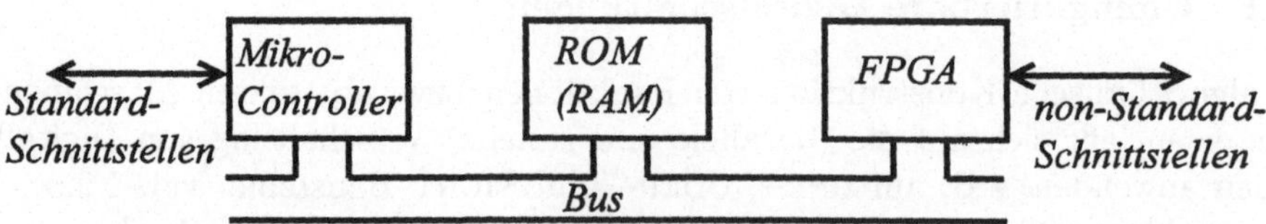

Bild 6.6   Eingebetteter Universalrechner mit FPGA

Unter Einbeziehung konfigurierbarer Hardware und programmierbarer Prozessoren kommen wir zur folgenden, allgemeinen Sicht eines programmierbaren digitalen Universalrechners, die den von–Neumann–Rechner, das FPGA und den MIMD-Parallelrechner als Spezialfälle umfaßt. Das System S umfaßt eine Mengen von Rechenschaltungen möglicherweise verschiedener Typen, die jeweils eine oder mehrere Grundfunktionen bereitstellen, und eine in Grenzen konfigurierbare Verschaltungsstruktur, die es gestattet, die Rechenschaltungen zu komplexen Funktionen zu kombinieren (s. Bild 6.7, vgl. auch den Architekturansatz in Kap. 3.3). Für einige Schaltungen sind ferner Speicher und Steuerwerke vorhanden, um sie mehrfach nacheinander verwenden zu können. Speicher und Netzwerk dienen gleichermaßen der Komposition der elementaren Rechenschaltungen. Die Programmierung von S erfordert die Aufstellung von Programmen für diese programmierbaren Schaltungen, sowie die Festlegung der zu realisierenden speziellen Verbindungsstruktur.

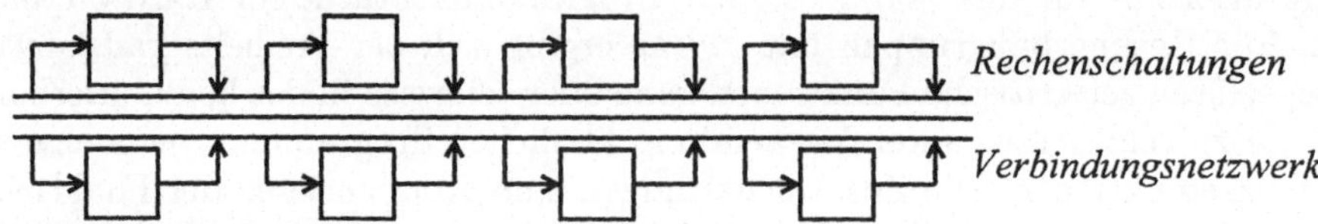

Bild 6.7   Universelle Rechnerarchitektur

6.7.2 Programmieraspekte

Im Idealfall würde eine heterogene Rechnerarchitektur wie im Bild 6.6 durch eine Programmiersprache unterstützt, in der eine Gesamtbeschreibung der Rechnerfunktion gegeben werden könnte, einschließlich der Verteilung der Teilaufgaben auf die Mikroprozessoren und das FPGA. Die heute gängigen Programmierwerkzeuge spezialisieren sich auf die einzelnen Prozessoren oder das FPGA. Forschungsansätze zu Sprachen für heterogene Systeme sind bereits vorhanden. Die Vorgehensweise, in einer formalen Sprache die Hardware und die Funktionsweise eines digitalen Systems zu beschreiben und hieraus automatisch den Programmcode für die beteiligten Prozessoren und die Konfigurationsdaten der Hardware zu compilieren, ist als High Level System Synthesis bekannt ([ML92]).

Wir diskutieren zunächst die Grundbegriffe Funktion, Algorithmus, Prozeß unter dem Aspekt einer Hardwareimplementierung auf einem FPGA. Wird eine Funktion durch einen Algorithmus über geeigneten Grundfunktionen (denen der Logikelemente im FPGA) implementiert, beschreibt dieser, wie sie im Prinzip durch eine Schaltung von Logikelementen realisiert werden kann. Diese Realisierung kann an vielen Stellen des FPGA erfolgen, und der Algorithmus ist der gemeinsame Schaltungstyp aller dieser möglichen Realisierungen. Wird die Funktion in einem anderen Algorithmus als Baustein verwendet, so kann dies nicht als „Sprung" in ihre vielleicht in Form von Anweisungen formulierte Definition verstanden werden, sondern ist als Kurzform für das Einsetzen einer Teilschaltung ihres Typs zu lesen.

Die parallele und sequenzielle Komposition von Funktionsbausteinen übersetzt sich in die Parallel- bzw. Reihenschaltung der entsprechenden Schaltungen. Für rekursive Algorithmen muß die Rekursionstiefe beschränkt werden, um eine endliche Schaltung zu erhalten (vgl. 1.3.3). Es besteht jedoch auch die Option, eine Teilschaltung mehrfach zu verwenden und die Zwischenergebnisse über Register oder einen als Stack organisierten Speicher weiterzugeben. Dann kann wieder eine feste Schaltung die Rekursion in variabler Tiefe realisieren. Ein Prozeß ist definitionsgemäß die Verschaltung von einem oder mehreren Inputobjekten über eine Verarbeitungsfunktion f mit einem oder mehreren Outputobjekten. Die Input- und Outputobjekte sind externe Ausschlüsse oder Speicherstrukturen (Flipflops) auf dem FPGA. Die Realisierung eines Prozesses erfordert nun offenbar, daß eine Schaltung vom Typ f auf dem FPGA wirklich realisiert und mit den Ein- und Ausgängen verbunden wird. Der Algorithmus für f wird häufig mehrere Bausteine eines selben Typs g verwenden. Diese müssen auch durch mehrere separate Teilschaltungen vom Typ g realisiert werden, falls nicht wieder mit Hilfe geeigneter Register als Zwischenspeicher ein Schaltungsteil mehrfach verwendet wird. Wird dieselbe Verarbeitungsfunktion auch in einem anderen Prozeß verwendet, so hat sie hier eine separate Realisierung durch Logikzellen. Nur die Funktionen, die wirklich in einem Prozeß verwendet werden, erhalten eine Realisierung auf dem FPGA-Chip.

Für einen Prozeß muß ferner ein Zeitverhalten spezifiziert werden, was geeigneter Sprachmittel bedarf. Wenn Inputs über eine Gatterschaltung ohne Speicherzellen mit den Outputs verbunden sind, folgen die Ausgänge den Eingängen kontinuierlich (allerdings mit durch die Gatterlaufzeiten verursachten Verzögerungen). Werden dagegen an den Inputs oder Outputs Flipflops eingesetzt, so erfolgen die Ein- und Ausgaben zu diskreten, durch die zugehörigen Taktsignale gegebenen Zeitpunkten.

6.7.3 Sprachen zur Hardwarebeschreibung

Eine besonders einfache Programmiersprache wird in den sogenannten PLD-Assemblern benutzt. PLDs sind einfache, aber vielseitig verwendbare Universalschaltungen. Sie haben abhängig vom Bausteintyp eine Anzahl von Ausgabeobjekten, die

Bausteinanschlüssen oder internen Flipflops entsprechen. Für diese kann jeweils eine Boolesche Funktion der Ein– und Ausgabeobjekte in konjunktiver oder disjunktiver Form (mit Einschränkungen an die Anzahl der Terme) programmiert werden, mit der Option, an den Ausgängen Flip-Flops zu verwenden.

Ein PLD–Programm beginnt mit einer Deklaration der Objekte. Diese stehen in direkter Beziehung zu den Bausteinanschlüssen und den Flipflops und sind vom Bit-Datentyp $B = \{0,1\}$. Die Deklaration hat diese oder eine ähnliche Form:

```
PIN    10   A
```

Die Prozeßdefinitionen werden in Form von Booleschen Gleichungen mit dem Namen von Inputobjekten als Variablen gegeben, wobei üblicherweise statt „$\vee$" und „$\wedge$" die Symbole „+" und „$\cdot$" verwendet werden.

```
A = B + C · /D ;
```

„=" spezifiziert einen kontinuierlichen Prozeß. Für einen getakteten mit einem Flip-flop am Ausgang wird das Symbol „:=" verwendet, und die Definition lautet

```
A := B + ...   ;
```

Das Taktsignal wird bei einfachen PLDs implizit von einem festen Eingabeobjekt (Pin) bezogen und sonst durch eine eigene Gleichung definiert:

```
A.CLK = /U · V ;
```

Andere, den Ausgabepins zugeordnete Hilfssignale werden in ähnlicher Form definiert, z.B. zum Abschalten eines Ausgangstreibers, so daß der betreffende Bausteinanschluß Input wird.
Die Übertragungsfunktionen sind durch die in den Gleichungen stehenden Booleschen Ausdrücke gegeben. Meist wird hier auf zusätzliche Funktionsdefinitionen verzichtet. Sie hätten die Form von Booleschen Ausdrücken mit freien Variablen und würden wie Makros verwendet (vgl. 6.2).

Ein Beispiel für eine komplexere Sprache zur Beschreibung von Hardware, für welche es auch Compiler (sogenannte Synthesetools) zur Erzeugung von Konfigurationscode für FPGAs gibt, ist die Sprache VHDL (Very High Speed Integrated Circuit Hardware Description Language). Sie erlaubt nicht nur die hierarchische Definition komplexer Schaltungsfunktionen, sondern stellt zusätzlich Beschreibungsmöglichkeiten für das Zeitverhalten von Komponenten bereit und erlaubt damit Funktions- und Zeitsimulationen. Eine ausführliche Darstellung von VDHL findet man etwa in [AG92].

Ein VHDL-Programm beschreibt eine Hierarchie von (Teil-)Schaltungen, die sogenannten *entities*. Jede *entity* kann auf mehrere verschiedene Weisen beschrieben werden, nämlich strukturell als Verschaltung von Komponenten, „algorithmisch" in

einer *C*-ähnlichen Syntax oder durch eine Verhaltensbeschreibung, die über eine
Tabelle die Abhängigkeit der Ausgänge von den Eingängen festlegt, zusammen mit
einem Zeitverhalten. Als Beispiel betrachten wir die Schaltung in Bild 6.8.

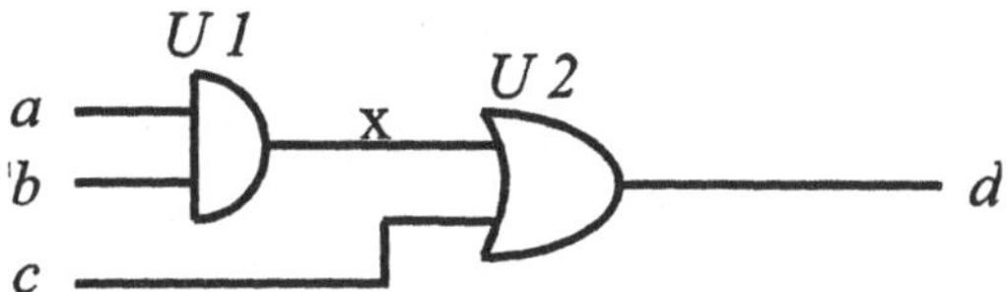

Bild 6.8 Die Entity gte

Sie wird wie folgt als entity gte deklariert, wobei zunächst nur die Ein- und Aus-
gangssignale spezifiziert werden.

```
entity      gte      is
    port  ( a, b, c :  in  BIT  ;  d : out BIT )  ;
end;
```

BIT ist der Datentyp $\{0, 1\}$. Alternativ können auch aus Bibliotheken oder eigenen
Definitionen Signaltypen verwendet werden, die zusätzliche Werte erlauben (etwa
$'Z'$ für einen hochohmig geschalteten Ausgang). Weitere Datentypen sind TIME und
Standard– und Codierungstypen mit Namen wie INTEGER, REAL. Eine strukturelle
Beschreibung von *gte* wird als **architecture** eingeleitet, der zunächst Deklaratio-
nen der individuellen Komponenten und zusätzlicher interner Signale folgen.

```
architecture    struct    of    gte    is
    component    andl
        port ( x , y : in  BIT ;  z : out BIT ) ;
    end component ;

        ... entsprechend component orl

        ... hier folgen Verweise auf die zu verwendenden Definitionen für
            U1 vom Typ andl und U2 vom Typ orl als entities.

begin

    U1 :   andl    port map ( a, b, x ) ;
    U2 :   orl     port map ( x, u, d ) ;

end struct ;
```

Für die Komponenten U1, U2 wird dabei durch die **port-map**-Anweisungen die
genaue Verschaltung mit den internen und externen Signalen aufgelistet, wobei

die Reihenfolge der Signale darin sich auf die port–Definition in den component–
Deklarationen bezieht. struct ist hier als Name für alle strukturellen Beschreibungen des Designs gewählt. Um zusätzlich auch eine Verhaltensbeschreibung zu geben,
wird eine weitere architecture für gte definiert:

```
architecture   behav   of   gte   is


begin


   d  <=  '1'  when  c = '1'   else
          '1'  when  a = '1'  and b = '1'  else
          '0'  ;
end  behav ;
```

Das Symbol '<=' definiert den Wert eines Signals. Falls die entity mehrere Signalwerte definiert, werden die '<='–Wertzuweisungen als parallel verstanden. Um
zusätzlich ein Zeitverhalten vorzugeben, wird die Wertzuweisung durch ein 'after'
ergänzt. Die folgende Zeile definiert z.B. ein periodisches Clock-Signal:

```
CLK   <=   not   CLK   after   25 ns ;
```

Sind in einem VDHL–Programm wie oben mehrere Architekturen definiert, so kann
jede von ihnen zur Simulation der definierten Schaltung ausgewählt werden. Es ist
damit jedoch nicht sichergestellt, daß die verschiedenen Beschreibungen konsistent
sind. Eine algorithmische Beschreibung durch sequenziell zu lesende Anweisungen
wird schließlich durch process eingeleitet:

```
architecture   algor   of   gte   is
begin
   process ( a, b, c )
      variable   x  :  BIT  ;
   begin
      x  :=  a  and  b ;
      d  <=  x  or   c ;
   end  ;
end ;
```

In den Anweisungen eines 'process' können die von C–ähnlichen Sprachen gewohnten Kontrollstrukturen wie if..then..else oder for-Schleifen verwendet
werden. Die Variable nimmt ein Zwischenergebnis der Berechnung auf. Die „Argumente" a, b, c der process-Anweisung besagen hier, daß die Anweisungsfolge
nur wirksam wird, wenn eines dieser Signale seinen Wert gewechselt hat. Mit dieser
Konstruktion können Aktivitäten einer Schaltung von Signalflanken an einem Eingang abhängig gemacht werden, wie dies z.B. bei einem D-Flipflop der Fall ist.

VDHL bietet viele weitere Möglichkeiten, z.B. das Definieren von Signalvektoren und von Komponentenarrays, aber auch Filefunktionen, um auf Daten für eine Simulation zugreifen zu können. Damit ist es z.B. möglich, in der Simulation einer durch ein VDHL–Programm definierten CPU bereits komplexe Programme für diese auszuführen.

Zusammenfassung

In diesem Kapitel sind eine ganze Reihe von Programmiersprachen verschiedener Zielrichtungen und Abstraktionsebenenvorgestellt worden. Möglicherweise drängt sich die Frage auf, ob es unter ihnen vielleicht eine beste, besonders zu empfehlende gäbe. Dies kann nicht der Fall sein, da die Sprachen in verschiedener Weise spezialisiert sind und jeweils einen Anwendungsbereich besonders gut abdecken. Die wesentlichen Unterschiede liegen in den Ausdrucksmöglichkeiten, während die Syntax eher eine Rolle für die Lesbarkeit und Prägnanz der Formulierung spielt. Konfigurierbare Hardwarestrukturen werden ebenfalls mit höheren Sprachen beschrieben und implementiert. Für heterogene digitale Systeme stellt sich die Frage nach einer Sprache, die alle hier relevanten Konstruktionen unterstützt, d.h. Algorithmen, Objekte, Prozesse, zur Hardwarebeschreibung geeignete Datentypen und, wenigstens wahlweise, das Scheduling und die Kommunikation zwischen verschiedenen Rechenschaltungen. Die Gestaltung von Programmiersprachen und die ihnen zugrundeliegenden Prinzipien bleibt ein wichtiger Forschungsgegenstand der Informatik. Der praktische Anwender muß sich allerdings gewöhnlich mit einer oder mehreren der eingeführten Standardsprachen begnügen.

Übungsaufgaben zu Kapitel 6

1. Für den in Übung 4 in Kap. 3 beschriebenen Rechner soll ein Übersetzungsprogramm (ein Assembler) entwickelt und in C implementiert werden, das einen Textfile mit einer in der Assemblersprache gegebenen Befehlsfolge in einen File mit binären Befehlscodes übersetzt, wie sie in den Programmierspreicher einzutragen sind. Die angegebenen Befehle seien fortlaufend numeriert und durch 4–bit–Binärzahlen codiert. Das 8–bit–Adreßfeld wird mit diesem Befehlscode zu einem Befehlswort zusammengesetzt.

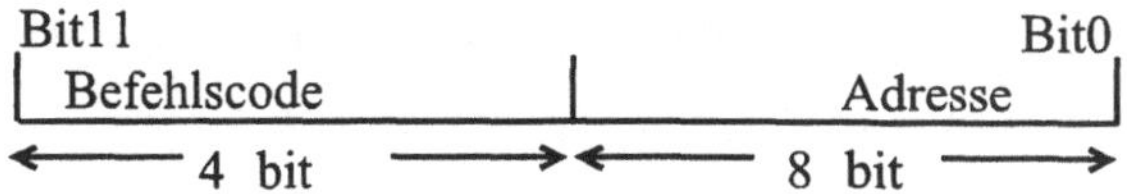

Adressen werden im Assemblertext durch zwei hexadezimale Ziffern $d \in \{0, \ldots, 9, A, \ldots, F\}$ spezifiziert, z.B.

$$\text{ADDC} \qquad \text{2F}$$

Jedem Assemblerbefehl folgt ein solches Adreßwort. Zusätzlich verarbeitet der Assembler die Eingabe

$$\text{ORG}$$

gefolgt von einem Adreßwort, welche ausdrückt, daß der nachfolgende Code ab dieser Adresse im Befehlsspeicher stehen soll. Die einzelnen Worte der Assemblersprache werden durch ein oder mehrere Leerzeichen oder Zeilenvorschübe getrennt. Das Übersetzungsprogramm bricht mit einer Fehlermeldung ab, falls ein undefiniertes Wort auftritt oder ein Befehl ohne Adreßwort.

2. Vervollständigen Sie das C-Programm für die FFT in 6.4 durch die Implementierung der Operation C (vgl. 5.3), die den Ergebnisvektor in seine natürliche Reihenfolge permutiert.

3. Die folgende (unvollständige) C++-Klassendefinition beschreibt einen Vektor-Datentyp mit variabler Dimension.

```
class vector
{ double*  pointer ;
   int       dimension ;

   public:
   vector(int dim){dimension = dim; pointer = new double [dim];}
   ~vector() ;
   vector operator+ (vector u) ;    //Summe zweier Vektoren
   double operator* (vector u) ;    //Skalarprodukt
}
```

Definieren Sie die übrigen Klassenfunktionen. Erweitern Sie sie zu einer generischen Definition für Vektoren beliebiger Komponententypen.

4. Die Quaternionen sind ein vierdimensionaler, reeller Vektorraum H mit der Basis e, i, j, k, auf welchem eine bilineare Multiplikation durch die Vorgaben

$$ee = e, ei = ie = i, ej = je = j, ek = ke = k, ii = jj = kk = -e,$$

$$ij = k, jk = i, ki = j, ji = -k, kj = -i, ik = -j$$

definiert wird. e ist ein neutrales Element bezüglich der Multiplikation, und H erfüllt alle Körperaxiome bis auf das Kommutativgesetz für die Multiplikation. Für $q = ae + bi + cj + dk$ $(a, b, c, d \in \mathbb{R})$ setzt man $\bar{q} = ae - bi - ij - dk$. Es gilt $q\bar{q} = \bar{q}q = (a^2 + b^2 + c^2 + d^2)e$. Die komplexen Zahlen $a + bi$ lassen sich mit dem Teilraum der $ae + bi$ von H identifizieren. Man gebe eine C++-Klassendefinition für einen Datentyp von Quaternionen, einschließlich von Konstruktoren mit reellem oder komplexem Argument und Definitionen der Operatoren $+, -, *, /$.

5. a) Schreiben Sie eine Lisp-Funktion ggT, die den größten gemeinsamen Teiler zweier natürlicher Zahlen bestimmt. Gehen Sie von folgender Definition aus:

$$\text{ggT}(x, y) = \begin{cases} x & \text{falls} \quad x = y \\ \text{ggT}(x, y - x) & \text{falls} \quad x < y \\ \text{ggT}(x - y, y) & \text{sonst} \end{cases}$$

b) Modifizieren Sie die LISP-Funktion QU in 6.5 so, daß eine Liste mit sämtlichen Lösungen des 8–Damen–Problems konstruiert wird.

6. Diese Aufgabe demonstriert, wie zyklische Prozesse als C–Objekte implementiert und parallel bearbeitet werden können. Die einzelnen Prozesse führen zyklische Folgen von C–Funktionen aus, die durch Ringlisten vom Recordtyp node in

```
typedef  struct  node
{ node* next ;  void (*fkt) () ; }  *task ;
```

repräsentiert werden (vgl. Kapitel 4, Übung 6). Ein „task" ist also ein Pointer in eine solche Ringliste und zeigt auf die nächste aufzurufende Funktion. Man schreibe eine Funktion

```
void  scheduler () ;
```

welche ihrerseits eine Ringliste von tasks adressiert und zyklisch eine Funktion im aktuellen Task ausführt und dann mit dem nächsten Task der Liste fortfährt. Um zwei Prozesse zu synchronisieren, definiere man ein Paar von Funktionen, so daß sich der eine Prozeß aus der Taskliste entfernen kann, bis ein anderer ihn wieder einfügt. Der deaktivierte Task wird inzwischen in einer Variablen abgelegt.

7. Gegeben sei das in Bild 6.9 gezeigte, über Exklusiv–Oder–Gatter rückgekoppelte Schieberegister zur Erzeugung quasizufälliger Folgen.

Beschreiben Sie dieses als PLD–Programm!

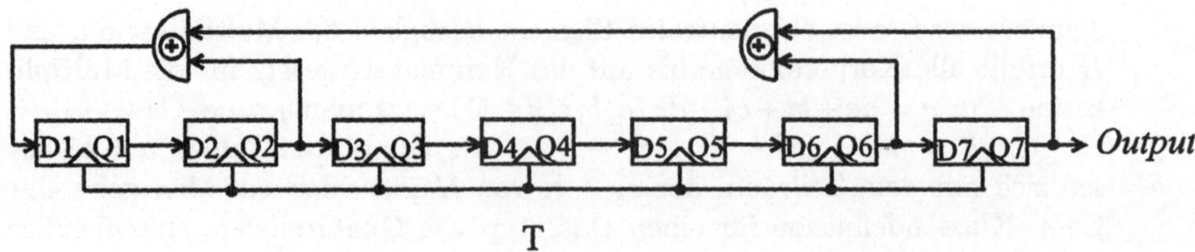

Bild 6.9 Rückgekoppeltes Schieberegister

8. In dieser Übungsaufgabe soll ein 1–bit–Volladdierer durch eine VHDL–Beschreibung dargestellt werden. Gegeben seien die folgenden Entities und Ver-
   haltensbeschreibungen:

```
ENTITY and2 IS
    PORT (a, b: IN bit; y: OUT bit);
END and2;
ENTITY xor2 IS
    PORT (a, b: IN bit; y: OUT bit);
END xor2;
ENTITY or2 IS
    PORT (a, b: IN bit; y: OUT bit);
END or2;
ARCHITECTURE behavioral OF and2 IS
BEGIN
    y <= a AND b
END behavioral;
ARCHITECTURE behavioral OF xor2 IS
BEGIN
    y <= x XOR b
END behavioral;
ARCHITECTURE behavioral OF or2 IS
BEGIN
    y <= a OR b
END behavioral
```

a) Stellen Sie die Entity eines Halbaddierers mit den Eingangssignalen
   `sum_a`, `sum_b` sowie den Ausgangssignalen `sum` und `carry` auf und erstellen Sie eine strukturale Beschreibung unter Verwendung eines AND2–
   Gatters (`and2`) und eines XOR2–Gatters (`xor2`).

b) Beschreiben Sie alternativ den Halbaddierer durch ein Verhaltensmodell
   unter Verwendung eines VHDL–Prozesses.

c) Formulieren Sie die Entity, das strukturale Modell und die Konfiguration
   eines 1–bit–Volladdierers mit den Eingängen `in_1`, `in_2`, `in_carry` sowie den Ausgängen `sum` und `carry`. Der Volladdierer besteht aus zwei
   Halbaddierern und einem OR2-Gatter (`or2`).

A Arbeitstechnik in Softwareprojekten

Die Konstruktion eines Digitalrechners für eine bestimmte Verarbeitungsaufgabe erfolgt in verschiedenen Entwicklungsschritten, die in einer Beziehung zu den als Techniken des Software Engineering üblichen Phasen und Entwicklung stehen. In diesem Anhang werden einige dieser Techniken skizziert, wobei wir uns auf den (noch) häufigsten Fall konzentrieren, Software für einen gegebenen Universalrechner zu produzieren. Eine ausführliche Diskussion der Techniken des Software Engineering findet man in [BAL96]. Gegenstand ist die systematische, kalkulierbare Softwareproduktion, wobei als wichtigstes, aber nicht alleiniges Qualitätsmerkmal die fehlerfreie Funktion zu erreichen ist.

A.1 Arbeitsschritte zur Realisierung eines digitalen Systems

Aus unserer Diskussion ergeben sich für die Realisierung eines Digitalrechners für eine gegebene Anwendung eine Reihe von Arbeitsschritten, darunter nur unter anderem das Schreiben von Programmen.

1. Bevor ein Projekt mit geeigneten Methoden der Mathematik, Informatik und Elektrotechnik bearbeitet werden kann, ist es offenbar zunächst notwendig, die technischen Anforderungen an das zu entwickelnde System zu erfassen, häufig aus nicht-technischen, verbalen Vorgaben. Hierzu gehören auch die Bedienschnittstellen für den späteren Anwender und die Schnittstellen und Raten, mit denen ein eingebettetes System Daten empfängt und abgibt. Die Anforderungen beschreiben das zu entwickelnde System mehr oder weniger vollständig, von einer groben Verhaltensbeschreibung für ein zu entwickelndes Gerät bis zur genauen Vorgabe von Algorithmen und Rechnerhardware in einer Universalrechneranwendung, und grenzen die möglichen Lösungen auch durch nicht-technische Randbedingungen wie z.B. Kosten ein.

2. *Was bearbeitet das System?*
   Es wird ein Prozeßmodell für das digitale System erstellt, welches die Ein- und Ausgabeschnittstellen als Stellen ausweist sowie weitere Stellen für den internen Systemzustand und die Funktionen definiert, die auf die Eingabedaten anzuwenden sind. Für die Eingabeschnittstellen wird ein Zeitverhalten spezifiziert, aus dem sich zusammen mit Anforderungen an die Antwortzeit des Systems Datendurchsatz und Verarbeitungszeit für die Funktionen ableiten lassen. Ferner wird aus den Anforderungen die Genauigkeit abgeleitet,

mit der die Funktionen durch die Maschine zu evaluieren sind. Das Prozeß-modell zeigt die Unabhängigkeit von Teilvorgängen (Parallelität) und Daten-abhängigkeiten und wird auf mögliche Deadlocks untersucht und gegebenen-falls modifiziert.

3. *Wie funktioniert es?*
Für die im Prozeßmodell vorkommenden Funktionen werden Algorithmen aus-gewählt oder neu entwickelt, wobei eine gegenseitige Abhängigkeit von der zu verwendenden Hardware entstehen kann, die es nötig macht, mehrere Ansätze zu verfolgen. Neu entwickelte Algorithmen bedürfen einer Verifikation. Mit den Algorithmen werden die benötigten Datentypen ihre Grundoperationen definiert. Für Zahlen werden im Hinblick auf die digitale Verarbeitung endli-che Datentypen spezifiziert, und es ist zu verifizieren, daß die akkumulierten Rundungsfehler innerhalb der akzeptierten Toleranz bleiben. Es werden fer-ner die Komplexität der Algorithmen bestimmt, und Zeitanforderungen an die Grundoperationen. Für die Stellen (Objekte) des Prozeßmodells werden Datentypen und gegebenenfalls interne Funktionen spezifiziert.

4. *Welchen physikalischen Aufbau hat das System?*
Es ist eine Architektur für das digitale System und eine konkrete Hardware festzulegen, die programmierbare Prozessoren oder konfigurierbare oder fest verschaltete Logik enthalten kann. Entsprechend muß eine Partitionierung der zu implementierenden Algorithmen auf die verschiedenen Systemkomponen-ten vorgenommen werden. Im einfachsten Falle genügt die Feststellung, daß die Prozesse mit dem geforderten Zeitverhalten auf einem bestimmten Typ von von–Neumann–Rechner bearbeitet werden können. Anderenfalls kommen MIMD–Strukturen und heterogene Architekturen in Betracht. Es liegt nahe, vorzugsweise bereits eingeführte Hardware–Komponenten einzusetzen. Wir beschränken uns im folgenden auf den Fall des einzelnen programmierbaren Prozessors. Im allgemeineren Fall entstehen weitere Arbeitsschritte für die Implementierung der Hardwarefunktionen.

5. *Implementierung von Grundbausteinen*
Die in den ausgewählten Algorithmen verwendeten Datentypen müssen auf der Maschine, die ja einen eigenen Satz von Grundoperationen definiert, im-plementiert werden. Hierbei sind die von den Datentypen geforderten Eigen-schaften zu verifizieren und die Algorithmen für ihre Grundoperationen zu verifizieren. Wir gehen allerdings davon aus, daß die Datentypen so gewählt sind, daß sie auf den gängigen Prozessoren entweder vorhanden oder einfach zu implementieren sind, und daß man hier auf vorhandene Bibliotheken und Soft-warekomponenten zurückgreifen kann. Des weiteren müssen Betriebssystem-bausteine, z.B. zum Verwalten von Prozessen, bereitgestellt werden.

6. *Implementierung der Anwendungsprozesse*
Nach diesen Vorbereitungen können die Algorithmen als Programme formu-liert und für den Zielrechner in Programmcode übersetzt werden. Ferner müs-sen die Objekte der Anwendung implementiert werden, einschließlich der Al-

gorithmen für anwendungsspezifische interne Übergangsfunktionen. Objekte mit spezifischen Zugriffsfunktionen bilden mit einem definierten Interface für die anderen Programmteile Programm–Module und können damit (vielleicht) von anderen Anwendungen verwendet oder übernommen werden. Objekte und Funktionen werden zu Prozessen verschaltet, gegebenenfalls unter Zugriff auf Hilfsfunktionen zur Prozeßverwaltung. Dabei muß auch das im Prozeßmodell spezifizierte Synchronisationsverhalten mit den Mitteln der vorhandenen Prozeßverwaltung sichergestellt werden.

7. Der Entwickler des digitalen Systems muß sich selbst und den Anwender von der Funktionsfähigkeit des implementierten Systems überzeugen. Dazu dienen eine Dokumentation der Entwicklungsschritte einschließlich der enthaltenen Verifikationen, Testläufe und Messungen, die die Erfüllung der Anforderungen demonstrieren.

Diese inhaltlich definierten Schritte entsprechen in grober Weise den im Software Engineering üblichen Entwicklungsphasen der Definition, des Entwurfs, der Implementierung und der Abnahme. Der Ablauf einer Entwicklung folgt diesen Schritten allerdings nicht in strikter zeitlicher Folge. Häufig werden während eines Projektes die Eingangsanforderungen modifiziert oder erst nach und nach präzisiert, so daß sich eher ein wiederholter Durchgang durch die Schritte Anforderungsfestlegung - Funktionsfestlegung - Programmumsetzung ergibt, jeweils in Anlehnung an den vorher erreichten Stand, also eine evolutionäre Entwicklung über eine Reihe von vorläufigen Versionen. Nimmt man ihn zur Kenntnis, kann dieser Vorgang beschleunigt werden, indem man durch schnelle, vereinfachte Implementierungen von Teilaspekten Prototypen erstellt, die dabei helfen, die Anforderungen im Dialog mit dem späteren Anwender festzulegen. Selbst bei dieser Arbeitsweise bleibt für den Software–Ingenieur für jede neue Version die genaue Definition und Verifikation der Algorithmen vor der Programmumsetzung notwendig.

Die erfolgreiche Durchführung eines Rechnerprojektes in einer Arbeitsgruppe erfordert auch Kenntnisse im Management, z.B. die Definition und koordinierte Einhaltung von Entwicklungsschritten unter Überwachung der Qualitätsmerkmale. Zwischen den Mitgliedern der Arbeitsgruppe muß eine funktionierende technische Kommunikation bestehen und, zum allseitigen Nutzen, ein Klima von Interesse an der Sache, Leistungsbereitschaft und Qualitätsbewußtsein unterhalten werden. Hierzu tragen u.a. auch wesentlich die eingesetzten Arbeitsmittel und die Ausstattung der Arbeitsplätze bei.

Alle Bereiche der Softwareentwicklung, von der Erstellung der Spezifikation über Design, Dokumentation, Implementierung und Leistungsanalyse bis hin zum Projektmanagement werden von sogenannten CASE–Tools (computer aided software engineering) unterstützt.

A.2 Ein Beispiel

In diesem Abschnitt durchgehen wir (stark verkürzt) die Entwicklungsschritte für
ein Projekt aus dem Bereich der digitalen Signalverarbeitung.

1. Es soll ein Geräuschanalysator entwickelt werden, welcher mit einer Wieder-
   holrate von $\geq$ 10 Bildern/Sek. auf einem Display ein Balkendiagramm mit
   Signalenergien für 160 überlappende Frequenzbänder von je 50 Hz Breite im
   Bereich 0 - 4000 Hz anzeigt, jeweils über einen Bereich von 40 dB. Es werden
   ein intelligentes Display für 24 x 80 Zeichen verwendet, welches anzuzeigende
   Zeichen über eine parallele 8–bit–Schnittstelle empfängt, und 4 Bedientasten.
   Die Signalanalyse soll digital erfolgen, und der digitale Prozessor empfängt
   16–bit–Abtastwerte mit einer Rate von 12.8 kHz. Der Prozessor gibt über ein
   8–bit–Port Stellwerte an einen Vorverstärker mit einstellender Verstärkung
   aus.

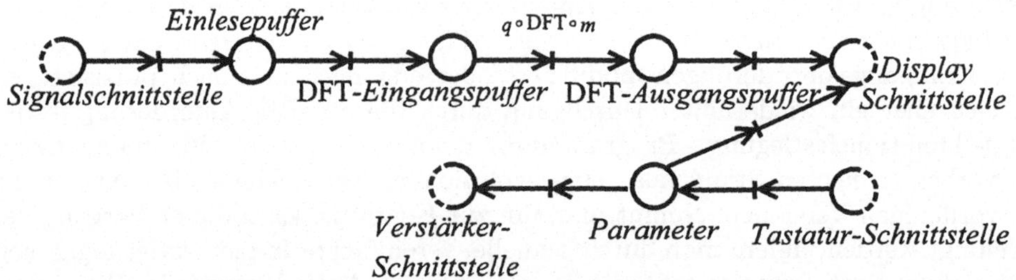

Bild A.1 Prozeßstruktur des Geräuschprozessors

2. Die Prozeßstruktur dieser Anwendung ist in Bild A.1 gezeigt. Die Analyse der
   Anforderungen führt auf folgenden Ansatz zur Verarbeitung der Daten. Die
   Abtastwerte werden in Blöcke zu je 512 Samples aus jeweils 40 ms zusammengefaßt, mit reellen Koeffizienten gewichtet (m) und einer 512–Punkte–DFT
   unterzogen. 160 Fourierkoeffizienten werden im Betrag quadriert, logarith-
   miert (q) und als aus Sonderzeichen aufgebaute Balken ausgegeben. Die Ergebnisse der DFT müssen auf 8 Binärstellen genau berechnet werden. Um
   Speicher einzusparen, können Ein– und Ausgangspuffer der DFT identisch
   sein. Um andererseits Signaleingabe und –verarbeitung zu entkoppeln, wird
   zusätzlich ein Einlesepuffer verwendet. Während dieser mit neuen Abtast-
   werten gefüllt wird, wird der zuvor eingelesene Datenblock verarbeitet, und
   Einlesen und Verarbeiten können in einer Pipeline erfolgen.

3. Als Algorithmus für die DFT wird eine FFT gewählt, die sich durch das reelle Eingangssignal noch vereinfacht. Die w–Koeffizienten werden als 16–bit–
   Festkommazahlen codiert und in einer Tabelle bereitgestellt (die in diesem

Schritt aufgestellt wird). Für die DFT genügt eine Berechnung mit 16–bit–Festkommaarithmetik. Auch für das Gewichten der Daten und die Umordnung der Fourierkoeffizienten werden Tabellen verwendet. Die Logarithmierung erfolgt mit Hilfe einer Tabelle, aus der einem quadrierten Koeffizienten vermöge einer binären Suche ein dB–Wert zugewiesen wird. Die FFT beansprucht den überwiegenden Rechenaufwand mit ca. 9000 16–bit-Multiplikationen und 13000 Additionen, die alle 100 ms ausgeführt werden müssen.

4. Die Leistungsanforderung von 1 Multiplikation und 2 Additionen in ca. $10\,\mu s$ wird durch den Stadardprozessor T 225 erfüllt (ca. $1\,\mu s$ für die Multiplikation. Es werden 2 x 512 Werte RAM für den doppelten Signalpuffer und einige Variablen benötigt, wofür das on–chip–RAM des T225 ausreicht. Dies führt auf die Hardwarestruktur in Bild A.2.

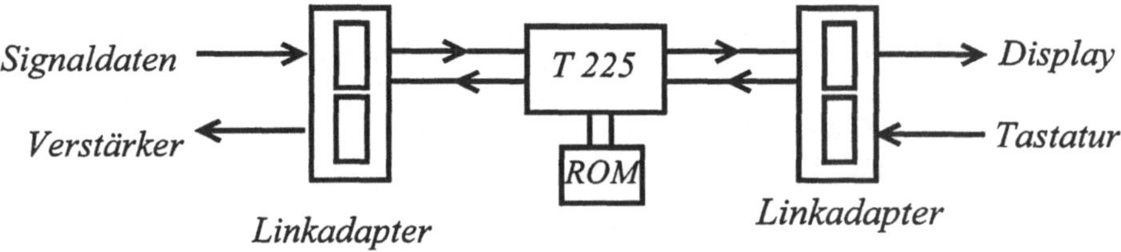

Bild A.2 Hardware des Geräuschprozessors

Neben dem EPROM sind zwei Linkadapter vorgesehen, Standardbausteine, die die bidirektionale Linkschnittstelle auf je ein paralleles 8–bit Ein- und Ausgabeport umsetzen.

5. Der 16–bit–Festkommatyp wird vom Prozessor unterstützt, desgleichen die Verwaltung der Prozesse. In dieser Anwendung verbleiben in diesem Schritt im wesentlichen nur einfache Hilfsfunktionen zur Ausgabe auf das Display.

6. Die Implementierung der Anwendung erfolgt in der Sprache OCCAM, die auch die Definition paralleler Prozesse erlaubt. Da die Programmausführung aus dem on–chip–RAM wesentlich schneller als aus dem EPROM erfolgen kann, wird die innere Schleife der FFT dort plaziert und vor der Ausführung ins RAM kopiert. Die Synchronisation der Prozesse erfolgt über den Datentransfer vom Einleseprozeß an den Verarbeitungsprozeß mittels eines Channels CH, den auch der Einleseprozeß abwarten muß, ehe er neue Daten annimmt. Der Verarbeitungsprozeß faßt dabei DFT und Ausgabe in einem sequenziellen Schedule zusammen.

Einleseprozeß und Verarbeitungsprozeß sind zyklisch wiederholte Prozesse, die in OCCAM mit einer WHILE–Konstruktion realisiert werden. Der Einleseprozeß hat den Aufbau

Bild A.3 Pipeline von Einlesen und Verarbeitung

```
WHILE(TRUE)
  seq
      Buffer einlesen
      CH ! Buffer              ,
```

der parallel dazu gestartete Verarbeitungsprozeß

```
WHILE(TRUE)
  seq
      CH ? FFT-Buffer
      FFT-Buffer verarbeiten    ,
```

Die Synchronisation im Sinne des Petri–Netzes wird hier durch die sequenziellen Schedules dieser beiden Prozesse nachgebildet.

A.3   Qualitätsmerkmale

Wir geben ohne Anspruch auf Vollständigkeit einige Qualitätsmerkmale für Software an. Im Gegensatz etwa zum Produkt eines Maschinenbauers sind diese z.T.
nicht präzise meßbar, sondern Ergebnis einer Beurteilung. In ihren Auswirkungen
sind sie deutlich erkennbar.

Funktionssicherheit
Das entwickelte Programm muß die Anforderungen erfüllen und darf auch nicht
sporadisch fehlerhafte Ergebnisse oder gar „Abstürze" verursachen, die sich nicht
eindeutig auf unzulässige Eingaben oder Rechnerversagen zurückführen lassen. Dieses Merkmal wird durch die Verifikation der verwendeten Algorithmen und eine
Analyse des Prozeßnetzwerkes unterstützt, sowie durch eine Vereinheitlichung der
formalen Beschreibung in den verschiedenen Schritten und weitgehende Automatisierung der Umsetzung der Anwendungen im Maschinencode.

Robustheit
Es soll auf fehlerhafte Eingaben und Betriebsbedingungen in definierter (und doku-
mentierter) Weise reagieren, z.B. durch Fehlermeldungen, und nach Korrektur der
Eingaben zur spezifizierten Arbeitsweise zurückkehren.

Verständlichkeit
Das Programm muß in Aufbau und Wirkungsweise aus seiner Dokumentation heraus verständlich sein, um seine Funktion nachvollziehen und bei Bedarf erweitern zu können. Dieses Merkmal wird durch die abstrakte Formulierung des Programmes in einer geeigneten, höheren Sprache unterstützt.

Modularität
Um die Gesamtaufgabe partitionieren zu können und Änderungen an Programmteilen durchführen zu können, ohne die Gesamtfunktion zu gefährden, ist das Programm in Module aufzuteilen, die genau definierte Leistungen erbringen, ohne daß dem Verwender die Art der Realisierung bekannt sein muß. Module sollten wiederverwendbar ausgelegt und nach Möglichkeit wiederverwendet werden. Geeignete Module sind etwa die Implementierungen der Datentypen mit ihren Grundoperationen.

Betriebsmittel
Programme sollten möglichst schnell laufen und möglichst wenig Speicher verwenden, um ggf. Erweiterungsmöglichkeiten zu haben, allerdings nicht auf Kosten anderer Qualitätsmerkmale. Programmlaufzeit und Programmlänge sind offenbar meßbare Größen. Techniken zur Reduzierung der Programmlaufzeit vergrößern u.U. den Speicherbedarf (s. 5.8, 6.2). Ist der für eine Anwendung vorgesehene Speicher vorgegeben, so kann nach einem mit diesem Speicherbedarf realisierbaren, möglichst schnellen Programm gefragt werden. Sind das Einsparen von Speicher oder eine Verbesserung der Laufzeiten über eine Minimalanforderung hinaus unnötig, so mag eine Verkürzung der Programmentwicklungszeit auf Kosten der Effizienz vorteilhaft sein.

Die Wahl der Werkzeuge, etwa der Programmiersprache, wirkt sich auf die Qualität des Softwareproduktes auf. Wir haben schon in 6.1 auf entsprechende Anforderungen hingewiesen.

A.4 Designmethoden

Die Implementierung eines komplexen Programms nach den Vorgaben für die Prozesse und Algorithmen geht gewöhnlich in mehreren Etappen vor sich. Der Erstellung des Programmtextes geht eine Designphase voraus, in der die Struktur des Programmes festgelegt wird und die zu erstellenden Programmbausteine spezifiziert werden. Ohne notwendig in der Syntax einer formalen (Programmier–) Sprache ausgedrückt zu sein, wird hier die Spezifikation der zu realisierenden Maschine in einen Struktur– und auch Arbeitsplan umgesetzt, wobei zweckmäßigerweise in Anlehnung an die Programmiermethodik vorgegangen wird, die auch weiter verwendet werden soll. Das Programmdesign knüpft an die zuvor definierte Funktionsweise an und stellt eine abstrakte Version des im Detail zu entwickelnden Programms für den

Zielrechner dar. Es bedarf einer mitteilbaren Form (einer „Sprache"), zumal es in einem Projektteam häufig von einer anderen Person erstellt wird als von der oder denjenigen, die schließlich den übersetzbaren Programmtext schreiben und testen. Dies betrifft insbesondere den Fall, daß aus Gründen der Verfügbarkeit eine Sprache wie C oder Assembler eingesetzt werden muß, in der die Prozeßstruktur des Programmes nicht beschrieben werden kann.

Eine wichtige Strategie zur Ableitung eines detaillierten Designs aus der Funktionsvorgabe ist die sogenannte „Top–down–Methode". Es handelt sich hierbei um den wohlbekannten, von der Informatik nur wiederentdeckten Ansatz, Probleme solange in Teilaufgaben aufzubrechen, bis diese einfache Lösungen haben. Die Top-Down–Methode läßt sich auch unmittelbar bei der Formulierung von Programmen einsetzen. Die Hauptfunktion des Programmes wird in mehrere Teilfunktionen aufgelöst, die wiederum auf Hilfsfunktionen 2. Grades usw. zurückgeführt werden. Die Verfeinerungsschritte eines Top–down–Designs bewirken jeweils eine Verringerung im Abstraktionsgrad der Beschreibung und entsprechen dem Abstieg in das sich immer weiter verästelnde Wurzelwerk eines Baumes (s. Bild A.4)

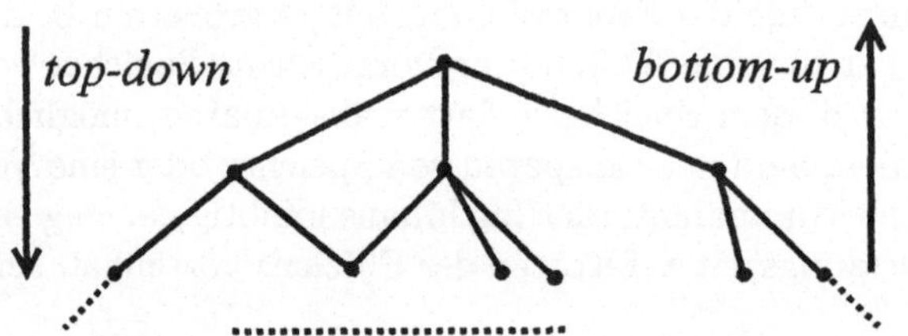

Bild A.4   Hierarchische Strukturierung

Komplementär zum Top–Down–strukturierten Design ist die Bottom–Up–Methode, mit der dieses, beginnend bei den einfachsten Bausteinen das Programm implementiert wird, und man im Analysebaum wieder aufsteigt. Auch die Bottom–Up–Methode des Konstruierens einer Lösung in kleinen Schritten ist eine universell anwendbare Strategie. Die hierarchische Konstruktion eines Algorithmus aus Funktionsbausteinen folgt ebenfalls diesem Muster.

Die Prozeßstruktur der zu entwickelnden Software stellt zugleich die höchste Ebene der Top–Down–Hierarchie dar. In Kapitel 4 wurde gezeigt, wie die Prozeßstruktur eines Programmes durch ein (gezeichnetes) Petri–Netz dargestellt werden kann. Petri–Netze können auf verschiedene Arten zur Beschreibung von Programmen mit mehreren Prozessen verwendet werden und deren Zusammenwirken modellieren. Ferner lassen sich mit ihnen Synchronisationsmechanismen zwischen Prozessen beschreiben. Petri–Netze können nach 4.2.6 als Beschreibungsmittel unter Anwendung der Top–Down–Methode schrittweise verfeinert werden.

Das Software Engineering kennt einige weitere graphische Beschreibungs– und Modellierungsmethoden. Die sogenannte strukturierte Analyse stellt die Prozeßstruktur in ähnlicher Weise dar, ebenfalls in hierarchisch organisierten Verfeinerungsschritten. Die verwendeten Diagramme zeigen den Datenfluß zwischen den Prozessen. Auf der obersten Abstraktionsstufe wird das zu entwickelnde System diagrammatisch als Kreis dargestellt, in den von außen Datenströme eingehen und der wieder Daten an die Außenwelt abgibt (s. Bild A.5 a). Die Kreise werden fortlaufend in Unterdiagrammen verfeinert, die jeweils dieselben Ein– und Ausgabeströme wie vor der Verfeinerung haben, den einzelnen Kreis aber in ein Netzwerk von Kreisen und Datenströmen auflösen (s. Bild A.5 b). Die Datenflüsse können über Datenobjekte geleitet werden, ohne allerdings die damit verbundene Synchronisation zu definieren. Diese werden wie in Bild A.5 c dargestellt. In Echtzeitspezifikationen treten neben die Datenflüsse zusätzliche Kontrollflüsse, die z.B. die Aktivierung von Prozessen durch äußere Ereignisse beschreiben. Da die Datenflußdiagramme keinen algorithmischen Ablauf mit Verzweigungen und Schleifen, sondern nur das Zusammenwirken von Teilprozessen beschreiben, muß die strukturierte Analyse wie auch die Petri–Netz–Beschreibung durch algorithmische Spezifikationsmittel ergänzt werden.

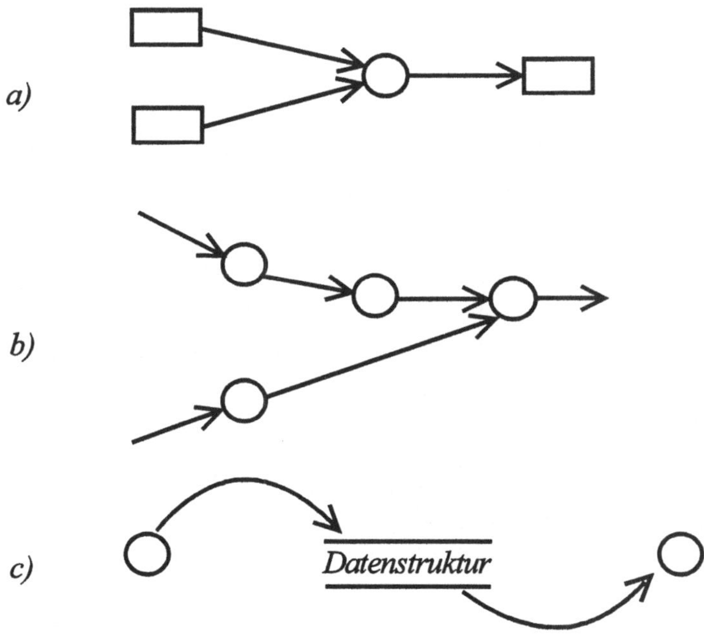

Bild A.5 Strukturierte Analyse

Kommunizierende Prozesse, die jeweils als endliche Automaten aufgefaßt und durch formalisierte Zustandsdiagramme dargestellt werden, verwendet die Spezifikationssprache SDL ([HO89]). Die Verwendung graphischer „Sprachen" als Designhilfsmittel ist attraktiv, weil sie Ausdrucksmöglichkeiten verwenden, die die an den Texteingabemöglichkeiten der rechnerorientierten Programmiersprachen nicht haben. Graphiken können Zusammenhänge häufig prägnanter darstellen als ein Text. Die graphischen Ein– und Ausgabemöglichkeiten der heutigen Rechner würden solche Ausdrucksmittel nun auch in Programmiersprachen erlauben.

Der algorithmische Programmablauf wurde früher häufig durch Flußdiagramme beschrieben, mit der Dominanz höherer, imperativer Sprachen dann durch sogenannte Struktogramme. Flußdiagramme und Struktogramme bieten den Vorteil einer graphischen Beschreibung, ohne jedoch das Abstraktionsniveau über das einer imperativen Sprache zu heben. Wir haben in diesem Buch Algorithmen auf dem Niveau funktionaler Sprachen behandelt und dazu die gewöhnliche mathematische Notation verwendet.

Flußdiagramme verwenden als Grundbausteine den als Kasten repräsentierten Funktionsaufruf und die als Rhombus dargestellte Verzweigungsoperation (s. Bild A.6 a), die jeweils mit den auszuführenden Aktionen beschriftet werden. In jedem Verfeinerungsschritt der Beschreibung wird ein Kasten durch ein Unterdiagramm ersetzt. Typische Kontrollmuster höherer, imperativer Programmiersprachen lassen sich wie in Bild A.6 b als Flußdiagramme darstellen.

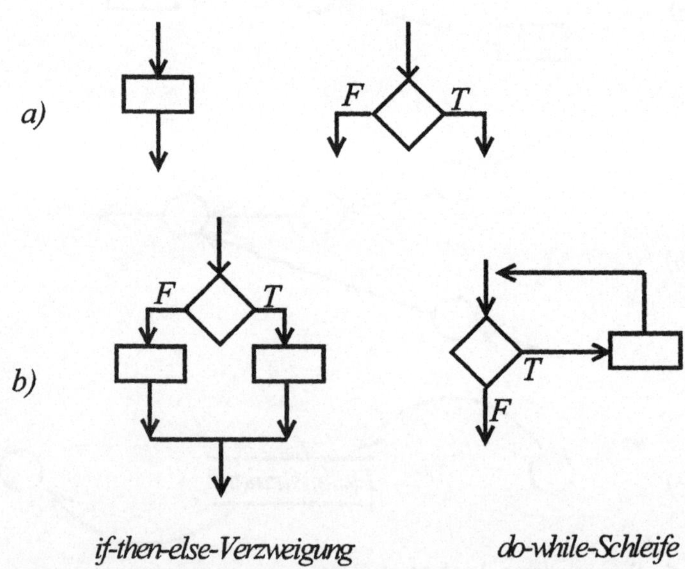

Bild A.6   Flußdiagramme

Flußdiagramme sind nicht auf diese Muster festgelegt, sondern können beliebige Verzweigungsgraphen darstellen. Struktogramme lassen demgegenüber nur wenige Standard–Kontrollstrukturen zu. Auch hier werden Programmbausteine als Rechtecke dargestellt, die hierarchisch verfeinert werden. Sequenz und Verzweigung haben die in Bild A.7 a) gezeigten Formen, wobei die Teile (in separaten Unterdiagrammen oder im selben Diagramm) weiter verfeinert werden können. Weitere Grundstrukturen sind die mehrfache Selektion (*switch*– bzw. *case*–Anweisung) und die *do–while*– und *repeat–until*–Schleifen (s. Bild A.7 b)). Zur Übersetzung von graphisch auf dem Rechner hergestellten Struktogrammen in sequenziellen Programmtext gibt es spezielle CASE–Tools.

Die Datentypen und –strukturen eines Programmes müssen ebenfalls beim Programmdesign eingeführt werden. Die Strukturen *Record (struct)*, *variantes Record (union)* und *Array* stehen in enger Beziehung zu den (beim Zugriff auf sie auftretenden) Ablaufstrukturen Sequenz, Verzweigung und Schleife und können wie diese durch geeignete Diagramme beschrieben werden („Daten–Struktogramme").

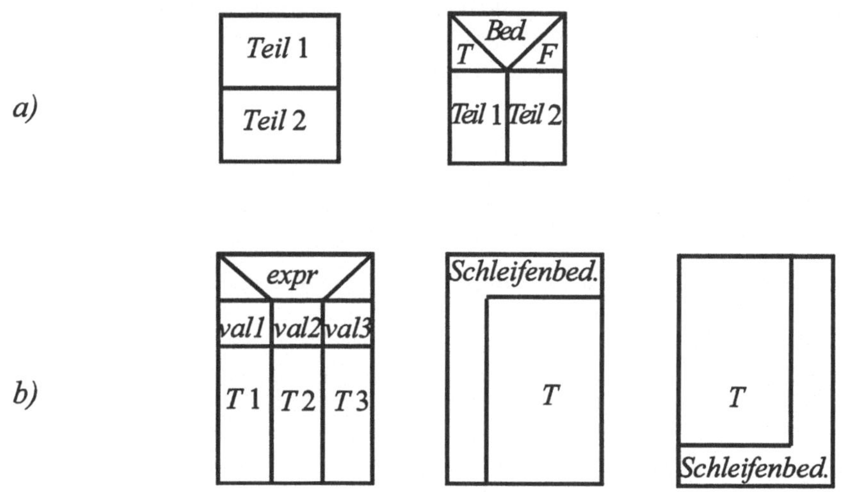

Bild A.7 Struktogramme

Abstrakte Vorgaben der Prozeßstruktur eines Programms und seiner Algorithmen lassen sich auch in Textform in Anlehnung an die Syntax einer Programmiersprache geben, wobei man sich vorzugsweise an der auch für die Implementierung vorgesehenen Sprache orientieren sollte. Eine Programmspezifikation durch einen mehr oder weniger formalisierten Text hat den Vorteil, mit den Textverarbeitungsmöglichkeiten eines Rechners durchgeführt werden zu können. Die Spezifikation kann auch gleich definitiv in der Syntax einer höheren Programmiersprache erfolgen, sofern diese die benötigten Ausdrucksmöglichkeiten (z.B. für Prozesse) hat. Sie läßt sich dann schrittweise in ein vollständiges Programm verfeinern. Eine eigene Designsprache wird meist dann verwendet, wenn die einzusetzende Programmiersprache keine Strukturen wie Prozesse usw. bereitstellt. Wenn Prozesse, Algorithmen und Datentypen in einer Programmiersprache übersichtlich und abstrakt beschrieben werden können, wird sie dagegen auch zur natürlichen Spezifikationssprache.

Ein objektorientiertes Design beginnt damit, die Klassen von Objekten (Datentypen) mit ihren Operationen festzulegen und sodann die Laufzeitobjekte und ihre Kommunikation zu beschreiben. Die definierten Klassen liefern zugleich einen natürlichen Ansatz, Programm–Module zu definieren. Die auf die Objekte einer Klasse anwendbaren Operationen bilden das nach außen sichtbare Interface der Klasse als Programm–Modul, und eine axiomatische Charakterisierung der Operationen auf einem abstrakten Datentyp spezifiziert zugleich präzise die Anforderungen an ihre Implementierung. Eine objektorientierte Beschreibung läßt sich bis auf die Beschreibung der Hardware ausdehnen, indem die Prozessoren als kommunizierende Objekte aufgefaßt werden.

Die Beschreibung der Nebenläufigkeit (Parallelität) von Teilprozessen erfordert zusätzlich eine Unterscheidung von aktiven und passiven Objekten. In der objektorientierten Beschreibung sind die Verarbeitungsfunktionen innere Operationen der Objekte. Um deutlicher Prozesse, Funktionen und Speicherstrukturen trennen zu können, haben wir in 4.2.6 dem funktionalen Modell den Vorzug gegeben.

A.5 Dokumentation

Im Laufe einer Softwareentwicklung entstehen eine Reihe von Dokumenten, von denen der Programmtext nur eines ist, und die das greifbare Arbeitsergebnis darstellen. Dies sind im einzelnen

- Anforderungsliste
- Hardware– und Schnittstellenbeschreibung
- Funktionsbeschreibung (Prozeßstruktur, Algorithmen)
- Dokumentation zum Programmdesign
- Programmbeschreibungen und kommentierte Listings
  (Ausdrucke des übersetzbaren Programmtextes)
- Testbericht (Nachweis der Erfüllung der Anforderungen).

Das Schwergewicht dieser Produktion liegt offenbar auf der Kommunikation zwischen Personen, die in die Lage versetzt werden müssen, die verschiedenen Beiträge zu einer Software–Konstruktion zu verstehen und sie ggf. auch modifizieren zu können.

Dieser Gesichtspunkt betrifft auch den Programmtext selbst. Schon die Bevorzugung einer höheren Programmiersprache erfolgt mit dem Ziel, die Verständlichkeit für den menschlichen Leser zu verbessern (und auch dadurch schnell und fehlerfrei zu arbeiten). Die Einhaltung einiger formaler Schreibregeln kann die Übersichtlichkeit eines Programmtextes verbessern:

- Bedeutungsbezogene Namen verwenden

- Klammerebenen systematisch einrücken, zusammengehörige öffnende und schließende Klammern in verschiedenen Zeilen übereinanderstellen

- freizügig Leerzeilen einsetzen, um zusammengehörige Texteinheiten gegeneinander abzusetzen

- Kommentare für einzelne Programmzeilen an gemeinsamer Einrückungsposition, mehrzeilige Kommentare ganzzeilig zwischen größeren Programmeinheiten (Funktionen) schreiben, so daß ein ästhetischer Gesamteindruck entsteht.

Kommentare wenden sich ausschließlich an den menschlichen Leser und sollten sich an dessen Bedürfnissen orientieren. Ein bedeutender Beitrag zu diesem Themenkreis geht auf Donald E. Knuth mit seiner Idee des „Literate Programming" zurück (s. auch [KN84], [NH93]). Er betont, daß der Programmtext in erster Linie menschlichen Lesern die beabsichtigte Rechnerfunktion erklären soll, und stellt daran denselben literarischen Anspruch, den ein didaktisch gut aufgebauter Aufsatz über einen Algorithmus erfüllen muß. Zugleich vertritt er die Auffassung, daß die Top–Down/Bottom–Up–Strategie für den Aufbau eines Programms nicht optimal dem menschlichen Gedankengang angepaßt ist, der aber gerade aus der Lektüre des Programms nachvollziehbar sein soll, und stellt diesem einen Aufbau gegenüber, bei dem das Programm von Idee zu Idee fortschreitet, auf verschiedenen Ebenen ausgestaltet und weitergeführt wird, ähnlich wie man aus immer neuen Fäden ein tragfähiges (Ideen–)Netz spinnen würde. Da die reinen Programmtexte nicht eine solche netzartige, durch Querverweise zusammengefügte Struktur haben, verwendet Knuth ein Rechnerwerkzeug, welches aus einem netzförmig organisierten, integrierten Dokument aus Programmbeschreibung und Programm automatisch einen übersetzbaren Text extrahiert.

Es erscheint möglich, die Idee des „literate programming" auch ohne spezielle Hilfsmittel, zumindest in Form einer sorgfältigen Ausführung von Programmbeschreibung und Kommentierung in die Programmierpraxis zu übernehmen.

A.6   Programmtest

Aus den dokumentierten Anforderungen an das Softwareprodukt läßt sich gewöhnlich leicht ein Abnahme–Test spezifizieren, der die Funktionen des Benutzerinterfaces abfragt, Reaktions– und Programmlaufzeiten überprüft und an speziellen Eingaben die algorithmischen Funktionen überprüft. Hier soll nur von einigen Methoden und Werkzeugen die Rede sein, mit denen der Programmierer während der Entwicklung testen und ggf. Fehler aufspüren kann. Fehlfunktionen können nicht nur durch logische Fehler in den Algorithmen, dem Programmdesign und durch unsorgfältige Implementierung hervorgerufen werden, sondern auch durch zu große Laufzeiten einzelner Funktionen. Solche werden vom Compiler gewöhnlich nicht berechnet, sondern müssen durch Simulation oder Messung an der ausführenden Hardware bestimmt werden. Auch wenn der Wahl der Algorithmen falsche Annahmen über das Umfeld des Programmeinsatzes zugrunde liegen, wird dies u.U. erst durch Probeläufe aufgedeckt.

Fehler, die zu einer von der Rechnerhardware detektierbaren Ausnahmesituation führen (Division durch 0, Verletzung von Arraygrenzen bei Verwendung entsprechender Schutzbefehle, illegale Speicherzugriffe oder Befehlscodes) führen bei größeren Rechnern zum Programmabbruch unter gleichzeitiger Konservierung des vom Programm benutzten Speichers und erreichten Prozessorzustandes. Hierdurch kann die Absturzsituation nachträglich analysiert werden. Alternativ muß die Entwicklung einer Fehlersituation vor dem Auftreten im Programmablauf untersucht werden, indem man mit einem sogenannten Debug–Programm das zu testende Programm beobachtet und in der Umgebung der angenommenen Fehlerstelle interaktiv Maschinenbefehl für Maschinenbefehl ablaufen läßt. Manche Mikroprozessoren sind mit programmierbaren Adreßkomparatoren versehen, die zur Aktivierung des Debuggers beim Zugriff auf eine bestimmte Adresse verwendet werden können; sonst kann die Umschaltung durch Befehle im zu testenden Programm (sogenannte Breakpoints) herbeigeführt werden. Der Debugger, ein Programm zur Beobachtung eines anderen, ist ein Musterbeispiel für die Verwendung paralleler Prozesse auf einem Rechner.

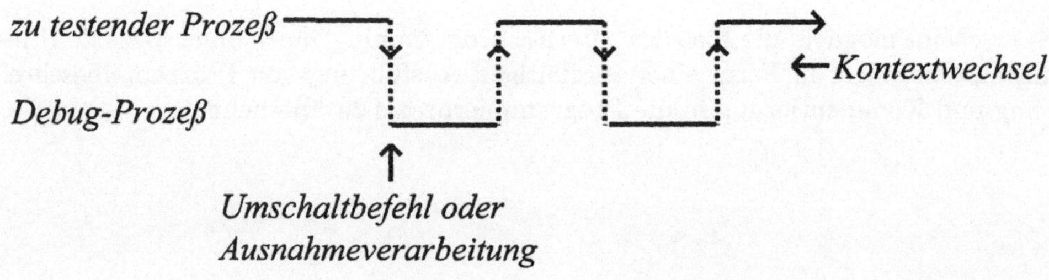

Bild A.8   Debug–Prozeß

Beide Programme laufen im zeitlichen Wechsel, der jeweils durch den Breakpoint oder Ausnahmeinterrupt im zu testenden Prozeß verursacht wird (s. Bild A.8). Natürlich ändert diese Art des Testens das Zeitverhalten des untersuchten Programms und kann nicht in von diesem Verhalten abhängenden Situationen eingesetzt werden.

Debug–Prozesse können auch eingesetzt werden, um Programme auf einer Mikroprozessorplatine zu testen. Der Debug–Prozeß muß dann über eine Schnittstelle mit einem sogenannten „Host"–Computer verkehren, auf dem die Debug–Informationen angezeigt und über dessen Tastatur der Testlauf gesteuert wird. Um Programmteile während der Entwicklung einer Mikroprozessorplatine zu testen, werden gewöhnlich auch komplexere Hilfsmittel, sogenannte Emulatoren und auch Logikanalysatoren, eingesetzt. Emulatoren werden über vielkanalige Kabel anstelle des Mikroprozessors in das System eingesetzt und bilden dessen Funktion nach, kommunizieren zugleich mit einem Hostrechner und erweitern die Testmöglichkeiten durch zusätzliche Hardwarefunktionen. Mit diesen Mitteln ist es auch möglich, in Echtzeit sporadisch auftretende Fehlfunktionen zu analysieren, indem man die Zustände auf dem Bus fortlaufend speichert und aus der Fehlersituation eine geeignete Triggerbedingung ableitet, um daraufhin den Speicher einzufrieren und darin die zum Fehler führende Befehlssequenz nachzuvollziehen. Vom Compiler generierte Adreßinformationen erlauben es, die Maschinenbefehlsfolge mit dem höhersprachlichen Programm in Beziehung zu setzen.

Die soweit beschriebenen Debugger– und Testhilfsmittel sind analytische Werkzeuge, mit denen sich ein Fehler im laufenden Gesamtprogramm zurückverfolgen läßt. Nicht minder systematisch und in den Hilfsmitteln wesentlich anspruchsloser ist eine konstruktive Vorgehensweise, bei der ein Programm in einer Folge von Testversionen schrittweise zu seiner Gesamtfunktion erweitert wird und der Test jeweils nur die neu hinzukommenden Merkmale einer Version erfassen muß. Hierfür genügen geeignete Testeingaben und ggf. zusätzliche Testausgaben im Programm. Wurde für die Programmkonstruktion die Bottom–Up–Methode verwendet, so kann der Test sie begleiten oder zumindest diesem Programmaufbau folgen, um nach den einfachsten Funktionsbausteinen die hieraus zusammengesetzten usw. zu testen. Insgesamt kann eine vollständige Testüberdeckung erreicht werden. Allerdings hat selbst bei vollständiger Testüberdeckung ein praktischer Test mit speziellen Eingangsdaten stets Stichprobencharakter und kann eine Programmverifikation nicht ersetzen.

Programmfehler, die zu einem vom Programmierer ungewollten Rechnerverhalten führen (Fehlfunktion, Absturz), können bei sorgfältigem Arbeiten vermieden werden. Dennoch unterlaufene Fehler kosten viel Suchaufwand, gewöhnlich mehr als das sorgfältigere Arbeiten zum richtigen Zeitpunkt. Am schwierigsten, sowohl mit analytischen wie mit konstruktiven Mitteln, ist die Suche nach Echtzeitfehlern, die nur sporadisch auftreten und aus dem Wechselspiel verschiedener paralleler Prozesse entstehen. Die Strukturierung der Softwareentwicklung in verschiedene Design– und Implementierungsschritte sieht es vor, die Prozeßstruktur eines Programmes auf hoher Abstraktionsebene zu modellieren. Auf dieser Ebene müssen und können Echtzeitfehler ausgeschlossen werden.

Zusammenfassung

Software entwickeln bedeutet nicht nur, ein kommentiertes Programm zu schreiben,
zu testen und als Listing zu übergeben, sondern beginnt mit der Erfassung und
Dokumentation der Aufgabenstellung, der Entwicklung eines Prozeßmodells und
der Auswahl und Analyse von Algorithmen. Für letztere sind graphische Beschreibungsmittel üblich, die besonders dann eine Rolle spielen, wenn die Beschreibung
nicht bereits in der zur Implementierung gewählten Sprache oder Methodik erfolgen kann. Eine sorgfältige Kommentierung des Programmtests erfolgt zusätzlich.
Falls sich beim Übersprung zwischen den Beschreibungsebenen oder durch falsche
Laufzeitannahmen Fehler eingeschlichen haben, müssen diese mit analytischen oder
konstruktiven Testverfahren aufgespürt werden.

Literaturverzeichnis

[AG92]   J.R. Armstrong, F.G. Gray: *Structured Logic Design with VDHL*, Prentice Hall 1992

[BAH94] Bähring: *Mikrorechner-Systeme*, Springer Verlag 1994

[BAL96] Helmut Balzert: *Lehrbuch der Software-Technik*, Spektrum Akademischer Verlag, 1996

[BAU90] B. Baumgarten: *Petri-Netze*, BI-Verlag 1990

[BE85]   M.J. Beeson: *Foundations of Constructive Mathematics*, Springer Verlag 1985

[CA93]   C.H. Cap: *Theoretische Grundlagen der Informatik*, Springer-Verlag 1993

[CM81]   W.F. Clochsin, C.S. Mellisch: *Programming in Prolog*, Springer-Verlag 1981

[DF77]   Denert, Franck: *Datenstrukturen*, BI-Verlag 1977

[DP88]   Dörfler/Peschek: *Einführung in die Mathematik für Informatiker*, Carl Hanser Verlag 1988

[EL88]   E. Engeler, P. Läuchli: *Berechnungstheorie für Informatiker*, Teubner-Verlag 1988

[GL90]   Goldschlager/Lister: *Informatik, Eine moderne Einführung*, 3. Aufl., C. Hanser-Verlag 1990

[GR87]   S. Gregory: *Parallel Logic Programming in* PARLOG, Addison Wesley 1987

[HA68]   J.F. Hart et al.: *Computer approximations*, Wiley & Sons New York 1968

[HO89]   D. Hogrefe: *Estelle, Lotos und SDL*, Springer-Verlag 1989

[HS78]   E. Horowitz, S. Sahni: *Fundamentals of Computer Algorithms*, Computer Science Press 1978

[HU90]   J.E. Hopcroft, J.D. Ullmann: *Einführung in die Automatentheorie, Formale Sprachen und Komplexitätstheorie*, Addison-Wesley 1990 (engl.1979)

[INMO]   Inmos Ltd.: *The Transputer instruction set - A compiler writer's guide*, erhältlich über Inmos / SGS Distributoren

[KN84]   D.E. Knuth: *Literate Programming*, The Computer Journal, Vol. 27, No. 2, 1984

[KR89]   W. Krämer: *Die Berechnung von Standardfunktionen in Rechenanlagen*, Jahrbuch der Mathematik 1989

[MA93]   H.F. Mattson: *Discrete Mathematics*, S. Wiley & Sons, New York 1993

[ML92]   Michel, Lauther, Dury: *The Synthesis Aproach to Digital Digital System Design*, Kluwer Pub. Comp. 1992

[MZ97]   Merzenich, Zeidler: *Informatik für Ingenieure*, Teubner-Verlag 1997

[NH93]   J. Nievergelt, K. Hinrichs: *Algorithms and data structures*, Prentice Hall 1993

[PENR]   Penrose: *Computerdenken*, Verlag Spektrum der Wissenschaft

[PE92]   P. Pepper: *Grundlagen der Informatik*, Oldenburg Verlag München, Wien, 1992

[PR88]   J.G. Proakis: *Introduction to Digital Signal Processing*, New York: Macmillan Publishing Company, 1988

[TA92]   A.S. Tanenbaum: *Modern Operationg Systems*, Prentice Hall 1992

[SC86]   M.R. Schroeder: *Number Theory in Science and Communication*, Springer-Verlag 1986

[SE89]   R. W. Sebesta: *Concepts of Programming Languages*, Benjamin 1989

[ST97]   B. Stroustrup: *Die C++ Programmiersprache*, Addison-Wesley, 1997

[SW91]   T. Swan: *C++ lernen*, Systema Verlag, München 1991

[WE87]   I. Wegener: *The Complexity of Boolean Functions*, Teubner-Verlag 1987

[WH81]   H. Winston, B.K.P. Horn: *LISP*, Addison-Wesly 1981

[WS72]   H. Werner, R. Schaback: *Praktische Mathematik II*, Springer-Verlag 1972

[WS95]   Weißel, Schubert: *Digitale Schaltungstechnik*, Springer Verlag 1995

Anmerkung:

Die Einführungen [GL90], [PE92] und [MZ97] enthalten zusätzliches Material zum Gegenstand dieses Buches.

Sachwortverzeichnis

M^*, 11
NP, 144
$O(\lambda)$, 143
P, 144
#M, 10
8–Damen–Problem, 164

Abstrakte Datentypen, 132
abstrakte Maschine, 16
Abstraktion, 170
ADA, 186
Adreßaddition, 128
Adreßbus, 98
Adreßwerk, 96
Äquivalenzrelation, 13
aktivierbar, 123
Antinomie, 96
Approximation, 70
Arrays, 131
ASCII–Codierung, 152
asymptotische Komplexität, 143
Aussagen, 11

Belegung, 123
berechenbar, 40
berechenbare Funktionen, 40
berechenbare Teilmengen, 42
berechenbares Element, 42
Betriebssystem, 187
bijektiv, 14
Bildbereich, 13
Binäre Suche, 153
Binärer Baum, 136
Binärform, 27
Bit, 53
bootstrop, 109
Botschaft, 108
Bubble-Sort, 159
Byte, 54

Channel, 185
chip select, 101
Client, 187
Codierung, 26
Compiler, 172
Cordic-Algorithmen, 72
CPU, 96

D-Flipflop, 82
Datenbus, 98
Datenflußrechner, 115
Datenverteilungsfunktion, 15
Deadlock, 126
Decodierfunktion, 26
Definitionsbereich, 13
Diagonalabbildungen, 15
Differentiation, 73
digitale Signalverarbeitung, 74
digitalisieren, 153
Digitalrechner, 28
disjunktive Formen, 32
disjunktive Normalform, 33
diskrete Fouriertransformation, 148
Division mit Rest, 52
DMA, 102
Dynamische Programmierung, 160

Editor, 169
Einschränkung, 37
endlicher Automat, 83
EPROM, 99
Euklidischer Algorithmus, 45
Eulersche Funktion, 146
Event, 121
Exponent, 61
Exponentialfunktion, 70

Faktorisierung, 146
Festkommacodierung, 60
Fibonacci, 43
Fließkommacodierung, 61
Fortsetzung, 37
FPGA, 201
Freispeicherliste, 135
Funktion, 13
Funktionale Programmierung, 188
Funktionen, 90

Gatterfunktionen, 23
generisch, 183
Grad, 67
Grammatik, 173
Gruppe, 57

Höhe, 154
höhenbalancierter Baum, 155

Halteproblem, 94
Handshake, 103
Hardware–Beschreibungssprachen, 201
Harvard–Architektur, 96
Hash-Funktion, 152
Hash-Verfahren, 151
Horn-Klauseln, 196
Hornersches Schema, 68

indirekte Sprünge, 92
infix, 175
injektiv, 14
Integration, 73
Interpretation, 172
Interrupt, 119
Interruptroutine, 119

Körper, 58
kartesisches Produkt, 11
kausale Abhängigkeit, 114
Klasse, 180
Kommentare, 169
komplexe Zahlen, 181
Komplexität, 42
konjunktive Normalform, 34
Kontextwechsel, 120

Label, 170
Lambda, 191
Lisp, 189

Makro, 171
Mantisse, 61
mehrwertige Funktion, 195
Mengen, 10
Merge-Sort, 159
Mikroprozessor, 99
MIMD–Parallelrechner, 116
Multiplexer, 85
Muster, 32

Nachbaradresse, 127

Objekt, 133
Objektorientierte Sprachen, 179
OCCAM, 184

Parallele Prozesse, 118
paralleles Eingabeport, 102
Parallelschaltung, 18
Permutation, 74

Petri–Netz, 123
Pipelining, 117
PLD, 201
PLD–Assembler, 203
Pointervariable, 131
polyadische Codierung, 27, 52
Polynom, 66
Postfix, 188
Präfix, 191
Primzahl, 58
Priorität, 121
Projektionen, 15
Prolog, 196
Prozeß, 114

RAM, 86
Rechenwerk, 96
Records, 131
Reihenschaltung, 18
Rekursion, 37
rekursiver Algorithmus, 40
Relation, 11
relative Adressierung, 92
Reset, 101
Ring, 58
ROM, 99

Schedule, 114
Schieberegister, 86
schnelle Fouriertransformation, 149
Schnelle Multiplikation, 145
Selektor, 19
Semantik, 169
Semaphore, 125
serielle Schnittstelle, 104
Serieller Addierer, 83
Server, 187
Stack, 133, 180
Stackimplementierung, 134
Stackmaschine, 92
Stellen, 122
Steuerwerk, 96
surjektiv, 14
symbolische Ausdrücke, 189
Synchronisation, 114
Synchronisationsbedingung, 122
Syntax, 169

Taylorentwicklung, 70
Token, 122
total, 14

Transition, 122
Transputer, 105
Tschebychef-Polynom, 71
Tupel, 11
Typ, 13

Universalrechner, 89
universelle Maschine, 17

Vektorraum, 66
Vererbung, 182
Verifikation von Algorithmen, 44
Verkettete Anordnung, 131
Verschlüsselung, 147
von–Neumann–Rechner, 98

Warteliste, 121
Wurzel, 136

Zahlwort, 53
Zeitgeber, 120
Zustandsgraph, 84
Zweierkomplementcodierung, 59